中華美學全史

第三卷

陈望衡　著

人民出版社

目 录

第 三 卷
周 朝 编

第 三 卷

周
朝
编

导　语

　　周朝（前 1046 年—前 771 年），无疑是中国历史上最重要的朝代之一。周以前有夏朝、商朝两个朝代，虽然地下考古，有实物可以证明它们的存在，但是，没有文献留存，刻在甲骨上的文字多为卜辞，所记录的历史实在有限。而到周朝，有大量的文献留存。这些文献生动而全面地描述了周朝的社会生活，深刻地反映了当时人们对于宇宙、自然、人生的思考。

　　周朝的文献资料非常丰富，每一种文献都具有综合性：一是文史哲经政的综合性；二是真善美利乐的综合性。无论研究何种今天所说的学问，《论语》《春秋》《周礼》这样的周朝典籍均是重要的经典。这就决定了我们对于周朝美学的研究，不能不是开掘性的、阐释性的、提炼性的，也就是说，现成的美学理论几乎没有，然而全部文献又几乎都是可以提炼出美学理论来的矿藏。

　　周朝的文献资料中，无疑，《周易》是最重要的，这是一部完整的占筮教科书，也是一部博大精深的哲学书。此书的智慧不仅滋养着当时的人们，而且滋养着中华民族子孙万代。正是因为有着大量的文献资料存留，周朝的存在不仅是中华民族最为真实的存在，更重要的是它是中华民族思想文化包括美学最为真实可靠的源头。中国人的思维方式、政治制度、道德规范、审美趣味、艺术样式基本都可以溯源到此。

　　中国文化史上的大事，首推周公制礼作乐。礼乐治国是中华民族第一传统，影响至今。第二件大事为百家争鸣，这件大事，也发生在周朝。百家争鸣筑基于礼乐文化，参与创建并发展礼乐文化的主要是儒家，与儒家相对的道家文化严格说不是反对礼乐文化，而纠正礼乐文化的偏颇。这一纠正，为中国文化构建了一个非常完美的格局，一是儒家文化的重视社会人伦，二是道家文化的重视自然生态，两者相对相联，相互吸收，造成了中国文化特有的正反合的哲学模式，中国和合文化于此而诞生。天人的合一、礼乐的合一、儒道的合一，无不可以抽象为阴阳的合一，中国文化的自我圆融，天然地具有审美的意义，这是中国文化的突出特点，也是中国美学的突出特点。

周朝的美学涉及的问题，主要有三个方面：一是人与自然（包括神灵）关系方面的，可以用"天人"关系来概括；二是政治伦理与审美关系方面的，可以用"礼乐"关系来概括；三是中原民族与周围少数民族关系方面的，可以用"夷夏"关系来概括。三个方面都不是纯美学问题，而是关涉生命、民族、国家、天下的大事，但美学在其中扮演重要的角色。

周朝美学的主体，就学派来说，无疑是儒家，儒家美学实质是政治美学，这种政治美学的核心是伦理学。道家美学虽然不是周朝美学的主体，却是儒家美学重要的补充，道家美学实质是自然美学，自然，不是自然界，而是本性，本性为天，因此，道家美学的核心是本体论。周朝美学，就学科来说，重在文化美学，综合性、思想性、政治性是其突出特点；其次是艺术美学，主要为《诗经》美学和屈骚美学，《诗经》美学为儒家美学在艺术方面的代表，它的发展，滋养着中国艺术的现实主义传统；屈骚美学就哲学基础来说兼有道家与儒家二者，而自成体系，它的发展，培育着中国艺术的独特的浪漫主义传统。

值得注意的是，在周朝，工艺美学有了精彩的开端，代表作为《考工记》，此著作概括了当时主要工艺包括建筑、城市规划的最高理论成就，它之被收入《周礼》，突出显示其不凡的政治地位和文化地位。工艺美学的代表人物为墨子。墨子是中国科学之祖、技术之祖，也是工艺美学之祖。

周朝不少著作如《周易》《老子》《尚书》《周礼》《礼记》《山海经》表

现出对于环境问题、生态问题的关注，这些著作包含有环境美学的可贵思想。

中国学问总体来说是从先秦开始，而从先秦开始，实质是从周朝开始。开始是重要的，因为正是开始奠定了基础，决定以后的发展方向和发展格局。

第 一 章
老子的美学思想

　　老子,中国道家学派的主要创立者,约生于公元前 570 年左右,至于卒年,《史记》中有老子长寿的记载,具体年代,尚无定说。老子的姓氏,按《史记》本传的说法为"姓李氏,名耳,字聃"。根据马叙伦、张煦、唐兰、郭沫若、高亨、詹剑锋等学者的看法,春秋 240 年间无"李"姓,但有"老"姓,老子当姓老名聃,"老""李"为转注字。

老子像

　　老子的乡里,《史记》载"楚苦县厉乡曲仁里",无异议。楚苦县即亳州府,现划归河南鹿邑县。

　　老子生平事迹不详,史载曾经做过"周守藏室之史"。

　　孔、老孰先孰后的问题学术界一直有争论,本书采用老先孔后之说,并接受孔子曾问礼于老子的说法。① 《老子》一书为老子自撰,是中国最早的一部具有完整理论体系的哲学著作。老子可以说是中国第一位哲学家。

《老子》很少直接谈到美和艺术,谈到的几处表面看是反审美、反艺术的,但《老子》一书蕴藏有丰富的美学智慧。从实质来看,散文诗般的《老子》,既是哲学著作,也是美学著作。《老子》的美学智慧就寄寓在它的哲学之中,只要换一副眼光去看,那"五千精妙"的《老子》俨然就是美学。

第一节 美的哲学

老子哲学的最高范畴是"道"。

"道",从老子的描绘来看,具有两个方面的意义:其一,"道"为宇宙本体,它是天地万物包括人类社会之宗祖。老子说得很清楚:"道生一,一生二,二生三,三生万物。"② "道生之,德畜之,物形之,势成之,是以万物莫不尊道而贵德。"③

其二,"道"为宇宙规律。这种规律主要为:自然无为,相反相成,返本复初等。

"德"是"道"在自然、人生的具体运用及效果,"故道生之,德畜之,长之,育之,亭之,毒之,养之,覆之"④。

老子的"道"当然不是自然科学意义上的实际存在,而是一种概念上的设定。这正如柏拉图、黑格尔设置理念为宇宙本体一样,企图通过这样一个设定作为逻辑起点,论述自然、社会、人生的重大问题。老子的道论本不

---

① 关于孔子问礼于老子,《史记》有这样的记载:"孔子适周,将问礼于老子。老子曰:'子所言者,其人与骨皆已朽矣。独其言在耳。且君子得其时则驾,不得其时则蓬累而行。吾闻之,良贾深藏若虚,君子盛德,容貌若愚。去子之骄气与多欲,态色与淫志,是皆无益于子之身。吾所以告子,若是而已。'"另,《庄子》《礼记》《吕氏春秋》都记载了孔子问礼于老子这一史实。

② 《老子·四十二章》。

③ 《老子·五十一章》。

④ 《老子·五十一章》。

是讨论美学问题的,但它的基本思想特别是一些重要命题都给美学的生长提供了生根点。其中涉及对美的性质的理解的命题就有如下一些:

一、"道法自然"

老子论"道",经常将"道"与自然联系在一起。他说:

人法地,地法天,天法道,道法自然。①

希言自然。②

道之尊,德之贵,夫莫之命而常自然。③

以上引文中的自然,不是指自然界,而是指事物本真的存在方式,有任其自然的意思。按老子的看法,事物均有自己的本性,均有合乎自己本性的存在方式。好比鸟,按其本性应飞翔在天空;又好比鱼,按其本性应遨游于水里。人也一样,也有合乎自己本性的生存方式。

只要人不以自己的意志去改变它,它的存在就是合理的存在。那么,这样一种合乎本性的存在方式就是"道"所要求的存在方式。从美学角度讲,这种方式就是美。

老子实际上是在讲美在本真。

老子的这种美学观在《庄子》中得到了充分阐述。在《骈拇》篇,庄子说,骈生的足趾与歧生的手指,的确是没有特殊的作用的("骈于足者,连无用之肉也;枝于手者,树无用之指也")。不过,它们合乎事物本然实况,并不违反性命的真情,"故合者不为骈,而枝者不为跂。长者不为有余,短者不为不足。"如果硬要去破坏这种本然实况,将并生的足趾决裂,将多出的手指咬去,那就要痛苦了。庄子还说:"是故凫胫虽短,续之则忧,鹤胫虽长,断之则悲。故性长非所断,性短非所续。"④

以自然本真为美,对中国美学影响深远。刘勰在《文心雕龙》中说:"傍

---

① 《老子·二十五章》。

② 《老子·二十三章》。

③ 《老子·五十一章》。

④ 《庄子·骈拇》。

及万品,动植皆文:龙凤以藻绘呈瑞,虎豹以炳蔚凝姿;云霞雕色,有逾画工之妙;草木贲华,无待锦匠之奇,夫岂外饰,盖自然耳。"①皎然评诗有"六至",其一就是"至丽而自然"②。司空图列诗品二十四则,其一则就为"自然"。历代诗人都非常推崇自然本真之美。苏东坡说他作文"如万斛泉源,不择地而出,在平地滔滔汩汩。……常行于所当行,常止于不可不止"③。元代诗论家陆辅之说:"词不用雕刻,刻则伤气,务在自然。"④明谢榛对自然评价更高,他说:"自然妙者为上,精工者次之,此着力不着力之分,学之者不必专一而逼真也。"⑤

二、"大象无形","大音希声"

老子又称大道为"大象"。三十五章云:"执大象,天下往。"这"大象"就是"大道"。在四十一章,老子对"大道"做了一系列非常重要的描述:

> ……明道若昧;进道若退;夷道若颣;上德若谷;大白若辱;广德若不足;建德若偷;质真若渝;大方无隅;大器晚成;大音希声;大象无形;道隐无名。

老子熟谙事物相反相成的辩证法,他用了大量的事物对立统一的例证来描绘"道"的存在方式、运动方式和性质。其中"大音希声""大象无形"最具美学意味。

老子说的"道"是有些神秘的。它既是"无",又是"有",是"无""有"二者的统一。"无"在《老子》一书中含义很丰富,作为宇宙本体,它指"无限",即为"道",如第一章所说的:"无,名天地之始";四十章所说的:"天下万物生于有,有生于无。"也有作为功能意义使用的,它指"虚空",如十一章所说的:"三十辐共一毂,当其无,有车之用。"还有作为"道"的存在

---

① 《文心雕龙·原道》。
② 皎然:《诗式》卷一。
③ 苏轼:《文说》,《苏东坡集》卷五十七。
④ 陆辅之:《词旨》。
⑤ 谢榛:《四溟诗话》卷四。

方式使用的，说"道"是不可感的，这样使用的"无"，又通"夷""希""微"。十四章云："视之不见，名曰夷；听之不闻，名曰希；搏之不得，名曰微。此三者不可致诘，故混而为一。其上不皦，其下不昧，绳绳兮不可名，复归于无物。"

老子讲"道""大音希声""大象无形"，这"希""无"取第三种用法。那么又该怎样理解这无声之"大音"、无形之"大象"呢？

首先，"道"到底有没有"音""形"，老子的说法好像有些矛盾。十四章，他明确说，道是"无状之状，无物之象，是谓惚恍。迎之不见其首，随之不见其后"，可是在二十一章，他又说："道之为物，惟恍惟惚。惚兮恍兮，其中有象；恍兮惚兮，其中有物。窈兮冥兮，其中有精；其精甚真，其中有信。"仔细推敲这两段文字，"无状之状，无物之象"侧重于讲道的本质、精神；而"惚兮恍兮，其中有象，恍兮惚兮，其中有物"，则侧重于讲"无"生"有"的动态过程。在这个过程中，"其精甚真"。这"精"应理解为最微小的物质。《庄子·秋水》云："夫精，小之微也。""其中有信"的"信"是可信的意思。

老子的本意是描绘道的性质与功能。道是无限与有限的统一、虚与实的统一，更重要的，它是一个动态的具有类似生命活动的过程，而这整个过程又是朦胧的、不很清晰的、惟恍惟惚的。

老子用"大音希声""大象无形"来概括"道"的形象特点在美学上的重要启迪主要有三点：

第一，最高的美应该是感官所不能把握的，它是一种与"道"相通的境界，它无限光明却不见其光明，无限伟大却不见其形象，无限动听却不闻其声音。这样一种美需要用心灵直接去领悟。

老子讲的"大音希声""大象无形"的境界有点类似宗教境界，但不是宗教境界，它丝毫没有神的存在，没有宗教常有的那种迷狂、虚妄。这种境界即是庄子所描述的"乘天地之正，而御六气之辩，以游无穷者"的境界，换句话说它是一种"上下与天地同流"的天人合一的境界，一种极为壮美崇高的境界。自然，这种境界不是理智所能把握的对象，也不是感官所能把握的对象，而是理性直觉或者说悟性所把握的对象。

第二，"大音希声""大象无形"是中国古典美学十分推崇的艺术范畴——"意象"说、"意境"说的哲学基础。中国古典美学的"意象""意境"理论的精髓就是要在有限的甚至很少的象中见出无限的丰富的意味。中国的意象、意境理论重虚，讲究"象外之象""景外之景"，"言有尽而意无穷"。

另外，"大音希声""大象无形"所描绘的那种"惟恍惟惚"的氛围，也是与艺术形象相通的。艺术形象应是虚象，本应具有一定的模糊性。这不仅因为它只是生活之反映而不是生活之实体，更重要的，它需要给接受者一个再创造的余地。宋代的严羽说诗之美如"羚羊挂角，无迹可求。故其妙处透彻玲珑，不可凑泊，如空中之音，相中之色，水中之月，镜中之象，言有尽而意无穷"①。

第三，"大音希声""大象无形"也可看作一种艺术追求的最高境界。这种境界是"无"，但它是由"有"生化而来的；是"大"，但它是由"小"积累而来的；是"朴"，但它是由"华"锻造而来的；是"拙"，但它是由"巧"转化而来的。

三、"信言不美"，"美言不信"

《老子》这部书中，"美"可不是宠儿，老子在许多地方对"美"进行了揭露与批判：

> 美言可以市，尊行可以加人。人之不善，何弃之有？②
> 信言不美，美言不信，善者不辩，辩者不善。③

老子在这里所揭露批判的"美言"，就是漂亮的谎话，它本是伪，因为用漂亮的外衣包裹，而能让人上当受骗。有些人本来不学无术或道德品质低下，因为善于掩饰自己、标榜自己而赢得了别人的尊敬。有些人所谓的"美行"也完全是假的，然而因为他外在"美"，而让许多人心甘情愿地接受他的摆布。老子对虚伪深恶痛绝，也就很自然地痛恨被盗用来掩饰虚伪的

---

① 严羽：《沧浪诗话·诗辩》。
② 《老子·六十二章》。
③ 《老子·八十一章》。

所谓的"美"了。

很显然，老子并不是一般地反对美，而只是反对充当虚伪的漂亮外衣的"美"。从这里，我们可以看出，老子已经把美当作一种形式来使用了。他把美看作形式，应该说在先秦具有积极意义。美本具有很强的形式意义。美之独立主要是形式上的独立。从老子的言论可以看出当时人们已经比较注重形式美了。当然，把美全归之于形式，而且因为别有用心的人用美去掩饰伪而将美也一概予以抛弃，这就未免过于偏激了，正如倒脏水竟将盆中的婴孩一并倒掉了一样。

老子是主张美即是真的。他说"信言不美"，这"美"指那种人为的多余的装饰。老子认为真话、真理凭它本身就可取信于人，不必装饰。然而也正因为它不装饰，所以它不"美"。反过来，那些经过装饰过的漂亮话肯定是不值得信赖的（"美言不信"）。

老子这里说的，也同样偏激了一点。其实，即使是"信言"在表达方式上也未尝不可以加以适当的修饰以增强说话效果的。

美在真是道家美学一个基本立场。与儒家的美在善是相对的。不过这种相对不是敌对，而是各有偏重。在道家，真与善是一致的，善的必定是真的。道家哲学的基本观点是：天道无为，是真；人道应效法天道，亦无为（实际上是不妄为，即"为而不恃""长而不宰""功成而弗居"），这就叫作善。因此，善是真的产物。儒家不反对真。儒家说的善与真也是统一的，只是儒家说的真常常体现为善，真是崇善的结果。这大概是儒道二家在真善美统一上的差别吧！

四、"无为无不为"

"无为"是老子哲学中仅次于"道"的重要范畴。老子认为，"道"的根本特征是"无为"。

"无为"为什么是"道"的根本特征呢？因为老子说的"道"是"自然"（"道法自然"），"自然"是按其本性而存在的。既然事物是按其本性而存在着的，它的运动就是自身的运动。老子将这种事物按自己本性而存在而运动的状态叫作"无为"。

"无为"是与"有为"相对而言的。"无为"不是什么也不做，而是"不妄做"。事实上，在《老子》一书中，许多谈"无为"的地方也都是在谈"为"，只是这"为"均有修饰语或补足语，对"为"进行了限制。如：

> 是以圣人处无为之事，行不言之教，万物作焉而不辞，生而不有，为而不恃，功成而弗居。夫唯弗居，是以不去。①

> 言善信，政善治，事善能，动善时。②

> 生之畜之，生而不有，为而不恃，长而不宰，是谓玄德。③

显然，老子并不是主张什么也不做的，他只是强调要"善为"。"善为"即按事物本身的内在规律适当地"为"，这就叫作"自然"——自然而然。"天道"是"无为"的，"天地不仁，以万物为刍狗"④；人道效法天道，亦应无为。"天之道，不争而善胜，不言而善应，不召而自来，繟然而善谋"⑤，可见天道虽"无为"却"无不为"。那么，人道呢？同样亦应是"无为"而"无不为"。

从本质上来看，这种"无为"而"无不为"是宇宙间最积极的哲学。

老子的无为哲学首先是落实到政治上的。他主张无为政治。政治为什么要奉行无为哲学呢？老子的出发点基本上有两点：一是基于统治者过于妄为了，人民已不堪忍受其压迫。老子痛恨地指出，"天下多忌讳，而民弥贫；民多利器，国家滋昏；人多伎巧，奇物滋起；法令滋彰，盗贼多有"⑥。二是从他的"道"哲学出发，认为"无为"是治国的最好办法。老子在说明这个问题时常常搬出古圣人的话来做论据。如五十七章写道："故圣人云：'我无为，而民自化；我好静，而民自正；我无事，而民自富；我无欲，而民自朴。'"以上两点，第一点似乎出于消极的防范，第二点则为积极的进取。

---

① 《老子·二章》。

② 《老子·八章》。

③ 《老子·十章》。

④ 《老子·五章》。

⑤ 《老子·七十三章》。

⑥ 《老子·五十七章》。

　　老子的无为哲学也有修身学的意义。老子修身的最高原则是"见素抱朴，少私寡欲"，也就是"无为"。同样，也正是从修身的角度，他主张戒贪，不争，守柔。他的著名的非艺术的言论其实不宜看作是对艺术的否定，而应视作是戒贪的一个方面。他说得很清楚，过分的声色犬马活动对人是有所伤害的："五色令人目盲；五音令人耳聋；五味令人口爽；驰骋畋猎令人心发狂；难得之货，令人行妨。是以圣人为腹不为目，故去彼取此。"①

　　老子的无为哲学倡导一种朴素的生活方式。这种朴素的生活方式具有多种意义，除了政治上防止腐败以外，它又具有保护环境、保护资源的意义。正在建设的生态文明社会需要建构具有保护环境节约资源意义的新的朴素生活方式。

　　老子的无为哲学在美学上的意义也十分重要。

　　第一，老子讲"无为"，要求人道合乎天道，主张人与自然的统一，主观与客观的统一，把人与自然的和谐视为人生最高境界。这种境界其实也就是美的境界。

　　值得我们注意的是老子虽然是以天道来规范、指导人道，实际上又是站在人道的立场上，以人道的眼光去看天道的。在《老子》一书中，我们能够强烈地感觉到老子的那个"道"，不论是"天之道"，还是"人之道"都充满着生命意味，充满着情感色彩。"谷神不死，是谓玄牝。玄牝之门，是谓天地根。"② 何谓"玄牝"？玄牝者，微妙之母性也。这既是说的自然之母性，也是说的人之母性啊！"含德之厚，比于赤子。……骨弱筋柔而握固，未知牝牡之合而朘作，精之至也。"③ 这是说，"德"其实质可比于"赤子"，而"赤子"的性质在精血充沛，具有旺盛的生命力，甚至在还不知男女交合之事时那小生殖器也会自然地勃起。这是何等充足的精气啊！老子就是这样，将整个宇宙人情化了。他实际上创造了一个新的宇宙，诗化了的宇宙、美的宇宙。

----

① 《老子·十二章》。

② 《老子·六章》。

③ 《老子·五十五章》。

第二，老子讲"无为"。"无为"核心意思是不妄为，依事物的本性而存在，而活动，那就是说要按客观规律办事。老子认为，只要真正做到"无为"就可"无不为"。这就牵涉真善的关系问题。客观规律可说是"真"，主观意图可说是"善"。这种善在未经实现之前只是主观性的，不一定是真正的善。只有当人的主观意图符合于"真"即事物本身的客观规律，那种主观的善才有可能转化成现实的善。这样说来，善的实现是真的实现的产物。这中间就有两个实现，一是真的实现，它需要主观的善去认识它，把握它，应用它；二是善（现实善）的实现，它又需要以真的实现为前提。实现了的善，在日常生活中叫作"好"，这种"好"亦即是美。美即客观的真与主观的善相统一的产物。

第二节　审　美　理　想

《老子》一书不直接谈美学，但充满美学智慧。老子的道论描绘了一幅理想的人生境界图，这境界既是真的境界，也是善的境界，更是美的境界，或者说是真善美相统一的境界。事实上，老子所描绘的理想境界或者说人生理想在后代为诸多的艺术家转化成审美理想。老子通过他的哲学所表现出来的审美理想主要有如下几个突出特点：

一、崇尚空灵

崇尚空灵，这是中国传统审美观的重要特点。这一特点的形成主要依赖于道家的以"虚无"为本的宇宙观。

老子认为，天地万物的本源是"道"，"道"又是什么呢？道是"虚无"。他说："道可道，非常道。名可名，非常名。无，名天地之始。有，名万物之母。故常无，欲以观其妙。常有，欲以观其徼。此两者同出而异名，同谓之玄，玄之又玄，众妙之门。"[①] 在这里，他已经明确地将"道"与"无"联系在一起

---

① 《老子·一章》。

了,将"道"的本质看作"无"。在《老子·四十章》,他用更概括、更明确的语言提出:"天下万物生于有,有生于无。"

"无"又是什么呢? 老子关于"无"的阐述扑朔迷离,十分神秘。一方面,他说,"视之不见名曰夷,听之不闻名曰希,搏之不得名曰微","绳绳不可名,复归于无物"。① 看来,"无"就是"无象""无物""无声"。另一方面,他又说:"惚兮恍兮,其中有象,恍兮惚兮,其中有物。窈兮冥兮,其中有精。"② 似乎"无"并不是"无象""无物"。不过,有一点倒是很肯定:把握这种无象之象、无物之物,靠感官很难,需要靠心去领会。

"无"不是静态的存在,它运动不息。正是在它的运动中生出了"有",生出了天地万物。故"无"充满着蓬勃的生机,具有生命的意味。

"无"是无限的,空间上无边无际,时间上无终无始。

"无"还有两个突出特点:一是空,一是虚。这二者也可以归为一,空必虚,虚则空。正因为它是虚空,才能成为万物之母体,且有无限的创化功能,"虚而不屈"③,"渊兮似万物之宗"④;正因为它是虚空,才有了它的功能、它的效用:"三十辐共一毂,当其无,有车之用;埏埴以为器,当其无,有器之用。凿户牖以为室,当其无,有室之用。"⑤

老子这种以"虚无"为本的宇宙观对中国传统美学崇尚空灵美影响极大。

空灵美的特点一在空,二在灵,因空而灵。所谓"空"即是空中见有,少中见多,小中见大,显中见隐,虚中见实,有限中见无限。所谓"灵"则为意味深远,难以穷尽;变化万千,终难捉摸;生机盎然,亲和人性。

中国美学讲含蓄,梁廷枏说:"言情之作,贵在含蓄不露,意到即止。"⑥

---

① 《老子·十四章》。
② 《老子·二十一章》。
③ 《老子·五章》。
④ 《老子·四章》。
⑤ 《老子·十一章》。
⑥ 梁廷枏:《曲话》。

含蓄即为空灵，含蓄的构成主要依靠以虚写实。孔衍栻说："以虚运实，实者亦虚，通幅皆有灵气。"①

中国美学讲形神，主张以形写神，重在写神。"形神"与虚实相关，形为实，神为虚。以形写神，即以实写虚。形在象内，神在象外，只有借象内之形（实），通象外之神（虚），方为高明。"旨微于言象之外者，可心取于书策之内。"②

中国美学讲气韵，气韵建立在形神统一的基础之上，同样强调的是传达出"象外"的气势神韵。唐代张怀瓘评顾恺之的画有气韵，认为"其神气飘然在烟霄之上，不可以图画间求"③。宋梅尧臣认为诗有气韵应"状难写之景如在目前，含不尽之意见于言外"④。

可以说，中国美学的审美范畴大都情况不一地与"虚实""空灵""无"相联系，实际上，"虚无"是中国美学范畴体系之本。

中国美学最为推崇的意境理论，同样是以虚无为本的。从总体意味来看，意境是一种空明灵透的境界。它由实与虚构成而重在虚。中国诗论所说的"象外之象""景外之景""味外之旨""超以象外，得其环中""脱有形似，握手已违"都可以看作是意境理论的最好阐述。"象外之象""味外之旨"即为虚，即为神，即为气，即为韵，即为"无"。实指向虚，通向虚；虚规范实，扩大实；虚以实而存在，实以虚而灵光，以实见虚，为虚写实，以虚为本，虚实相彰，这就是中国意境说的精髓。

二、崇尚恬淡

《老子·三十五章》，有这样一段话："道之出口，淡乎其无味。视之不足见，听之不足闻，用之不足既。"在六十三章，还有"为无为，事无事，味无味"的话。老子认为，"道"从口里说出来是淡淡的，没有什么滋味，不可

---

①　孔衍栻：《石村画诀·取神》。

②　宗炳：《画山水序》。

③　张怀瓘：《论顾恺之画》。

④　欧阳修：《六一诗话》。

以看见，没法子听到，闻不出气味。

这几种"无"中，"无味"最为重要。

"无味"是"道"的特征之一。它有两重意义：其一，"无味"并不等于没有味，只是淡，淡到让人品不出味来，说明道极精微。其二，"无味"是味太丰富了，各种各样的味汇成一个整体，没有一种味在其之外，因而任何一种味都概括不了它的味，因此，只能是无味了。

道的这样一种特征，发展出"味道"概念，遍行于生活的方方面面。

虽然是无味，在老子看来，无味本身就是味，名之曰无味之味。

这种无味之味，又称之为"恬淡"。他极力称赞恬淡，说："恬淡为上，胜而不美。"王弼在为《老子》做注时，深得其神髓："以恬淡为味"。

恬淡在中国文化中是一个极具哲学意味的概念。

"恬淡"既然是"道"的重要特征，自然就引起人们的高度重视，从宇宙观移到人生观。于是，恬淡成为广大知识分子特别推崇的人生理想。首先，它成为隐士自我标榜的资本。

诸葛亮就有"淡泊以明志，宁静以致远"的人生准则。魏晋时代谈玄风盛，知识分子崇尚老子，在人生观上以淡泊自诩。

恬淡，从人生观考察，既有朴素之意，也有清高之意。朴素与反贪欲、反奢侈相连；清高与反流俗、反求仕相连。这二者原本是老子的思想。老子虽做过官，但思想意识却与官僚格格不入。他所推崇的朴素、清高是在野知识分子的人生观。

道家的清高、朴素与儒家的清正、守俭相通，于是，恬淡的道德理想也为在朝知识分子所接受。在野与在朝知识分子在恬淡上的合流，也反映出道家与儒家在道德自律上相互认同。持恬淡为人生理想的知识分子有积极、消极两种类型。积极者如嵇康、阮籍之流在淡泊的名号下，不仅采取与统治者不合作的态度，而且还借助嬉笑怒骂和各种讽喻性的文字对统治阶级予以嘲弄讽刺；消极者如陶潜则走向隐逸，以归隐山林、躬耕田园为乐。

在崇尚道德自律的古代中国，恬淡很自然地成为理想道德，进而影响到文学艺术的创作和欣赏,由此形成了崇尚淡泊的美学传统。

淡泊作为一种艺术风格,在陶渊明的作品中体现得最为突出。陶诗向来受到知识分子推崇,在中国文学史上享有崇高地位。梁朝的钟嵘就称许他的诗作"风华清靡",为"古今隐逸诗人之宗"。

唐代的司空图总结了自魏晋以来的崇尚恬淡的诗歌传统,提出"冲淡"这一美学范畴。"冲",空也。老子说:"道冲,而用之或不盈。"[1]道是虚空的。"冲淡"的"冲"就包含有老子的"道冲"的意味。"淡",即"无"。因此"冲淡",实质是"虚无",而其表现则是:

> 素处以默,妙机其微。饮之太和,独鹤与飞。犹之惠风,荏苒在衣。
> 阅音修篁,美曰载归。遇之匪深,即之愈希。脱有形似,握手已违。

司空图的这段关于"冲淡"的说明是深得老子"恬淡"的真义的。特别是"素处以默,妙机其微""遇之匪深,即之愈希""脱有形似,握手已违"等句。从司空图这段描绘说明来看,"冲淡"有这样几个突出的特点:第一,朴素,与浓艳相对;第二,自然,与雕琢相左;第三,轻柔,与雄强相违;第四,微妙,与浅薄相异。

恬淡有如澹荡春风,似即似离;又有如修篁清音,可闻似不可闻。

中国艺术崇尚冲淡、恬淡的美学风格。中国的诗以恬淡清纯者为高。中国文人画以水墨为色,可谓恬淡之致。中国的小说重视白描。中国的戏曲无布景,无换景,无烦琐道具,舞台上除了演员,别无他物,而大千世界尽在其中。

中国艺术的意境讲究淡而有味,淡而有致,不求形式上的花哨、华艳,而求意味之隽永、深邃。恬淡,很自然地通向意境。

"恬淡"虽然主要是在野知识分子的人生理想,但作为审美观却不只属于在野知识分子,它是中华民族共同推崇的审美理想。

苏轼十分推崇恬淡美,他认为就书法而论,"钟、王之迹,萧散简远,妙在笔画之外";就诗歌而论,"陶、谢之超然,盖亦至矣……李、杜之后,诗

---

[1] 《老子·四章》。

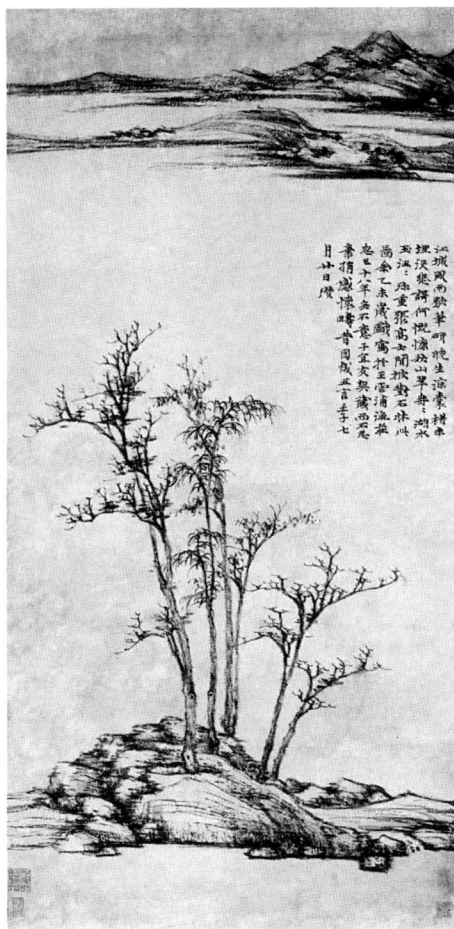

（元）倪瓒：《渔庄秋霁图》

人继作，虽间有远韵，而才不逮意。独韦应物、柳宗元发纤秾于简古，寄至味于淡泊，非余子所及也"。① 苏轼还认为，"平淡"是诗人、艺术家成熟的标志，他说："大凡为文当使气象峥嵘，五色绚烂，渐老渐熟，乃造平淡。"② 明代李东阳的看法与苏轼大体差不多，他认为："诗贵立意，意贵远而不贵近，贵淡而不贵浓。浓而近者易识，淡而远者难知，如杜子美'钩帘宿鹭起，丸药流莺啭'、'不通姓字粗豪甚，指点银瓶索酒尝。衔泥点涴琴书内，

---

① 苏轼：《书黄子思诗集后》。
② 转引自《历代诗话·竹坡诗话》。

更接飞虫打著人'；李太白'桃花流水杳然去，别有天地非人间'；王摩诘'返景入深林，复照青苔上'，皆淡而愈浓，近而愈远。可与知者道，难与俗人言。"①

恬淡在中国向来是被视为高雅的艺术品格。艺术创作能达到恬淡的境界很不容易。它是诗人、艺术家创作趋向成熟的表现，是艺术的最高境界。

与"恬淡"美相类似或有内在联系的概念还有不少，其中最重要的是"清"与"逸"。

"清"，在中国美学中代表着一种超尘绝俗的艺术品格，与"恬淡"可说一脉相通。"恬淡"必"清"，"清"必"恬淡"。只是二者强调的点不一样。"清"重在揭示审美对象内在的神韵，"恬淡"则重在描述审美对象给人的知觉感受，两者都需要用心去品味。

"逸"与"恬淡"也是相通的。"逸"强调的是自然天成，不假雕琢。明代袁中道将"逸"与"野"联系起来，称之为"野逸"，突出它的崇尚自然本性的特色。在艺术美的审美品评之中，中国美学有神、妙、清、逸四格。而以"逸格"为最高。逸格的特点是：

> 拙规矩于方圆，鄙精研于彩绘，笔简形具，得之自然，莫可楷模，出于意表，故目之曰逸格尔。②

这里谈的虽是绘画，却在相当程度上揭示了作为美学范畴的"逸"的重要特征。从"鄙精研于彩绘，笔简形具"来看，它可说得上"淡"；从"得之自然，莫可楷模"来看，它得之于"道"。显然，"逸"是"恬淡"的另一说法。清代的黄钺深得淡与逸二者相连相通的奥妙，干脆将二者组合成一个概念。在《二十四画品》中，他提出"淡逸"这一概念。所谓"淡逸"，他描绘道："白云在空，好风不收，瑶琴罢挥，寒漪细流，偶尔坐对，啸歌悠悠，遇简以静，若疾乍瘳。望之心移，即之销忧。于诗为陶，于时为秋。"好个"于诗为陶，于时为秋"！陶渊明的诗和肃穆的秋天不都是恬淡的典型吗？

---

① 李东阳：《怀麓堂诗话》。

② 黄休复：《益州名画录》。

三、崇尚阴柔

在味之浓淡问题上，老子主淡；在物之刚柔问题上，老子主柔。老子认为柔有很多优越性：

第一，"柔弱者生之徒"。《老子·七十六章》写道："人之生也柔弱，其死也坚强，万物草木之生也柔脆，其死也枯槁。故坚强者死之徒，柔弱者生之徒。是以兵强则不胜，木强则折，强大处下，柔弱处上。"在老子看来，柔弱正是生命的表现。草木在其欣欣向荣时不是柔弱的吗？而其死后不是变得枯槁了吗？人也如此，活着的时候，腰肢是柔软、灵便的，一死就变得僵硬了。根据这个逻辑，他认为"坚强者死之徒，柔弱者生之徒"。

老子说到柔的时候，喜欢讲婴儿，他说："专气致柔，能如婴儿乎。"① 婴孩的确是非常柔弱的，但婴孩不是最有生命力的吗？

第二，"柔弱胜刚强"。根据"反者道之动"的哲学，老子认为柔弱是最有力量的。他用水作比喻："天下莫柔弱于水，而攻坚强者莫之能胜，以其无以易之。弱之胜强，柔之胜刚，天下莫不知，莫能行。"② 他还说："天下之至柔，驰骋天下之至坚。"③

这样看来，老子主柔的哲学不应简单地看成是一种消极的保守的哲学。老子的哲学只是在方法论上、策略手段上与主刚的哲学有别，其实质是积极的进取的。这种以柔胜刚、以屈求伸、以退求进的哲学在中国文化性格的塑造上影响极为深远。作为策略，在军事、政治上向来受到重视，而为军事家、政治家在其实践活动中广为吸收，《老子》一书也被视为兵书。

老子主柔哲学中的内核是对生命的重视，这点向来为许多哲学史家所忽视。诚然，老子将生命的特质归结为柔弱是偏颇的，但他看到了新生事物（最主要的是新生命）在其初始阶段具有柔弱的特征，并且认为正唯其柔弱，才有希望，才有发展的可能，这不能不说是一种卓识。如果要说这种看

---

① 《老子·十章》。

② 《老子·七十八章》。

③ 《老子·四十三章》。

法是片面的,那也应该肯定它的深刻。

众所周知,儒家哲学是主刚的,强调进取。《易传》中对"乾"卦的论述,侧重的是这一面,所谓"大哉乾乎! 刚健中正,纯粹精也";"天行健,君子以自强不息"。《易传》中对"坤"卦的论述,侧重的是柔的一面,所谓"地势坤,君子以厚德载物";"坤,至柔而动也刚,至静而德方⋯⋯坤道其顺乎,承天而时行。"应该说,不只是道家的主柔的哲学,还有儒家的主刚的哲学共同塑造了中华民族的文化性格。

刚柔相济一直被中华民族奉为理想的人格。尽管如此,道家的主柔的哲学仍然有它独立的地位和影响,并未为儒家哲学融合、同化。这在中国古典美学、艺术学中尤为明显。中国美学一直认为,有阳刚、阴柔两种美存在,在艺术风格中基本上也可分为豪放、婉约两大品类,豪放属阳刚,婉约属阴柔。清代的魏禧、姚鼐、刘熙载都谈到过阳刚、阴柔两种美。魏禧认为阳刚、阴柔两种美都是"阴阳自然之动",不可偏废,阳刚之美如"洪波巨浪,山立而汹涌",它给人的审美感受是"惊而快之",能"发豪士之气";阴柔之美,给人的美感是"乐而玩之",让人生有"遗世自得之慕"。[①] 魏禧对这两种美的特点是谈得比较准确的,特别是谈阴柔美能使人"几忘其有身"、有"遗世自得之慕",切中老子力主阴柔哲学的旨意。姚鼐关于阴柔、阳刚二美的论述为人们所熟悉,它的贡献主要在于最为生动地描述了两种美的特征,并认为这两种美都是合乎"天地之道"的。刘熙载主张把阳刚、阴柔统一起来,提出"书要兼备阴阳二气",作词则需"壮语要有韵,秀语要有骨"。

应该充分肯定老子主柔哲学对阳刚、阴柔二美的建立是有贡献的,但是如果只看到这一点,未免对老子主柔哲学在美学史上的影响估计不够。前面我们已经谈到老子的"柔"是与"生命"联系在一起的。他的看重柔,在于柔是生命的特征。如果从这一视点来考察老子主柔哲学在美学中的影响,则有更深刻的发现。只要稍为深入地考察一下中国传统的美学观、艺术观以及大量的文学艺术作品,则可强烈地感受到,一种厚实而又强烈的

---

① 参见《魏叔子文集》卷十《文瀛叙》。

生命意识跃动在文学艺术作品之中,并且以各种不同的表达方式显现于各种美学、艺术理论。甚至可以这样说,以天人合一为基本特征的生命意识是中国美学、艺术学以及文学艺术作品的灵魂。说它以天人合一为特征是因为这种生命意识首先是将"天"(自然)生命化,然后又将人"天"化即自然化的。自然的生命与社会的生命、物质的生命与精神的生命不可分离,联为一体。这种生命在《易传》称之为"太极",在老子称之为"道"。美、艺术皆为"道"之花,生命之花,"柔"则可看成是显露在鲜嫩的花瓣之中的蓬勃的生机、活力。

四、崇尚朴拙

老子常用"朴"代替"道"。他描述天地万物的运动,其最后是"复归于朴",即复归于道。"道"是"无名"的,"朴"也是"无名"的,称之为"无名之朴"。老子主张人们循道、遵道。这循道、遵道又可用"见素抱朴"来表达。

"朴"有本色、本性、自然的意思,与人为相对。"拙"是"朴"的外在表现。既然"朴"是自然的、本色的、未经人为的,那就难免外观上有些粗糙、笨拙,不如人工修饰、加工的东西那么光滑,那么精致,那么纤巧了。

尽管老子谈朴拙,纯粹是从哲学意义上说的,但在美学上的价值极大。它实际上提出了一种审美理想。什么最美?不是那种经过人力加工修饰过的精巧、富艳,而是自然天成的朴拙。

《老子·四十五章》写道:"大成若缺,其用不弊。大盈若冲,其用不穷。大直若屈,大巧若拙,大辩若讷。躁胜寒,静胜热,清静为天下正。"这里提出了一系列相反相成的成对概念:成缺、盈冲、直屈、巧拙、辩讷、躁寒、静热。根据老子的"反者道之动"的辩证观点,"大盈若冲""大直若屈""大巧若拙""大辩若讷""躁胜寒""静胜热",相反相成,相克相生。这里,别的成对概念姑且不论,单就"巧"与"拙"的关系来看,老子一方面认为巧与拙是相对立的,另一方面又认为二者是相统一的,最大的"巧"就是"拙"。

为什么大巧若拙呢?按老子的观点,自然而然、无为是最好的。要说巧,巧不在人为,而在自然物本身,在其本色、原质。尽管这本身、本色、原质可能是笨拙的、粗糙的，甚至是丑陋的，但它是真正的巧、自然之巧、天工之巧。而且唯其笨拙，才更见出它的自然性。

在自然无为与人为的矛盾之中，老子是主张自然无为的。自然无为并不是不为，而是说它不根据除自己本性之外的任何力量而为，特别是不根据人的意志而为，用我们今天的话来说，它是一种盲目的自然运动。值得注意的是，这种无为，它合乎规律。在这其中，有出自它本性的自力，也有与它本性相关的他力，各种力相互作用：或相反，互相牵制，求得均衡协调；或相成，形成合力，实现统一。正是这种无为而无不为的自然力将这个世界安排、支配得有条不紊。老子崇拜自然力，崇拜大自然，这种哲学一方面因忽视人的意志、目的、实践而具消极性；另一方面因重视客观规律而具积极性。

老子崇尚朴拙，在后世美学的发展中主要在两条线上发挥作用。

第一，在艺术美的创作中崇尚真，反对过分雕琢。因为雕琢损伤了被反映对象的真实，也损伤了作家、艺术家情感之真诚。艺术中的真有两方面的含义：被反映对象的真实和创作主体情感的真诚。老子的"朴"本来只有前一方面的含义，后一方面的含义是后人补充进去的。庄子讲"不精不诚不能动人"，这个观点对后世影响很大；儒家推崇"诚"学，其影响更不可忽视。《孟子·离娄上》云："诚者天之道也，思诚者人之道也。"《中庸》也说："诚者，天之道也；诚之者，人之道也。"看来，在"诚"这个问题上，道家与儒家是相通的。因此，尽管老子的"朴"原本无"诚"的含义，但应该说并不排斥"诚"。"诚"本也含有"真""本性""本色"的意思。

有关在艺术创作中崇真的言论是很多的，如邵雍从创作的视点来谈艺术的真，主张用道家的"以物观物"的方法来表现客观对象。他说："以物观物，性也；以我观物，情也。性公而明，情偏而暗。"[1] 他又说："诗画善状物，长于运丹诚；丹诚入秀句，万物无遁情。"[2] 这里，他将诗人、画家主观情

---

[1]　邵雍：《皇极经世·观物篇内篇第十二》。

[2]　邵雍：《诗画吟》。

感之真诚（"丹诚"）与客观物象内在性质之真实（"万物无遁情"）紧密结合起来了，以真诚之心写万物，方得万物之真实。关于物之真实，邵雍认为不在其外部现象（貌），而在其内在本质（神）。他在一首诗中写道："人不善赏花，只爱花之貌；人或善赏花，只爱花之妙。花貌在颜色，颜色人可效；花妙在精神，精神人莫造。"[①] 这首赏花诗其精神与道家的观点很相似，强调美、妙在于自然的内在神韵、无为、朴拙。

要崇真，就要反对人为。但在艺术创作中要绝对反对人为是不可能的，只能是反对雕琢，反对过于在形式上下功夫。元好问在《论诗三十首》中说："一语天然万古新，豪华落尽见真淳。南窗白日羲皇上，未害渊明是晋人。"这里，"天然"即为"朴"，自然本色也。豪华即过分地修饰、雕琢。人为功夫过分，就伤了自然本性，王若虚在这点上观点更明确："雕琢太甚，则伤其全；经营过深，则失其本。"[②]

第二，在艺术美的风格上追求一种厚实的拙朴。

巧与拙是常见的两种艺术风格。如果不是从艺术本体而只是从艺术风格上看问题，笼统地反巧或反拙都是不适当的。艺术作为人的创造，不能没有巧，但巧有等次高下之分。低层次的巧为巧而巧，以至为了形式伤了内容；高层次的巧应是有巧而不见其巧，这种巧的高度发展竟成了"拙"，由巧高度发展而来的拙，不是真拙，而是大巧。这种"拙"的突出特点是内含深厚：神厚、气厚、味厚。艺术家们差不多都认为这种以厚实为内涵的拙是艺术最难实现的境界。

"朴拙"艺术风格的形成，是需经历一个艰难的复杂的磨炼过程的。概括起来，不外是"益""损""化"三个阶段。"益"，即扩充其本，包括加强对客观事物内在神韵的把握，加强主观情感的陶冶，加强艺术技巧的修炼。"损"，即老庄主张的"常因自然而不益生"，"损之又损，以至于无为"。"损"的关键是顺应自然本性，减损有伤自然本性的有为。"化"，即"益"与"损"

---

① 邵雍:《善赏花吟》。

② 王若虚:《滹南诗话》。

在高层次上的统一,是"朴拙"美的诞生。唐代孙过庭曾用"平正—险绝—平正"的公式概括书家成熟的过程。袁枚提出:"诗宜朴不宜巧,然必须大巧之朴,诗宜淡不宜浓,然必须浓后之淡。"[①] 方回提出:"熟而不新则腐烂,新而不熟则生涩……新而熟,可百世不朽。"[②] 这些都可以看作是对朴拙美形成过程的探索。

第三节 审美心境

老子论"天道"为的是"人道"。他悬置一个至高无上、至大无垠、充满生意、变化无穷的"道"是为了让人得"道",得"道"的目的,当然是为了人世的祥和幸福。老子的"道"犹如《庄子》中所说的"玄珠",单凭感官或单凭理智都是不能领悟的,它需要一种特殊的思维方式。《老子》一书许多地方谈到了体"道"的思维方式问题。令人感到特别有意义的是,这种体"道"的思维方式又与艺术的思维方式相同、相通,因而它成为中国古典美学中审美心理学的源头之一。

一、"游心于物之初"

老子并没有提出"审美"的概念,但老子关于"道"的理论却与审美的理论相通,这是美学史上要给老子设专章的缘由所在。"道"在老子的哲学中,是本体性概念,它既是天地万物的根源,又是美的根源,智慧和快乐的根源。在《庄子·田子方》中有一段这样的记载:

> 孔子见老聃,老聃新沐,方将披发而干,熟然似非人。孔子便而待之,少焉见,曰:"丘也眩与,其信然与? 向者先生形体掘若槁木,似遗物离人而立于独也。"老聃曰:"吾游心于物之初。"孔子曰:"何谓邪?"曰:"心困焉而不能知,口辟焉而不能言,尝为汝议乎其将。至阴肃肃,

---

① 袁枚:《随园诗话》。
② 方回:《桐江续集》卷三十三。

至阳赫赫；肃肃出乎天，赫赫发乎地；两者交通成和而物生焉，或为之纪而莫见其形。消息满虚，一晦一明，日改月化，日有所为，而莫见其功。生有所乎萌，死有所乎归，始终相反乎无端而莫知乎其所穷。非是也，且孰为之宗。"孔子曰："请问游是。"老聃曰："夫得是，至美至乐也，得至美而游乎至乐，谓之至人。"

这段记载虽说不一定可靠，但其中所表现的老子的思想倒是符合老子的实际的。老子说的"游心于物之初"就是"游于道"，"物之初"即为"道"。这里值得我们注意的是"游心"二字。原来老子认识"道"，不是通过理性的"知"，而是通过感性的"游"。"游"自然是自由活泼的、轻松愉快的。"游"又不是实际的身临其境的观赏，而是虚幻的心临其境的徜徉。那么，这种"游"就很类似于审美了。

这种"心游"不是抽象的逻辑思维，而是具象的形象思维，"心游"的过程中展现在心游者的头脑中的是一幅幅奇美的变幻的画面：太阳与月亮交替在天空运行，炎热与寒冷交互在大地融合，万物在生死盛衰变异，整个宇宙在循环无端地运转。就在这审美性的"心游"之中，"道"的伟大、"道"的神奇、"道"的奥妙都在无言之中体现出来了，"游心"者也就可以悟道了。在这里，审美成了悟道的途径。如果说"道"就是"真"，那么，"真"在"美"中，"美"是"真"的载体，"真"是"美"的灵魂。审美不仅可以引真，而且审美还可以悟真。游心于道，可得"至美""至乐"。"至美"者，道也。得"至美"自然是得"至乐"了。

庄子在这里描绘的老子游心于道的过程与体会自然也包含有庄子自己的思想。尽管庄子的思想与老子的思想并不全部一致，但在推崇"道"的"至美"、悟道的"至乐"以及悟道的方式是"心游"这些方面是完全一致的，也尽管传世的老子唯一的著作《老子》并没有这段记载。

二、"涤除玄览"

关于悟道的心境，老子提出"涤除玄览"说。原文是这样的：

载营魄抱一，能无离乎？专气致柔，能如婴儿乎？涤除玄览，能无疵乎？爱民治国，能无为乎？天门开阖，能为雌乎？明白四达，能无知乎？①

通行本写作"玄览"，马王堆帛书乙本作"玄监"。关于"玄览"有多种解释：王弼的注，将玄览作"元览"。他说："元览无疵，犹绝圣也。""元，物之极也。言能涤除邪饰至于极览，能不以物介其明疵之其神乎，则终与元同也。"② 奚侗认为："玄借为眩……'玄览'犹云妄见，涤除妄见，欲使心无目也。心无目则虚壹而静，不凝于物矣。"③ 蒋锡昌对奚侗的说法加以发挥补充。他说："奚氏之言虽是，而犹未得老子之真意。老子此语仍承上文而言导引。常人于闭目静坐后，脑中即现种种日常声色之观。老子名此现象为'玄览'。行道者应使此种现象完全驱之脑中之外，务必吾心海阔天空不着一物，然后运气乃能一无阻碍。"④ 以上诸说都是根据"玄览"这词作阐释。高亨先生则认为，"览"应作"监"，"监是古鉴字，镜也。老子称人的内心为玄监，因为心是玄妙的形而上的镜子。疵，病也，指私欲。私欲是心中的病。"⑤

在以上诸说中，笔者比较倾向高亨先生的意见。要补充的是，老子讲的"涤除玄鉴"，不仅是说要把心灵这面镜子擦洗得很光洁，一尘不染，而且还强调要用心灵这面镜子直接去观察事物。在说了"涤除玄鉴"之后，老子讲要"天门开阖"。这"天门"是指人的感官，耳为声之门，目为色之门，鼻为嗅之门，皆是天所赋予，故谓天门。为什么要强调"天门开阖"呢？就是为了让心直接去观察事物、倾听事物。换言之，即为"心视""心听"。老子认为，只有这样将大千世界自由地放进心灵中来，才能做到"明白四达"。

老子为什么强调"心视""心听"而不强调"目视""耳听"呢？这是由"道"的特点所决定的。老子"涤除玄览"的目的是体道，而"道"无声无象

① 《老子·十章》。
② 王弼：《老子道德经注·十章》。
③ 朱谦之：《老子校释》。
④ 蒋锡昌：《老子校诂》。
⑤ 高亨：《老子注释》。

无味,"视之不见","听之不闻","搏之不得"。它是"无状之状,无物之象","迎之不见其首,随之不见其后"。这样的"道",人的视听嗅触感官根本无法感觉,只有凭着神妙玄虚的心亦即人的理性才能把握。

老子说的"玄览"虽是理性的,但又不是通常说的逻辑思辨的理性,不是纯粹的理性,其中包含有感性的色彩。说得明白一点,这"玄览"不是"思",而是"观",只不过不是感性的观,而是理性的观,不是借助于感觉器官去观,而是借助于心亦即理性去观。这种"观",我们可以称之为理性直观。它的特点有二:第一是理性的。它是理智的活动,它的使命是探索事物的本质、根源、奥秘。第二是直观的。它可以让人在"惟恍惟惚"之中发现"其中有物""其中有精""其精甚真,其中有信"①。很显然,这种理性直观,实际上就是上一节我们谈到的"心游"。

老子的"涤除玄览"说,后人多有引用、阐发。陆机《文赋》云:"伫中区以玄览。"这"玄览"直接来自《老子》。许文雨在《文赋讲疏》中说:"玄览义同览冥。高诱释《淮南·览冥》题篇之义云:'览观幽冥变化之端,至精感天,通达无极。'此道家观物化之说。魏晋才子好驱遣于玄言,不妨偶袭。"魏晋玄学大盛,"玄览"用来作为表达精神自由无碍而通玄悟道的术语,如李充《九贤颂·郭有道》:"玄览洞照,慧心秀朗。"孙楚《季子赞》:"季子聪哲,思心精微,玄览幽寙,触类生机。"孙极《赠陆士龙》:"明明大象,玄鉴照微。"

从美学角度看"玄览","玄览"实为一种高层次的审美心理活动。审美心理大体可以分为三个层次:第一,初入期,主要为审美感性投入,审美效应为悦耳悦目;第二,继入期,主要为审美知性投入,审美效应为悦心悦意;第三,升华期,主要为审美理性投入,审美效应为悦志悦神。"玄览"应属于第三层次。在这个阶段,审美心理表现为两极超越和两极综合,所谓两极超越即对审美感性与审美知性这两极的超越,所谓两极综合即在更高的层次上,在理性直观的形式中实现了感性与知性的综合。

---

① 《老子·二十一章》。

　　审美心理的理性直观活动,在中国传统的艺术创造理论中发展为"神思"说与"妙悟"说。

　　"神思"说是刘勰提出来的。在他之前的陆机也谈到了神思活动的某些特点,但未用这个词。刘勰说:"文之思也,其神远矣,故寂然凝虑,思接千载;悄焉动容,视通万里,吟咏之间,吐纳珠玉之声;眉睫之前,卷舒风云之色:其思理之致乎,故思理为妙,神与物游。"① 这里描述的神思活动,颇类似于"玄览"中的内视、内听。用今天的文学理论术语来表达,神思即为想象,是艺术家在进入艺术创作之后极为自由的精神徜徉。这个过程最突出的特点是"神与物游"。审美创造的主体既超越了具体的审美对象,也超越了自身,在虚幻之中,"我"不在了,"物"即我,"物"亦不存在,"我"即"物",物我一体,融然无间,正如庄周梦蝶,不知是蝶之为周还是周之为蝶。"神思"的另一突出特点则是"象""理"结合,"理"在"象"中,"象"不离"理"。正如刘勰所描述的:"夫神思方运,万涂竞萌,规矩虚位,刻镂无形,登山则情满于山,观海则意溢于海,我才之多少,将与风云并驱。"② "神思"的第三个突出特点就是极大的精神自由,表现为一系列奇异的形象分解、组合,在平常的思维中很难产生的闪光的思想、卓越的见解,仿佛天外飞来,不思而至。神思的这些特点,我们在"玄览"中都可找到,只是"玄览"远比"神思"朦胧、神秘。"神思"这个概念自刘勰创造出来后逐渐为人采用,在中国传统的美学、艺术学中占有重要地位。

　　"妙悟"通常认为是禅宗对艺术影响的产物,"妙悟"即"禅悟"的方式在艺术创作中的运用。这个说法诚然不错,但"妙语"的源头不只是禅宗,还有许多,其中有老子。"妙悟"的主要特点是意识与潜意识共同操纵的自由想象,只是其想象的境界更为虚空,更为灵动,"如空中之音,虽有所闻,不可仿佛;如象外之色,虽有所见,不可描摩;如水中之珠,虽有所知,不可求索。"③ 这种虚虚实实、缥缥缈缈的境界也很类似于老子的"玄

---

① 刘勰:《文心雕龙·神思》。

② 刘勰:《文心雕龙·神思》。

③ 黄子肃:《诗法》。

览""心游"。

"妙悟"也用来表示艺术创作中的灵感。胡应麟说："禅则一悟之后，万法皆空，棒喝怒呵，无非至理；诗则一悟之后，万象冥会，呻吟咳唾，动触天真。"① 这种状态与老子"玄览"时精神世界同样也有类似之处，"玄览"的思维是直觉思维，"妙悟"也是。

三、"致虚极"

老子认为要实现"玄览"，需要条件，条件之一就是"致虚极"②。"虚"包含有两个方面的意义：一为虚空，二为无欲。

"虚空"与"无欲"是紧相联系的，只有"无欲"才能做到"虚空"，因此，去欲是"致虚极"的关键。魏源《老子本义》云："虚者无欲也，无欲则静，盖外物不入，则内心不出也。"③

老子讲的去欲是多方面的：有去权欲，他说，"圣人处无为之事，行不言之教"④。有去财欲，他呼吁"不贵难得之货"⑤；有去求名欲，主张"功遂身退"⑥；有去求知欲，强调"绝圣弃知"⑦；有去声色欲，他谆谆告诫大家："五色令人目盲，五音令人耳聋，五味令人口爽，驰骋畋猎使人心发狂。"⑧

从社会安定角度讲，老子认为权欲、财欲、求名欲、求知欲、声色欲等是社会祸乱的根源。设使大家没有权欲，就不会发生争权夺利的战争了；设使大家都没有求名欲，就不会有嫉贤妒能的事发生了；设使大家都没有财欲，就可以"使民不为盗"了……

从悟道这个角度讲，老子认为去欲是悟道的前提。"常无欲，以观其

---

① 胡应麟：《诗薮》。
② 《老子·十六章》。
③ 魏源：《老子本义》。
④ 《老子·二章》。
⑤ 《老子·三章》。
⑥ 《老子·九章》。
⑦ 《老子·十九章》。
⑧ 《老子·十二章》。

妙"，"妙"即宇宙的奥秘，"道"的奥秘。人若无私无欲，胸襟定然开阔，眼光定然敏锐，在观察事物时，主观偏见就少了，自然也就容易获得对客观世界正确的看法。

老子讲的"致虚极"，去私欲与审美心境十分契合，审美有一个重要特点，就是非物质的功利性。审美与私欲、贪欲是对立的。叔本华说"爱美而不亵渎美"。这亵渎主要是指对美狭隘的个人占有。审美理论中有"心理距离"说，这个理论的核心就是要排除对美的狭隘功利观，使美与实际人生的具体功利有一个适当的距离。朱光潜先生说："美感经验的特点在'无所为而为'地观赏形象。在创造或欣赏的一刹那中，我们不能仍然在所表现的情感里过活，一定要站在客位把这种情感当一幅意象去观赏。如果作者写性爱小说，读者看性爱小说，都是为着满足自己的性欲，那就无异于为着饥而吃饭，为着冷而穿衣，只是实用活动而不是美感的活动了。"[1]

康德把人的愉快分成三种："快适的愉快""善的愉快"和"美的愉快"。他认为，这三种愉快中，"只有对于美的欣赏的愉快是唯一无利害关系的和自由的愉快"[2]。尽管康德、朱光潜有将审美的超物质功利性的性质强调过分的毛病，但又不能不承认，他们的确是抓住了审美的本质特征的。

中国传统的美学和艺术学理论中一再讲"澄怀味象""澄怀观道"。这"澄怀"不就是弃除种种私心杂念，创造一个虚空澄明的审美心境吗？如果没有这样一种心境，又怎么能"观古今于须臾，抚四海于一瞬"呢？吴宽论王维的艺术成就，认为王维作品之所以不同凡俗，重要的原因是王维"胸次洒脱，中无障碍，如冰壶澄澈，水镜渊仃，洞鉴肌理，细现毫发，故落笔无尘俗之气"[3]。李日华也说："必须胸中廓然无一物，然后烟云秀色，与天地生生之气，自然凑泊，笔下幻出奇诡。"[4] 以上诸家之说从另一角度亦说明在艺术

---

① 朱光潜：《谈美》，见《朱光潜美学文集》第 1 卷，上海文艺出版社 1982 年版，第 470—471 页。

② ［德］康德：《判断力批判》上卷，商务印书馆 1964 年版，第 46 页。

③ 吴宽：《书画鉴影》。

④ 李日华：《竹懒论画》。

创作中,虚空澄明的心境何等重要。它不仅影响到艺术家自由创造发挥的程度,还直接影响作品的格调。

四、"守静笃"

老子认为,"玄览"的另一个条件是"守静笃"。"笃","固也",又"纯也"①。"守静笃",言谓守持虚静达到非常稳定的程度。

"守静笃"与"致虚极"一样,都是为了更好地观"道"。为什么对"道"的观照要采取静观的方式呢? 第一,是因为"道"本身就是静寂的。"寂兮""寥兮"是"道"的存在方式。"道"是无为的,它悄无声息地按照常规运转,周行而不殆,虽然在不停地运动,但给人的感觉却是静的。老子不仅认为"道"给人的感觉是静的,而且认为它的本质就是静的。"夫物芸芸,各归其根,归根曰静。"② 第二,只有守静才能澄心,心澄方虚,方空,方灵。如此方能领略道的至大无垠,至小无极,方能领略道的化天下万物的奥秘。第三,只有守静才能寡欲,寡欲方能清心,清心方能无为,而无为既是道的运行规律,又是得道之人的立身原则。

在静与躁、静与动的关系问题上,老子是将"静"放在矛盾的主导方面的。他认为"静为躁君"③,"躁胜寒,静胜热,清静为天下正"④。

动静是中国哲学的一对重要范畴。"动",《说文解字》曰:"动,作也",引申为发、为行、为感等。"静"本义是不争,不争而心平性和,便是静。《说文解字》训"静"为"审"也,《玉篇》训"谋"也,《广韵》训"安"也,"和"也,都是"静"的引申义。⑤

《庄子》内篇不甚言静,但他所说的"心斋"(《庄子·人间世》)、"坐忘"(《庄子·大宗师》)都是主静的。《齐物论》讲"形如槁木,心如死灰"更是

---

① 据《尔雅·释诂》。
② 《老子·十六章》。
③ 《老子·二十六章》。
④ 《老子·四十五章》。
⑤ 参见张立文:《中国哲学范畴发展史》,中国人民大学出版社 1970 年版,第 321—322 页。

静到极点了。《庄子》外篇颇喜欢言静，如《天道》篇云：

> 圣人之静也，非曰静也善，故静也。万物无足以铙心者，故静也。水静则明烛须眉，平中准，大匠取法焉。水静犹明，而况精神！圣人之心静乎！天地之鉴也，万物之镜也。夫虚静恬淡寂寞无为者，天地之本，而道德之至，故帝王圣人休焉。休则虚，虚则实，实者备矣。度则静，静则动，动则得矣。静则无为，无为也则任事者责矣。①

这里将圣人取静的道理说得十分透彻，可以看作是老子主静说的最好阐释。"静"在后代学人也多有发挥，大体上有三种观点，一种观点是继承发挥老子的思想，主静，如《管子》提出："动则失位，阴则能制阳矣，静者能制动矣，故曰静乃自得。"②荀子虽是儒家大师，但在动静问题上亦有道家味道，他提出著名的"虚壹而静"命题，与老子的"致虚极、守静笃"很相一致。韩非是法家代表人物，他认为事物有常态、变态之分，常态是事物的本性，我们应按照事物的常态来引导事物。事物的常态，他认为是静。"是以圣人爱精神而贵处静。"③显然韩非是主静的，他甚至认为动的害处比犀牛猛虎的害处还大。宋代的理学家周敦颐也是主静的，他说："寂然不动者，诚也，感而遂通者，神也。"④"万物静观皆自得，四时佳兴与人同。"这是他著名的诗句，亦是他人生观的最好表白。中国哲学史上也有主动的，如王夫之。他激烈地批评主静说，认为："人莫悲于心死，则非其能动，万善不生而恶积于不自知……致虚导静之说，以害人心至烈也。"⑤第三种看法是静动互补，如朱熹。他说："如何都静得？有事须着应。人在世间，本无无事时节；自早至暮，有许多事。不成说事多挠乱，我且去静坐？"⑥"夫心治物，当动则动，当静则静，不失其时，则其道光明"。⑦

---

① 《庄子·天道》。
② 《管子·心术上》。
③ 《韩非子》卷六。
④ 周敦颐：《通书》。
⑤ 王夫之：《周易内传》。
⑥ 《朱子语类》十二。
⑦ 朱熹：《答许顺之书》。

以上这些看法有些已经脱出了老子的本意,像王夫之对老子的批评就有这个毛病,当然,就人生观来说,应当是当动就动,当静就静。事实上,老子也不会愚蠢到全然否定一切动的地步。老子主静说的实质是体道。他说的静,主要是心静,在他看来,只有使心虚壹而静,才能进入玄思的境界,才能实现思维的腾跃,才能体会道的奥妙。

从审美角度言之,虚静是审美心境的重要特点之一。这在艺术创作中尤显得重要。道理很简单,因为虚静是一种弱型的、松弛的、愉快的、简单的情绪状态。这种情绪状态在艺术构思中的好处是多方面的。

首先,虚静能使精神专注,不旁骛,不分心,从而能够全身心地进入忘我的境界。心境"虚"了,"静"了,想象却"实"了,"动"了。其次,心境虚静就能体物入微。艺术构思中有许多东西是需要细心地去体察的,没有虚静的心境,何来细致的体察,而没有细致的体察,又何来生动精细的刻画?司空图说:"素处以默,妙机其微。"①《北江诗话》说:"静者心多妙,体物之工,亦惟静者能之。"最后,心境虚静,便于对感情进行陶冶,对理智进行提炼,这样就可以使人的思想趋向于深刻。刘勰说得好:"陶钧文思,贵在虚静。"②

中国美学对虚静的心境十分推崇,凡在从事高雅的艺术创作或艺术欣赏之时,一定要讲究幽静的环境和虚静的心境。看,杨表正对弹琴何等讲究:

> 凡鼓琴,必择净室高堂,或升层楼之上,或于林石之间,或登山巅,或游水湄,或观宇中;值二气高明之时,清风明月之夜,焚香净室,坐定,心不外驰,气血和平,方与神会,灵与道合。如不遇知音,宁对清风明月,苍松怪石,巅猿老鹤而鼓耳,是为自得其乐也。③

静在中国美学中的重要地位,还不只是表现在艺术创作、艺术欣赏的理论中,自中唐以后,竟成为一种很高的美学品格,与逸、妙、神这些概念相连属,盛于宋的词,从深层意蕴看是静的世界,词境骨子里是静谧。况周颐深有体会地说:"人静帘垂,灯昏香直。窗外芙蓉残叶飒飒作秋声,与砌

---

① 司空图:《诗品·冲淡》。

② 刘勰:《文心雕龙·神思》。

③ 杨表正:《弹琴杂说》。

(元) 王振鹏:《伯牙鼓琴图》

虫相和答。据梧冥坐,湛怀息机,每一念起,辄设理想排遣之。乃至万缘俱寂,吾心忽莹然开朗如满月,肌骨清凉,不知斯世何世也。斯时若有无端哀愁枨触于万不得已,即而察之,一切镜象全失,唯有小窗虚幌,笔床砚匣,一一在吾目前。此词境也。"[1] 况周颐在这里本是谈人生感慨,但作为一位卓越的词人和诗词理论家已经直觉地发现那种静谧、哀怨的境界是词的境界了,反过来亦可以说词境即静谧哀怨的境界了。

中国美学精神受道家影响极深,老子的主静说,不仅影响词境,而且影响到元代盛行的曲境乃至中国的一切艺术。中国美学范畴中,阴柔美一直占有很大的地位,在全部的艺术作品中,属阴柔美风格的作品占有优势,这不能说与老子的主静说没有关系。

第四节 审美范畴

《老子》这部书提出一些重要的美学概念,其中最为重要的是美、妙、味。

一、美

在《老子·二章》中,有这样一段话:"天下皆知美之为美,斯恶已;皆

---

① 况周颐:《蕙风词话》卷一。

知善之为善,斯不善已。故有无相生,难易相成,长短相形,高下相盈,音声相和,前后相随,恒也。"这段话中将美与善并提,说明老子已明确地将美与善区分开来了。老子说,美与恶是相对的,恶相当于丑。说明在老子的时代,与美相对立的概念是恶。当时的美,不仅讲外观好看好听,还具有好的意思甚至兼有道德意义上的善;与之相关,当时的恶,不仅指外观上难看或难听,而且有内容不好的意思包括道德上的坏。

美字作为概念的使用,在先秦比较普遍,但与善字在意义上常有混淆。在孔子、孟子的言论中它的含义也不是很确定。然在《老子》中,它明确地独立出来了,这是老子对于美学的一个重要贡献。

《老子·六十二章》对于美的功能有个带倾向性的评价:"美言可以市尊,美行可以加人。"他的意思是,美好的言语可以买到人家的尊敬,美好的行为可以影响于人。这说明美有它的诱惑力、影响力。美的作用不可低估。老子初步看到了美的独特性、优越性。但是,老子显然对美不满,认为美具有欺骗性。在八十一章,他说得更明确:"信言不美,美言不信,善者不辩,辩者不善。"意思是,真实的话不漂亮,漂亮的话不真实,善良的人不巧辩,巧辩的人不善良。在这里,老子明确地表达了他的观点:尚真。真即是美。从老子这段文字,我们还可推出两点:其一,老子不是笼统地反对美,只是反对充当虚伪的漂亮外衣的美,这种美其实并不是美。其二,老子已经把美当作形式来使用了。老子重视美的形式性,说明他深入地看到了美的特点。美与善相比较,善重内容,美重形式。虽然美重形式但并不唯形式,美其实也是有它的内容的。老子将美全归之于形式是片面的;只是因为美的形式有饰伪的可能性而将美全然否定,也是片面的。值得我们注意的是,老子在这里说的美,与《老子·一章》说的美有些不同。《老子·一章》说的美具有善的内涵,这里说的美显然没有这种内涵。

老子疾伪尚真,主张朴拙的美。他常用朴来代替道,"复归于朴"即复归于道。他主张循道、遵道。循道、遵道即"见素抱朴"。从某种意义上说,朴是道的美学表达。美在朴,就是美在真。老子尚朴的美学观对中国美学影响深远,形成了中华民族崇尚朴质自然真诚的美学传统。

二、妙

老子在一章提出"妙"这个重要的概念，他将妙与"无""有"两个概念联系在一起："故常无，欲以观其妙，常有，欲以观其徼。此两者，同出而异名，同谓之玄，玄之又玄，众妙之门。"又在十五章中说："古之善为士者，微妙玄通，深不可识。"

"道"因为"常'无'"而让人观赏出道的"妙"，说明妙是道的一个重要性质。妙与无不同的是，无是存在性的范畴，妙是评价性的范畴。换句话说，无回答道是什么，妙回答道怎么样。

何谓"妙"？王弼在《老子指略》中说："妙者，微之极也。"《说文解字》释"妙"为"精微也"。这恰符合道的特点。《老子·十四章》云："视之不见名曰夷，听之不闻名曰希，搏之不得名曰微，此三者不可致诘，故混而为一。""夷""希""微"，说明道非感官所能把握，它需要用心灵去体会。道的精微性称得上妙。司空图在《诗品》中谈"冲淡"时说："素处以默，妙机其微。饮之太和，独鹤与飞。""妙机"即是"道"。

道不仅具有精微性的特点，还具有无限性的特点。它"迎之不见其首，随之不见其后，执古之道而御今之有，能知古始是谓道纪"[1]。道的无限性也是妙。同时，道是变化莫测的，它生天生地生万物，具有极其巨大的功能与无穷的智慧。它的这种变化性还是妙。

道的精微性、无限性、变化性、生成性都体现出它的空灵性。正是因为空它才灵。这正如"凿户牖以为室，当其无，有室之用"。道由无与有构成，无中生有，有中寓无，有无互化，玄秘深奥，难以把握。故称之为"玄"，而且"玄之又玄"。宋代苏轼说："求物之妙，如系风捕影。"[2] 这里，提出了妙的又一个重要特征——虚。虚则空幻，难以把握，然虚则灵动，变化无穷；虚则无限，难以穷尽。虚的性质通向无，通向道，当然也是妙。

---

① 《老子·十四章》。
② 苏轼：《答谢民师书》。

总起来说，妙具有精微性、虚幻性、空灵性、无限性、变化性等特点，它是道的描述。在中国美学里，美的本体在道。正是由于妙是道的描述，因此，也可以说，最高的美在妙。

由于妙是道的评价性概念，当它进入美学领域后，就自然地获得了比美高得多的地位。如果说中国古典美学讲的美其根本是道，那么这美应该用妙来表示。

在先秦，妙还只是用在哲学领域中，妙进入美学领域是汉代的事。王充《论衡·定贤篇》中说："夫歌曲妙者，和者则寡。""曲妙人不能尽和，言是人不能皆信。"王逸《楚辞章句序》中说："虽未能究其微妙，然大指之趣略可见矣。"魏晋时代，人们常用妙来品评人物、艺术，自然，妙就广泛地进入美学领域。如曹丕评孔融的诗，说是"体气高妙"①；王羲之评书法，说"自有言所不尽得其妙者，事事皆然"②；顾恺之评画，说"四体妍蚩，本无关妙处，传神写照正在阿堵中"③；唐代张怀瓘评书法，说有神、妙、能三品，妙的地位仅次于神，其实神也是妙。

三、味

《老子》中还提到"味"这个概念。《老子·三十五章》云："淡乎其无味，视之不足见，听之不足闻，用之不足既。"又在六十三章说："为无为，事无事，味无味。"老子说道不仅是看不见、听不见的，而且也是品不出味道来的。说道无味，与"大象无形""大音希声"一个意思。正如无象之象乃为大象、无声之声乃为大声一样，无味之味乃为至味。无味，即为恬淡。恬淡本是道的特征，它一是说明道是感官所不能把握的，二是说明道是最本真的。恬淡的含义后来就有所拓展。作为人生哲学，恬淡兼具道家与儒家的人生理想。就儒家来说，主要指清正廉洁，就道家来说，主要指出世隐逸。《老子·三十一章》说"恬淡为上"，王弼在为这句话做注时，则说"以恬淡

---

① 曹丕：《典论·论文》。
② 王羲之：《自评书》。
③ 《世说新语·巧艺》。

为味"。这就引申到美学上来了。恬淡作为一种审美理想,主要指朴素、真实、不尚修饰。自魏晋开始,恬淡这种审美理想受到推崇。"平淡"作为一种艺术境界,要达到它,往往需要艺术家大半生的努力。这里有一个从绚烂到平淡的转化过程。宋代葛立方论诗曰:"大抵欲造平淡,当自绚丽中来,落其华芬,然后可造平淡之境。"①

《老子》提出"味"这个概念,除了连带提出"恬淡"这一范畴为中国古典美学提出了一个最高的审美理想外,其"味"这一概念本身也具有重要的意义。作为名词,它是审美意蕴的概括,司空图说"辨于味而可以言诗也",这"辨于味"的味即指审美意蕴。《红楼梦》作者曹雪芹说:"满纸荒唐言,一把辛酸泪。都云作者痴,谁解其中味。"这"味"同样指作品的审美意蕴。用"味"表示审美意蕴恰到好处地揭示了审美意蕴的微妙性、模糊性、空灵性、无限性的特点。"味"作为审美意蕴有诸多表述,有"美味"(扬雄)、"滋味"(钟嵘)、"余味"(刘勰)、"韵味"(司空图)、"风味"(皎然)、"真味"(欧阳修)、"至味"(苏轼)等。用"味"这一概念来表示审美意蕴,有如下几种特殊的意义:其一,这审美意蕴是客观的,更是主观的,是主客观的统一;其二,这审美意蕴是普遍的,更是个体的,是个体与普遍的统一。

"味"作为动词,表示审美行为,相当于审美感受。《老子》讲的"味无味"这第一个"味"字是表动作的。当然,老子并不是在说审美,但所说通向审美。南朝的宗炳说"圣人含道映物,贤者澄怀味像",这"味像"很明显是审美了。"味"与别的词连缀仍表示审美的,还有"玩味""品味"等概念。"味"作为审美感受,它的突出特点一是体验性,体验中有认识,但本质是体验;二是直觉性,只能是当下体验的行为,瞬间存在,但这个瞬间的出现却是长期积累所致;三是理解性,味不只是感觉,感觉中有理解,对事物实质的深层理解;四是非概念性,虽然味对事物的实质有深层的理解,但这种理解不具概念的形式,它仍然是感性的。以上这些特点足以说明味

---

① 葛立方:《韵语阳秋》卷一。

是一种理性直觉。

　　"味"作为审美范畴,魏晋有很大的发展,中国艺术各个门类,诸如诗、词、赋、曲、文、书法、绘画,广泛运用这一概念,成为最具中华美学特色的范畴之一。

第 二 章

孔子的美学思想

孔子（前551—前479），名丘，字仲尼，鲁陬邑人。孔子是我国古代最伟大的思想家、教育家，儒家学派的创始人。

孔子像

孔子学说以"仁"为核心。而仁学的核心又为"爱人"。可以说，孔子是中国古代最伟大的人道主义者。孔子的"仁学"比较多地吸收了西周的文化，这种吸取常被人简单地视为落后、反动，这是不恰当的。孔子的学说虽在当时因不合时宜而未能为统治者采纳，但对后世有深远影响。以孔子为创始人的儒家学说是中华文化的主干。

学术界近几年颇为流行一种观点，认为孔子及其所代表的儒家学派在

政治、伦理学的建设上是居首要地位的,而在美学、文艺学的建设上其地位未必赶得上老、庄。这个看法值得商榷。应该肯定,道家学派在中国美学、文艺学的建设上作出过巨大贡献。但冷静地客观地考察一下道家学派,我们则不难发现,道家学派的两位创始人老子、庄子明确地表示反审美。说他们的学说通向审美,是就其学说的某些内在精神而言的。老、庄实在是无意建立一个完整的美学体系。儒家则不同。他们不仅不排斥审美,而且很看重审美。审美是他们整个学说体系中一个很重要的部分。尽管儒家的美学体系比较少地注重审美心理学的问题,对艺术创作的美学规律也未做深入的探讨。但相对而言,儒家比之其他任何一个学派包括道家更注重从宏观上整体地把握审美的规律,更自觉地建构美学体系。

　　孔子是儒家的开山祖师。孔子与老、庄不同,他有一个相当完整的美学理论体系。在他以前,还没有谁这样自觉地创立美学理论。因此可以说,孔子是中国独立的美学理论形态的创立者,孔子美学可以说标志中国美学理论的觉醒。

第一节　仁学与美学

　　孔子的美学体系是个层叠式的宝塔结构。这个结构的基础是孔子学说的核心——"仁"以及"仁"的形式——"礼"。

　　"仁"在《论语》中出现109次,其含义宽泛、多变,但基本意义是清楚的。"仁"原本属伦理学范畴,"仁学"主要是伦理学说,孔子学说以"仁"为根基,为核心,正说明孔子学说是一种以伦理为本位的理论体系。尽管孔子学说后来演变成官方的政治学,但这种官方政治学的实质也还是伦理学,是伦理学的政治性演变,孔子的哲学,其核心也是伦理学。这些看法大体上为学术界所认同。

　　"仁"在孔子学说中是最高的理论范畴,也是最高的思想境界。孔子认为,他的学生中没有一个够得上"仁"的,就是颜回,他的评价也只是"贤哉"。至于他自己,他谦逊地说也够不上,"若圣与仁,则吾岂敢"。

"仁"虽是最高的思想境界，但又不是可望而不可即的。它就体现在日常生活之中，只要有诚心去行仁，谁都可以做。他说："我欲仁，斯仁至矣。"① "为仁由己，而由人乎哉！"② "仁"既然不难做，可为何又少有人做到呢？原因是"仁"是以"克己"为前提的。要行仁，就得克制自己的私欲、私利，就要为他人、为社会去作出贡献，作出牺牲。这当然就不容易了。所以，孔子感叹道："吾未见好德如好色者也。"③

如此说来，"仁"其实并不容易推行。采取强制的手段当然不行，须得人们心甘情愿地、自觉地去实行。要做到这样，对"仁"还要作出一些能为人们所接受的解释。孔子学说正是在这里展示出它无比的伟大和神奇。

孔子对"仁"做了三个层次转化。

一、"仁"的情感性内化

孔子讲"仁"，尽管含义很多，但基本的含义是"爱人"。据《论语》载，樊迟问仁，子曰："爱人。"④ "爱"是一种情感，"爱"又是要付出的。在人的一切活动中，付出而又心甘情愿，莫若于"爱"。

特别值得指出的是：孔子讲的爱，是建立在血亲关系基础之上的，这种爱首先是血亲之爱。孔子仁学中有两个非常重要的范畴："孝"与"弟"。"君子务本，本立而道生，孝弟也者，其为仁之本与！"⑤ "仁"之本为孝弟，孝弟何等重要！孝弟是两种最重要的血亲关系的道德规范。"孝"是讲儿女对父母应尽的义务，"弟"是讲兄弟姊妹之间各自应尽的责任，尤其又是弟辈对兄辈应尽的义务。这两种道德规范的实施没有大的障碍，原因就在对父辈的"孝"根于对父辈的爱，对兄弟姊妹的"弟"根于对同胞手足的爱。血亲之情是自然之情，天下之情莫过于、重于此者。

---

① 《论语·述而》。
② 《论语·颜渊》。
③ 《论语·子罕》。
④ 《论语·颜渊》。
⑤ 《论语·学而》。

由血亲之情推而广之,君为一国之主,犹如一家之父,故可移"孝"为忠;又"四海之内皆兄弟也"①,故又可移"弟"为义。于是以血亲之爱为中介,孔子完成了"泛爱众而亲仁"的仁学体系的建构。

二、"仁"的由己及人的转化

孔子谈仁,很注重推己及人。孔子并不简单地讲你对别人应该怎么样,而是讲你对自己怎么样对别人也应该怎么样:

> 夫仁者,己欲立而立人,己欲达而达人。②
>
> 己所不欲,勿施于人。③

孔子这种设身处地,设人为己、设己为人的思想教育方法是非常高明的。

如果说"仁"的情感性内化是伦理向心理的转化,那么这种推己及人的转化则是群体向个体,他人向自身的转化。"仁"本来是强调社会性的,本来是对个人、对个体欲望有所约束的,经过这么一转化,外在的强制性、约束性没有了,社会与个体、理性与情感、伦理与心理实现了统一。这种统一在美学上的重大意义在于为儒家独特的伦理美学奠定了基础。孔子讲美在"仁",在"善"。这"仁",这"善"何以能变成美,使人欣欣然喜爱它,其奥妙就在这里。孔子一再讲"知之者不如好之者,好之者不如乐之者"④。"乐之",显然是审美了,"知之"则不是。由认知的"知"到审美的"乐"需要中介,这个中介就是"好"。"好",喜好也。喜好是一种情感态度。知"仁",乐"仁",好"仁",关键是好"仁"。如果说,知"仁"是好"仁"的前提,那么,好"仁"又是乐"仁"的前提。后者包含前者,审美既包含理智,又包含情感,理在情中,情在美中。

三、"仁"的向"礼"转化

"礼"是孔子学说中仅次于"仁"的重要范畴。"礼"与"仁"的关系比

---

① 《论语·颜渊》。

② 《论语·雍也》。

③ 《论语·卫灵公》。

④ 《论语·雍也》。

较复杂。"礼"作为典章礼仪的总称,其含义远较"仁"丰富。孔子有时用"礼"解释"仁",有时又用"仁"解释"礼"。仁与礼的关系大致是:

其一,仁是礼的内涵,礼是仁的形式。

其二,仁是礼的基础,礼是仁的上层建筑(借用"上层建筑"概念不是用的哲学上的"上层建筑"的意义)。

《论语》中有这样一段话:

> 子夏问曰:"'巧笑倩兮,美目盼兮,素以为绚兮。'何谓也?"子曰:"绘事后素。"曰:"礼后乎?"子曰:"起予者商也!始可与言《诗》已矣。"[1]

这里用了一个非常美的比喻:如果说一张素白的纸是"仁",那么白纸上所绘的美丽的图画就是"礼"。没有白纸就没有图画,没有"仁",就没有"礼","仁"是"礼"的基础。

说"礼"是"仁"的形式,也只是相对的。"礼"本身就有自己的内容。同样,"仁"也不只是"礼"的内容,"仁"还有并不属于"礼"的形式。不过,也应该承认,"礼"比之"仁"更注重形式,而且它的形式是规范化了的形式。从"仁""礼"的关系角度言之,"礼"是形式化了的"仁"。

中国封建社会有各种繁文缛节的礼。这些礼都以规范化、程式化了的形式承载着一定的政治的或伦理的内涵。由于"礼"的形式感特别突出,有时人们甚至为形式而形式,而将形式背后的"仁"的内容忽视了。

既然礼重形式,在礼的形式设计中就必然渗进审美的因素。爱美是人的本性,人总是在它所创造的一切作品(广义的,不只指文艺)中自觉或不自觉地融进自己的审美的理想,从而使这些作品在不同程度上体现出美来。中国古代的"礼"非常之多,几乎涉及生活的一切方面,欧阳修说:

> 古者,官室车舆以为居,衣裳冕弁以为服,尊爵俎豆以为器,金石丝竹以为乐,以适郊庙,以临朝廷,以事神而治民。其岁时聚会以为朝觐、聘问;欢欣交接以为射乡、食飨;合众兴事以为师田、学校。下至里闾田亩,吉凶哀乐,凡民之事,莫不一出于礼。由之以教其民为孝慈、

---

[1] 《论语·八佾》。

友悌、忠信、仁义者,常不出于居处、动作、衣服、饮食之间。①

《论语》中有这样的话:"子曰:觚不觚,觚哉,觚哉!"②觚是酒器,它的制作样式、使用都有一定的规定,需要合乎"礼"。孔子在这里发感慨,由于"礼崩乐坏",人们制作觚也不讲究一定的格式,弄得觚也不像觚了。

西周旅父乙觚

在商周,青铜器除兵器、农具外,大都是礼器,像盛肉用的鼎,盛饭用的簋,饮酒用的尊、爵、觚等,这些器皿都是礼器,制作与使用都要遵守礼制。住房也有一定的礼制管着。孔子批评臧文仲为乌龟盖了一间雕梁画栋的屋子,认为这是不合礼制的。

有一部分礼与祭祀有关,它们大都是古代巫术的演变,在演变的过程中,一方面渗透进"仁"的内容,另一方面在形式上也根据美的规律予以改进。尽管"礼"的主旨不在审美,但"礼"的形式性无疑培养、提高了人们对形式的审美感受能力,同时也催发某些形式美的法则产生。

《论语》中"礼""乐"经常并提,不怎么强调二者的区别。这与《乐记》谈"礼""乐"有些不同。《论语》中,"礼""乐"都以"仁"为灵魂。《论语·八佾》说:"人而不仁,如礼何,人而不仁,如乐何!""礼""乐"并提,乐又以礼为前提。"乐"要合"礼",这样,"乐"中就自然有"礼"了。"乐"是艺术,

---

①　《新唐书·志第一·礼乐一》。

②　《论语·雍也》。

是讲究审美的。孔子醉心于音乐，曾说听了美妙的音乐，"三月不知肉味"，可见音乐魅力之大。"礼"当然不能说是艺术，但礼中肯定有一定的艺术因素，而且某些礼，艺术因素很强，几近乎艺术。孔子和他的学生也曾用类审美的评价，赞赏过"礼"。如：

> 子曰："周监于二代，郁郁乎文哉，吾从周。"①

> 有子曰："礼之用，和为贵，先王之道，斯为美。"②

综上所述，作为伦理学本体的"仁"经过三种方式的处理，逐渐地接近了审美。众所周知，审美是讲究情感性的，审美态度是一种情感态度。本为理性的"仁"，以爱为中介，情感化了。这是"仁"通向审美的关键性的一步。审美是最讲究个性的，在人类的一切活动中，审美最具个体风格，所谓审美趣味，实际上是个体的审美趣味。西方美学史上有"趣味无争辩"的命题，也就是强调审美的个体性、差异性。"仁"本是社会的、群体性的道德规范，但孔子说仁也可以有个体人格存在，而且应该尊重个体人格，这样，"仁"又在一定程度上通向审美了。

"仁"的通向审美，最重要的还是"礼"的作用。"礼"对"仁"作形式化的处理，最终打通伦理与审美的通道。因为，审美是最重视形式的，审美的王国，很大程度上是形式化的王国。关于这点，当代德国大哲学家恩斯特·卡西尔说得最彻底。他说，在审美中，"我们不再生活在事物的直接的实在之中，而是生活在纯粹的感性形式的世界中"③。"仁"的转化为"礼"在美学上的重大意义，就在于为"仁"构筑了一个形式的世界，为审美以及艺术保留了一块天地。

第二节　善　与　美

孔子的学说既然以伦理学为本位，善自然占据核心地位，孔子美学第

---

① 《论语·八佾》。
② 《论语·学而》。
③ [德] 恩斯特·卡西尔：《人论》，上海译文出版社1985年版，第189页。

一位的问题就是处理善与美的关系，儒家美学的第一问题也是这个。

善、美概念在孔子以前已经出现，先秦典籍中这方面的言论不少，但在孔子之前，有关善、美的看法比较含混，反映出人们对美、善这两个分别作为美学、伦理学核心范畴的概念还缺乏明确的认识。美学与伦理学均未成熟。

在甲骨文中，就有善、美两个字。东汉许慎在《说文解字》中对美做了这样的解释："美，甘也，从羊从大，羊在六畜主给膳也。美与善同义。"许慎的解释透露出这样的信息：在人类早期，美、善是没有太大区别的。美的必然是善的。值得指出的是，最古老的善还不是日后用作伦理学范畴的善，而是饮食的"膳"。"美与善同意"说的都是人类对物质生活的满足。后来，善与美都脱离了物质领域，而进入精神世界。一般来说，善的含义比美宽，相当于"好"，凡是对人有利的事物包括人的言行皆可说是善；美的含义则比较地窄，用来表示能引起人们感官快适和精神愉快的事物或事物的性质。

在先秦，比较多的观点是以善释美，善作为美的原因或者说先决条件，美必善，善必美，著名的例子是《国语·楚语上》中所载"伍举论美"。伍举断然否定"以土木之崇高、彤镂为美"，而认为"美也者，上下内外、小大远近，皆无害焉，故曰美"。伍举的观点很清楚，美不在形式，美在内容，而且在它对人的"无害"有利。《左传·襄公二十九年》中载吴公子季札观周乐所体现出来的美学观点亦是如此。凡季札赞为"美哉"的音乐，其内容皆是善的，而且季札正是以其善来论证美的，比如季札论《小雅》："美哉，思而不贰，怨而不言，其周德之衰乎？犹有先王之遗民焉。""思而不贰，怨而不言"正是《小雅》美的原因。

应该指出的是，在孔子之前也有一些言论将美与善区别开来，比较明确地将它们当作两个完全不同的概念来使用，如《左传·襄公二十六年》："公见弃也而视之尤，姬纳诸御嬖，生佐，恶而婉，大子痤，美而很。"这"美而很"中的"美"，是指外貌美，它与善良是两回事，"很"通"狠"，故可以说是外貌美丽而内心狠毒。又，《左传·襄公二十七年》记载："齐庆封来聘，其车美，孟孙谓叔孙曰：'庆季之车，不亦美乎？'叔孙曰：'豹闻之，服美不称，必以恶终，美车何为?'"这"美车"之"美"，也不同于善。不过，尽管这些言论把美与善作为不同概念使用，但并没有从理论上指出这两个概念究竟有哪些区别。

应该肯定，首先是孔子在理论上明确地区分了善与美，指出善的不一定是美的，美的不一定是善的。有力的论据是人们经常引用的一段话：

> 子谓《韶》"尽美矣，又尽善也"。谓《武》"尽美矣，未尽善也"。①

《韶》乐是歌颂尧舜的音乐，尧舜素以仁德著称，所以，《韶》乐内容"尽善"，又由于这首乐曲声音宏壮动听，故又"尽美"。《武》乐是歌颂周武王的音乐，周武王以武力定天下，不符合孔子的政治主张，所以其内容未做到"尽善"，但《武》乐极为威武雄壮，动人心魄，故称得上"尽美"。

孔子明确地将善与美区分开来，在中国美学史上的意义是十分重大的。它意味着审美在人们的生活中已经具有独立的地位。不是别人，而是孔子确定了审美的独立品格，这是否可说是美学理论走向自觉的开始?

美是什么，善是什么，孔子没有做过理论概括，他只是在对具体的人物、事物做评断时用到善与美的概念，查《论语》，"善"出现了36次，用作形容词，表示"好"的意思20次；用作名词，表示好人、好事5次；其他用作动词、副词9次。另外，《论语》中还有"善人"这一概念，出现5次。孔子对"善人"的论述，有助于我们对善这一概念的理解：

> 子曰："善人为邦百年，亦可以胜残去杀矣。诚哉是言也。"②

> 子曰："善人，吾不得而见之矣；得见有恒者，斯可矣。亡而为有，虚而为盈，约而为泰，难乎有恒矣。"③

> 子张问善人之道。子曰："不践迹，亦不入于室。"④

第一例说善人"可以胜残去杀"，是讲善人是行仁政的人；第二例讲善人难找，原因是善人是诚实有操守的人；第三例讲善人好学，谦逊。很显然，

---

① 《论语·八佾》。
② 《论语·子路》。
③ 《论语·述而》。
④ 《论语·先进》。

孔子说的"善"与他所主张的"仁"是同一类的概念，只是善的含义较仁宽泛得多，要求也没有仁那样高。孔子说的"美"这个概念在《论语》中出现14 次，其中有的作抽象名词用，如《雍也》篇中说："宋朝之美"，这美是抽象名词，意思是宋朝这个人漂亮；也有作形容词用的，如"美玉""美目"，这"美"有好看、美丽的意思。这些地方的"美"指的是外观的美，形式的美。《论语》中的"美"有些地方不只是用来说外观好看，也还有内容好的意思。比如，《颜渊》篇中："子曰：'君子成人之美，不成人之恶。小人反是。'"这"美"就有"好"的意思。

春秋晚期青铜牺尊

尽管《论语》中"美"的概念缺乏明确的限定，但只要它肯定并强调了美有外观美丽、漂亮的意义，并不从属于善，那就等于确定了美的独立品格。从《论语》中，我们发现孔子很注重审美欣赏，他非常爱好音乐，听音乐听得入迷，以至三月不知肉味，他也爱好旅游，醉心于自然山水之美。他对美丽的女性出自本性地倾心，他在美人南子面前的忘情之态，曾引起子路的不满。他对《诗经·卫风·硕人》一诗中所描绘的女性美由衷地欣赏。

除此之外，孔子的衣食住行都很有风度。这种风度既是合乎礼的，又是很美的，在当时甚至堪称美的典范。《论语·乡党》载：

> 君召使摈，色勃如也，足躩如也。揖所与立，左右手，衣前后，襜如也。趋进，翼如也。宾退，必复命曰："宾不顾矣。"入公门，鞠躬如也，如不容。立不中门，行不履阈。过位，色勃如也，足躩如也，其言似不足者。摄齐升堂，鞠躬如也，屏气似不息者，出，降一等，逞颜色，怡怡

如也。没阶，趋进，翼如也。复其位，踧踖如也。①

这些描写活灵活现地展现了孔老夫子在各种不同场合的风度：或礼貌恭敬地左右拱手，或步履轻快地快步向前，或拘谨不安地言语迟缓，或庄重大方地步履轩昂……孔子对于穿着也颇为讲究，《论语》中有这样一段记载：

> 君子不以绀緅饰，红紫不以为亵服。当暑，袗绤绤，必表而出之。缁衣，羔裘；素衣，麑裘；黄衣，狐裘。亵裘长，短右袂。必有寝衣，长一身有半。狐貉之厚以居。去丧，无所不佩。非帷裳，必杀之。羔裘玄冠不以吊，吉月，必朝服而朝。②

孔子很讲究衣服的色彩，他认为，君子不应以天青色和铁灰色做衣服的镶边，浅红色和紫色不能用来做平常居家的衣服。夏天，穿粗的或细的单布葛衣，但里面要有衬衣，使它得以衬托出来。黑色的衣宜配紫色的羔裘，白色的衣宜配麑裘，黄色的衣宜配狐裘。居家的皮袄一般宜长，但右袖要做得短些。睡觉盖的小被，长度应是人身材的一又二分之一。狐貉皮厚宜做坐垫。丧服期满，什么佩饰都可戴了。不是上朝和祭祀穿的礼服，不可用整幅布去做，要剪去一些。紫色的羔裘和黑色的礼帽不可穿着去吊丧。大年初一，必须穿着礼服去朝贺。这里讲的穿着的规矩，是种礼制，但这种礼制又显然包含有形式美的规律。在孔子，遵礼与爱美是完全统一的。

服饰在周朝的讲究，今天非想象可及，《周礼》对周朝天子、王公服饰的介绍让人头晕目眩，诸多服饰究何样式，专家们也争论不休，不少存疑。其中关于天子的"六冕"，有如下介绍：

> 王之吉服：祀昊天上帝，则服大裘而冕，祀五帝亦如之；享先王，则衮冕，享先公，飨射，则鷩冕，祀四望山川，则毳冕，祭社稷、五祀，则希冕，祭群小祀，则玄冕。③

另外，还有九服，不同的礼仪场合，穿不同的衣服。冕服的装饰异常

---

① 《论语·乡党》。

② 《论语·乡党》。

③ 《周礼·春官·司服》。

繁复,讲究很多,如"大裘而冕",这是祭昊天上帝要穿的冠服。冕有十二旒,衣裳有十二章。衣上画日、月、星、山、龙、华虫六章,裳乡宗彝、藻、火、粉米、黼黻六章。冕服是礼服中最尊者,天子、诸侯及卿大夫都服冕。以下的卿、大夫、士均有不同的服装。孔子虽然不是王公贵族,但也是士,一度也做过官,因此,他的服饰必须遵照礼制。

孔子对于饮食也很有讲究,他明确表示:"食不厌精,脍不厌细。食饐而餲,鱼馁而肉败,不食。色恶,不食。臭恶,不食。失饪,不食。不时,不食。割不正,不食。不得其酱,不食。肉虽多,不使胜食气。唯酒无量,不及乱。沽酒市脯不食。不撤姜食,不多食。"[①] 这里面既有一定的礼制,又有饮食卫生学,还有饮食美学。

不管从哪方面看,孔子都是中国历史上第一个注重审美的大思想家,审美正是在他这里才获得独立的地位,审美理论也正是在他这里才得到最新的建构。

第三节　文质彬彬

孔子虽然肯定了美的独立地位,但是从总的思想趋向来看,他还是认为美从属于善。在《论语》中也有不少地方强调善是美的决定性因素。在《里仁》篇中,他明确说,"里仁为美"。"仁"是美的灵魂。在《尧曰》篇中孔子谈到"五美","五美"具体是什么呢? 孔子说是:"君子惠而不费,劳而不怨,欲而不贪,泰而不骄,威而不猛。"这"五美"实际上是五种德行。

孔子既认为美不同于善,又认为美从属于善。这个看似矛盾的观点中包含有一个十分重要的思想:内容决定形式。我们前面谈到,孔子论美是充分考虑到美的形式属性的,美以形式取胜。不过,孔子又认为,美虽以形式取胜,但美不只是形式,美还有内容。美的内容就是"仁",就是"惠而不费"之类的德行,换言之,就是善了。形式不同于内容,但形式从属于内容,

---

① 《论语·乡党》。

决定于内容,与此相关,就是美不同于善,但美从属于善,决定于善,美与善应该实现高度的统一。

孔子这一思想借"质"与"文"的关系做了进一步的阐述:

> 子曰:"质胜文则野,文胜质则史,文质彬彬,然后君子。"①

"质"在这里可以说是内容,"文"可以说是形式,就人来说,"质"是指一个人的品德修养,"文"是指一个人的风度、服饰、言谈举止等外部形象。孔子说,一个人如果品德很好,但外部形象不佳,未免有点粗野;反过来,一个人外部形象不错,颇善于打扮,但品德不好,修养很差,那么则失之虚浮。只有文质结合,相得益彰,方是个君子。

"文质彬彬"可以视为"美善结合"的另一种表述,它是孔子的审美理想。

"文质彬彬",可以宽泛运用于艺术评论和社会人事评论。它是孔子创立的一个非常重要的美学命题,是孔子对中国美学的一个杰出贡献。

"质",在金文中写作𩲡,它由"𣌭"与"貝"两个字组成,"𣌭"为二斤,斤为斧,贝为贝壳,古代用作钱币。许慎《说文解字》中说:"𩲡,以物相赘,从见从所阙。"很显然,质是一个实体性的概念,后来用来表示事物的性质、质地等。《论语》中的"质"一般用来指人的思想品质,如:

> 夫达也者,质直而好义。②

> 君子义以为质,礼以行之,孙以出之,信以成之。③

孔子以"义"为"质",即认为人的思想品德应该是"义","义"是"仁"的子概念,隶属于"仁"。

"文",金文写作𠆥,许慎《说文解字》说:"文,错画也,象交文。凡文之属皆从文。""文"是个会意字,象征事物外部的纹标,引申有光辉、美丽、漂亮的意思。"文"是接近"美"的一个概念,但它主要是指事物外部形式美。孔子基本上是按照这个意义去使用"文"的。他说:"周监于二代,郁郁乎

---

① 《论语·雍也》。

② 《论语·颜渊》。

③ 《论语·卫灵公》。

文哉!"这"文"就是光辉灿烂的意思。孔子之后,"文"的这一意义基本上保持下来了。司马光说:"古之所谓文者,乃诗书礼乐之文,升降进退之容,弦歌雅颂之声。"①

在文质统一即形式与内容统一的问题上,人们一般比较注意到孔子在二者的统一中强调内容的决定作用的观点,这诚然是不错的,但如果因此而认为孔子轻视形式那就不对了。在《论语》中还有这样一段较少为人称引但十分重要的文字:

> 棘子成曰:"君子质而已矣,何以文为?"子贡曰:"惜乎,夫子之说君子也,驷不及舌。文犹质也,质犹文也,虎豹之鞟犹犬羊之鞟。"②

棘子成是卫国大夫,他认为君子只要有优良的品德就行了,文采风度是不必讲究的,孔子的学生子贡加以驳斥。他说,如果文采没有什么价值,那么试将虎豹身上的毛与犬羊身上的毛都拔掉,并将它们做一番比较看看。它们还有什么区别吗? 没有那一身斑斓的毛皮,虎豹的威武雄壮又从何体现呢? 子贡的观点也可以视为孔子的观点。

文质统一的思想由孔子奠定后,成为中国美学和中国艺术学的重要传统,为一代又一代所继承着。在后世有关文质关系的言论中,虽然有强调质的或强调文的不同,但在文质统一这个根本点上,基本上是一致的。扬雄说:"实无华则野,华无实则贾,华实副则礼。"③扬雄将华实即文质的统一提到礼的高度,认为华实相副才是礼,这可以看作是孔子思想的直接发挥。最有趣的是汉代的刘向,在《说苑》中讲了一个孔子的故事,对孔子的文质观做了进一步的阐述。这个故事是:

> 孔子见子桑伯子,子桑伯子不衣冠而处,弟子曰:"夫子何为见此人乎?"曰:"其质美而无文,吾欲说而文之。"孔子去,子桑伯子门人不说,曰:"何为见孔子乎?"曰:"其质美而文繁,吾欲说而去其文。"故曰:文质修者,谓之君子,有质而无文,谓之易野。子桑伯子易野,欲同人

---

① 司马光:《答孔文仲司户书》。

② 《论语·颜渊》。

③ 扬雄:《法言·修身》。

道于牛马。①

这段故事真实与否，无可言说，但它所表示的思想还是很符合孔子的学说的。从主导面来看，刘向着重批评轻视文的观点，特别强调文，不过，他还是明确说，文质都好的人才可称为君子。

刘勰的文质观向来为美学家所称道。其实刘勰的文质观也基本上来自孔子，而且他文章中所用虎豹犬羊的比喻也来自于《论语》。刘勰说：

> 夫水性虚而沦漪结，木体实而花萼振，文附质也。虎豹无文，则鞟同犬羊；犀兕有皮，而色资丹漆，质待文也。……故情者文之经，辞者理之纬；经正而后纬成，理定而后辞畅，此立文之本源也。②

唐代的魏征编的《隋书》，分析了文质两者的长处："理深者便于时用，文华者宜于咏歌。"而最高的理想应是："文质彬彬，尽善尽美。"③

文质彬彬，尽善尽美，这是孔子提出来的审美理想，但成了中华民族世代相传的共同的审美理想。孔子于此的贡献可谓大矣！

第四节　中和之美

孔子不仅肯定了美、形式美的地位，提出了最高的审美理想——文质彬彬，善美统一，而且为人们的审美活动确定了批评的尺度，这个尺度就是"中庸"。

中庸当然不只是审美批评的尺度，它也是一种哲学观，还是一种道德规范。孔子说："中庸之为德也，其至矣乎！民鲜能久矣。"④《中庸》一书引用了孔子这句话，加以肯定，可见，在儒家看来，中庸是一种非常高的道德修养，一般人很难做到。孔子觉得，在他的弟子中，只有颜回做到了。⑤

---

① 刘向：《说苑·修文》。
② 刘勰：《文心雕龙·情采》。
③ 魏征：《隋书·文学传序》。
④ 《论语·雍也》。
⑤ 见《中庸》第八章："子曰：回之为人也，择乎中庸，得一善，则拳拳服膺，而弗失之矣。"

　　"中庸"的本义是什么？看法不一。一般来说，对"中"的理解大致差不多。"中"的基本含义是"正"，不偏不倚。《论语·尧曰》中说："咨，尔舜！天之历数在尔躬，允执其中。"这"中"，杨伯峻先生释为"最合理而至当不移"①。《子路》篇中出现"中行"这一概念，子曰："不得中行而与之，必也狂狷乎！狂者进取，狷者有所不为也。"② 在《先进》篇中有一段子贡与孔子的对话，虽没有"中"这个概念出现，但实际上说的是"中"：

　　　　子贡问："师与商也孰贤？"子曰："师也过，商也不及。"曰："然则师愈与？"子曰："过犹不及。"③

　　"过犹不及"是"中"的最实在、最常见的意义，不过，也只是"中"的一种表面的意义。就其实质而言，"过犹不及"要求在事物的发展过程中处于最恰当的地位，取最恰当的方式。"恰当""正确"才是"中"的本质。

　　"庸"的解释分歧颇多。朱熹说："中者，不偏不倚，无过不及之名，庸，平常也。"④ 郑玄注《礼记·中庸》："名曰中庸，以其记平和之为用也，庸，用也。"

　　笔者认为，"庸"宜做常规、常道讲。常规、常道就是事物发展的最一般的规律。"庸"是"中"的补充，也可以说是实现"中"的必具条件。"中庸"的含义就是：办事要符合规律，要使自己处于恰当的正确的地位或者说要采取恰当的正确的态度。

　　孔子这一思想直接源于《易经》。《易经》讲"中"很多。"中"的表面意义是"中间"。就爻位来讲，二爻与五爻分居下卦与上卦之中，称为中位。处中位一般是吉祥的。《易经》的卦爻辞中，不乏"中"字，如讼卦卦辞："惕中，吉。"相传为孔子所作的《易传》，"中"往往与"正"联系起来，名为"中正"，如履卦象辞；"刚中正，履常位而不疚，光明也。"《周易》讲"中正"，也是讲要按规律办事，使自己处于恰当而又有利的位置。

---

① 　杨伯峻：《论语译注》，中华书局 1980 年版，第 219 页。

② 　《论语·子路》。

③ 　《论语·先进》。

④ 　朱熹：《四书集注》。

"中庸"在美学上的意义则是导致"中和"审美观的产生。"和"是"中"的引申、发展，亦是"中"的补充、提高。《论语·学而》说："礼之用，和为贵，先王之道，斯为美。"这"和"是讲人际关系的和谐。《论语·子路》又云："子曰：君子和而不同，小人同而不和。"强调"和"与"同"的不一样。"和""同"在春秋时代用得很多，含义不同，是两个不同的概念。杨伯峻先生在翻译《论语》时，根据《左传·昭公二十年》和《国语·郑语》中的有关材料，将"和"译成"恰到好处"。对于"和"与"同"的区别，他做了这样的说明：

> "和"如五味的调和，八音的和谐，一定要有水、火、酱、醋各种不同的材料才能调和滋味；一定要有高下、长短、疾徐各种不同的声调才能使乐曲和谐。晏子说："君臣亦然。君所谓可，而有否焉。臣献其否以成其可；君所谓否，而有可焉；臣献其可以去其否。"因此史伯也说，"以他平他谓之和"。"同"就不如此，用晏子的话说："君所谓可，据亦曰可；君所谓否，据亦曰否；若以水济水，谁能食之？若琴瑟之专一，谁能听之？'同'之不可也如是。"我又认为这个"和"字与"礼之用和为贵"的"和"有相通之处。因此译文也出现了"恰到好处"的字眼。①

笔者认为，杨先生这种解释是正确的。和谐从本质上讲是各种不同因素的统一，其中也包括对立的统一。"同"是相同事物的结合，是事物量的增加。因此，和谐是新质的创造，同是旧质的重复。二者价值之高下是显而易见的。

孔子的弟子有子认为"和为贵"，并认为"先王之道斯为美"，显然是将"和"看作一种审美理想了。崇尚中和之美是中国美学的传统，不仅儒家讲中和，道家也讲中和。《庄子·天运》谈到《咸池》之乐时说："奏之以阴阳之和，烛之以日月之明。"这"阴阳之和"就是中和。古代的《礼记·中庸》是重要的儒家经典，它对中和的解释多为人们引用，视作权威解释。《礼记》说："喜怒哀乐之未发谓之中，发而皆中节谓之和，中也者，天下之大本也；和也者，天下之达道也。致中和，天地位焉，万物育焉。"这个解释是哲学的，

---

① 杨伯峻：《论语译注》，中华书局1980年版，第142页。

适用于一切，包括审美。南朝的沈约纯从音乐审美的角度，对"和"做了最为生动的论述：

> 夫五色相宣，八音协畅，由乎玄黄律吕，各适物宜，欲使宫羽相变，低昂舛节，若前有浮声，则后须切响。一简之内，音韵尽殊；两句之中，轻重悉异。妙达此旨，始可言文。①

孔子虽然提出"和"这个审美范畴，但在留下来的典籍之中很少见到他的具体论述，只是在《论语·八佾》中见到这样的话："《关雎》乐而不淫，哀而不伤。""乐"与"哀"是人的情感，在日常生活中，快乐过分和悲伤太甚都是不好的，艺术要抒情，快乐与哀伤之情都是免不了的，但要注意，不能过分，要"乐而不淫，哀而不伤"。孔子这一艺术观显然出自他的"中和"哲学观，孔子不是讲"过犹不及"吗？"淫"与"伤"都是"过"。

"乐而不淫，哀而不伤"是非常精辟的审美心理学说。的确，艺术情感是不同于生活情感的，在生活中，"过"或"不及"的情感都存在，没什么可以不可以。而艺术情感却应有个"度"。这"度"是：强烈饱满然不能过分，微妙含蓄然不能隐晦。就创作者的情感来说，创作前的情感积累是必要的，必得情感激荡，有强烈的创作冲动方好动笔；但情感的陶冶也是必要的，否则，情感太冲动，太粗野，会将艺术应有的精巧、美妙杀掉，因此，创作者的情感既要热烈，又要冷静。就作品中的情感表现来说，也应有所节制。文学是语言的艺术，其形象不直接诉诸人的感官，不存在大的问题，戏剧、舞蹈、绘画，其艺术形象直接诉诸欣赏者的感官，其情感表现就要考虑了，戏曲舞台表现哭，既要哭得很悲切，很感人，又不能与现实生活中的哭一个样，其动作都要经过艺术加工，使之典型、简洁、明快，在悲伤之外还能给人以美感。在这里，孔子的"乐而不淫，哀而不伤"的理论仍然用得着。

儒家经典《礼记》根据孔子的"中和"思想，提出"温柔敦厚"的诗教，何谓"温柔敦厚"？历来的解释也很多。权威的解释是孔颖达的。他说：

> 温柔敦厚，诗教也者。"温"谓颜色温润，"柔"谓情性和柔。诗依

---

① 沈约:《谢灵运传论》。

违讽谏,不指切事情,故云温柔敦厚,是诗教也。

其为人也,温柔敦厚而不愚,则深于诗者也。此一经以诗化民,虽用敦厚,能以义节之,欲使民虽敦厚而不至于愚,则是在上深达于诗之义理,能以诗教民也,故云深于诗者也。

若以诗辞美刺讽谕以教人,是诗教也。此为政以教民,故有六经。[①]

孔颖达从教人作诗和以诗教人两个方面理解温柔敦厚,然而何以作诗要温柔敦厚,又何以温柔敦厚的诗能教化人民,他没有深说。其实道理很简单,因为只有"温柔敦厚",才是符合中和之道的情感态度。儒家对人的情感持肯定的态度,这是儒家比道家高明之处,但儒家又不让人的情感尽情地发泄,而主张以"礼义"来节制情,所谓"发乎情,止乎礼义"[②]。

"温柔敦厚"后来由诗教扩大到文教,不仅是为诗的金科玉律,也是为文的金科玉律。杨龟山(时)说:"为文要有温柔敦厚之气,对人主语言及章疏文字,温柔敦厚,尤不可无。"[③]杨龟山这里提到"章疏文字",这是中国封建社会特有的一种文体,专用于官场,知识分子们是相当看重的。由这也可看出,"温柔敦厚"与中国特有的"谲谏"有密切关系。自孔子提倡春秋笔法,讲究微言大义以来,中国的文学向来重视讽刺时弊,暗寓政治。这种讽刺与暗寓虽然出于一种责任感,一种对国家、对民族的关心,也出于对君王的一片忠诚,但又不能直言之,还得给君王留点情面。在中国封建社会,犯颜直谏,不仅无益于事,而且往往把事情弄糟,给自己带来伤害。"谲谏"很重要,"谲谏"就是委婉地规谏。《毛诗序》云:"上以风化下,下以风刺上,主文而谲谏,言之者无罪,闻之者足以戒,故曰风。"《孔子家语·辨政》云:"忠臣之谏君有五义焉,一曰谲谏,二曰戆谏,三曰降谏,四曰直谏,五曰风谏。"章学诚用谲谏来谈"温柔敦厚"的诗教:

夫诗人之旨,温柔敦厚,主文而谲谏,言之者无罪,闻之者足戒,

① 孔颖达:《礼记正义·经解第二十六》。
② 《毛诗序》。
③ 杨龟山:《杨龟山集·语录·荆州见闻》。

舒其所愤懑而有裨风教之万一焉，是其志也。①

在中国封建社会，诗文的社会功能提得很高，被视为"经国之大业"。诗文往往被赋予过重的政治使命，不仅统治者要从诗文中了解民情、民意，而且臣子也往往要用诗文表达自己的政治见解和对君王的规谏。这是中国封建社会特有的现象。

"温柔敦厚"就这样成为文艺批评的一种尺度，这种尺度兼有政治性和审美性。杨龟山就曾以此尺度批评过苏东坡。他说：

> 作诗不知风雅之意，不可以作诗。诗尚讽谏，唯言之者无罪，闻之者足戒，乃为有补；若谏而涉于毁谤，闻者怒之，何补之有？观苏东坡诗，只是讥诮朝廷，殊无温柔敦厚之气，以此，人故得而罪之。②

当然，杨时对苏东坡的批评未见得正确。不过，从这一例子，我们可以看出，"温柔敦厚"的确是悬在诗人头上的一柄剑。它对诗人的批评不是一般的，而是带有很强的政治性的。

我们前面说过，"温柔敦厚"兼有政治批评与审美批评两者，从政治批评看，它与谲谏相联系；从审美批评看，它与中国美学向来重视的含蓄蕴藉的诗风相联系。何绍基说："温柔敦厚，诗教也。此语将《三百篇》根底说明，将千古做诗人用心之法道尽。凡刻薄吝啬两种人必不会做诗。诗要有字外味，有声外韵，有题外意；又要扶持纲常，涵抱名理。"③ 中国艺术多提倡温婉、柔约之美，儒道佛三家在这点上合流了。明代李东阳说："诗贵意，意贵远不贵近，贵淡不贵浓。浓而近者易识，淡而远者难知。"④ 因此，凡有余味的作品往往被推上艺术的顶峰，被赞叹不绝。比如，梁廷枏这样评《桃花扇》："《桃花扇》以余韵作结，曲终人杳，江上峰青，留有余不尽之意于烟波缥缈间，脱尽团圆俗套。"⑤

---

① 章学诚：《文史通义·言公上》。
② 《苕溪渔隐丛话后集》引《龟山语录》。
③ 何绍基：《题冯鲁川小像册论诗》。
④ 李东阳：《怀麓堂诗话》。
⑤ 梁廷枏：《曲话》。

中国艺术多阴柔美之作,看来与"温柔敦厚"的诗教不无关系。

第五节　"游"和"乐"

孔子并不如后世学者所描绘的是一个道貌岸然的老学究,孔子的精神生活很丰富,除了政治活动、教育活动、学术活动外,孔子还有丰富的审美活动。孔子把审美享受用"乐"与"游"两个字来概括。

在《论语·述而》篇中,孔子这样表述他的人生观:"志于道,据于德,依于仁,游于艺。""艺"即"六艺"(礼、乐、射、御、书、数),它与"道""德""仁"一样都是孔子精神生活中的一个部分。值得我们注意的是,孔子对于艺术生活("六艺"的内容之一)用一个"游"字来概括它的特点。"游"的含义很丰富,首先,我们想到的是游戏。游戏的最大特点是它的娱乐性与非功利性。艺术虽然不能等同游戏,但艺术不也具有娱乐性与非功利性吗? "游"也使我们想到自由,《庄子》中所描绘的逍遥游不是很自由吗? 当然,这种自由不一定是现实的自由,而是精神的自由。或者说,它是想象的自由,是"神游"。这种神游也是非常可贵的,它是人的超前思维的突出表现,是创造新事物开创新世界的前奏,是人的主体精神张扬的极致。神游虽然可以体现在人的全部活动中,但只有在艺术活动(包括艺术创作与艺术欣赏)中,它才能得到最充分、最突出、最具光彩的体现。艺术的领域就是一个辽阔的神游的天地。可以说艺术是人的最为自由(精神自由)的王国。

"游"是轻松的、愉悦的、令人心旷神怡的,一句话,"游"给人们带来巨大的审美享受,"游"是美的天使。孔子用"游"来概括在艺术活动中的审美享受何等准确,又何等生动!

我们且看《论语》中所记载的孔子的艺术生活:

子语鲁大师乐,曰:"乐其可知也:始作,翕如也;从之,纯如也,皦如也,绎如也,以成。"[1]

---

[1] 《论语·八佾》。

子在齐闻《韶》,三月不知肉味,曰:"不图为乐之至于斯也。"①

子与人歌而善,必使反之,而后和之。②

这三段语录分别描绘了孔子的音乐生活,第一段描绘孔子对音乐美的细致感受,乐曲开始时声音嗡嗡地,轻微曼约;接着,则清纯响亮,和谐浑整,络绎不绝。第二段讲音乐美的魅力,长时期沉浸于其中,精神兴奋以致使人对物质享受的敏感都变得迟钝了。第三段是讲孔子不仅喜欢听歌,而且兴之所致,也常常禁不住与人唱和,引吭高歌。

孔子不仅迷恋于音乐美,而且也爱好诗歌(整理民歌,编辑《诗经》即可证明),绘画(与弟子讨论绘画理论,提出"绘事后素"说即是证明),除了艺术欣赏外,孔子也喜欢游山玩水,他觉得从自然美的欣赏中,能获得从艺术中得不到的特别的精神享受。《论语·先进》中有一段孔子与学生言志的记载,颇能看出孔子的审美情趣:

子路、曾晳、冉有、公西华侍坐。子曰:"以吾一日长乎尔,毋吾以也。居则曰:'不吾知也'如或知尔,则何以哉?"子路率尔而对曰:"千乘之国,摄乎大国之间,加之以师旅,因之以饥馑;由也为之,比及三年,可使有勇,且知方也。"夫子哂之。"求,尔何如?"对曰:"方六七十,如五六十,求也为之,比及三年,可使足民,如其礼乐,以俟君子。""赤,尔何如?"对曰:"非曰能之,愿学焉。宗庙之事,如会同,端章甫,愿为小相焉。""点,尔何如?"鼓瑟希,铿尔,舍瑟而作,对曰:"异乎三子者之撰。"子曰:"何伤乎?亦各言其志也。"曰:"莫春者,春服既成,冠者五六人,童子六七人,浴乎沂,风乎舞雩,咏而归。"夫子喟然叹曰:"吾与点也!"

这段语录常为美学家们征引,的确很能说明问题。一向被人们视为政治家的孔子对于子路、冉求、公西华的政治抱负竟然不感兴趣,甚至予以嘲笑,而独对曾晳的徜徉山水寄情风月之志倍加赞赏。这奇怪吗?不奇怪。这是孔子精神生活的另一面的生动展现。诚然,作为政治家、思想家的孔

---

① 《论语·述而》。

② 《论语·述而》。

子是有其严肃的一面的，他时刻不忘"克己复礼"的使命，注重自身的品格修养，谦虚好学，在鲁国为官时，也曾轰轰烈烈地干过一番事业；失势后奔走诸侯之间兜售政治主张，也称得上矢志不移。可是这些只是孔子生活的一面，孔子也还有另一面，包括他的日常燕居，爱好艺术，喜欢女色，讲究饮食、穿戴以及从这段文字体现出来的爱好游山玩水。孔子是圣人，又是普通人。《论语》中的孔子是个有志向、有抱负，而又有七情六欲的活生生的人，一个可敬可亲又可爱的人。

审美是人的一种必不可少的精神享受，没有审美生活的人就不是一个完整的人，孔子虽说没有对审美的理论做过专题论述，但从他谈审美的片言只语中，也可窥见他对审美的深刻见解：

第一，孔子说："知之者不如好之者，好之者不如乐之者。"① 这里提出三种对待事物的态度："知之""好之""乐之"。"知之"为认知的态度，"好之"为情感的态度，"乐之"为审美的态度。孔子认为认知的态度不如情感的态度，情感的态度不如审美的态度。这说明，审美具有最大的诱惑力。孔子说："吾未见好德如好色者也。""好德"为什么赶不上好色？"色"为什么比"德"具有大得多的诱惑力？孔子虽然没有去做进一步的解释，但他敏锐地发现了这一问题，并将其郑重地提出来，已属很了不起的了。应该说，"好德"与"好色"均是人的本性，但二者在人性结构上所处的位置是不一样的。色之好是人的感性之好，既是感觉的，又是情感的，它植根于人的自然性和社会性两级层面。就是说，爱美既出自人的自然本性，又出自人的社会本性。而"德之好"是人的理性之好，它只是植根于人的社会性的层面，前者与人的先天本能相联系，后者基本上不与人的先天本能相联系。因此，爱美是人的一种天然倾向，比爱德有更大的诱惑力。

第二，孔子说："饭疏食饮水，曲肱而枕之，乐亦在其中矣。不义而富且贵，于我如浮云。"② 孔子说，吃粗粮，喝冷水，弯着胳膊做枕头，在别人看来

---

① 《论语·雍也》。
② 《论语·述而》。

是苦,在我却是乐在其中。那些不仁不义的富与贵,在我犹如浮云,根本不放在心中。孔子在这里表白的人生观是种审美的人生观。人的生活有物质、精神两个方面,二者并不是成正比例的,优厚的物质生活并不意味精神生活一定丰富,而清贫也有可能乐在其中。快乐,特别是审美性的快乐,并不以物质功利为前提,也就是说,审美的快乐是超物质功利的。孔子最为赏识的学生颜回,"一箪食,一瓢饮,在陋巷,人不堪其忧,回也不改其乐"。这种快乐就是超越物质功利的审美快乐。

审美的快乐是种高尚的精神享受,这种享受在一定程度上可以克服物质生活的艰难而保持旺盛的生活意志。

审美快乐虽起自生理感觉却又超越生理感觉,而进入更高的心理层面。这种高层次的心理愉快可以产生异乎寻常的生理效应,让人长时期沉浸于其中,以致忘却别的生理感觉。孔子说他听《韶》乐,三月不知肉味,绝不是编造出来的诳语。

第三,孔子说:"益者三乐,损者三乐。乐节礼乐,乐道人之善,乐多贤友,益矣。乐骄乐,乐佚游,乐晏乐,损矣。"① 孔子说,有益的快乐有三种,有害的快乐也有三种。以得到礼乐的调节为快乐,以宣扬别人的好处为快乐,以交了不少有益的朋友为快乐,便是有益的快乐;以骄傲为快乐,以游荡忘返为快乐,以大吃大喝为快乐,便都是有害的快乐了。孔子在这里提出快乐要以善为前提,要对人对己有益。在别的地方,孔子还讲过:"不仁者不可以久处约,不可以长处乐。"② 意思是:不仁的人不可以长久地处于穷困之中,也不可以长久地处于安乐之中。他还说过:"人而不仁,如礼何? 人而不仁,如乐何?"③ 这些都表明,孔子讲快乐是有前提的,快乐有种种,只有有益的快乐即合乎善的快乐才是值得肯定的。审美的欣赏应该包含有善的教诲,善是美的灵魂。审美享受虽然表现为感性的享受,但还是以理性为内涵的。孔子对美与善的关系,感性与理性的关系是认识得很清楚的。"仁"

---

① 《论语·季氏》。
② 《论语·里仁》。
③ 《论语·八佾》。

的本体地位、决定性的作用仍然体现在他的审美理论之中。

第四,孔子说:"智者乐水,仁者乐山。智者动,仁者静;智者乐,仁者寿。"① 这段脍炙人口的语录被美学家们视为自然美比德说的开始。其实,自然美的比德并不始于孔子,孔子之前,就有人这样做了,比如子产。不过,在孔子之前,人们对自然美的比德只是具体景物的比德,主旨也不是谈自然美欣赏,而孔子将这种对待自然美的方式提到理论的高度。他相当概括地同时又相当富有诗意地提出"智者乐水,仁者乐山"的命题。智者对水的认同,仁者对山的认同,这中间包含有多少深刻的理性内涵值得我们去发掘啊! "天人合一"也许是我们最先想到的。是的,这里面是包含有中国古代的"天人合一"的哲学观,从美学角度看,水的流动不息、活泼、富有生气与智者的聪明机灵是多么相似;而山的高大、挺拔、坚强、庄严,不也挺像品德高尚、令人望而顿生敬意的仁人志士吗?

孔子这种审美观强调的是人的主体作用。不只是人去适应自然美还有人去选择自然美,"智者乐水,仁者乐山"正是人选择的结果。孔子的美学从本质上来看是一种以伦理为本位的人本主义美学。

第六节 兴观群怨

孔子对审美的社会功能是充分肯定的。这集中表现在他对诗和乐的社会功能的看法上:

> 诗,可以兴,可以观,可以群,可以怨。迩之事父,远之事君;多识于鸟兽草木之名。②

关于"兴"的解释非常之多,这里不可能一一列举。孔子说的"兴"含义丰富,不止一个意思。笔者认为,下面所引的说法,大体上切合孔子的原意,能够包含在孔子所说的"兴"之内:

---

① 《论语·雍也》。
② 《论语·阳货》。

孔颖达《毛诗正义》："兴者，起也，取譬引类，起发己心。《诗》文诸举草木鸟兽以见意者，皆兴辞也。"①

郑玄："比者，比方于物也；兴者，托事于物。"②

挚虞："兴者，有感之辞也。"③

李仲蒙："叙物以言情谓之赋，情尽物者也；索物以托情谓之比，情附物者也；触物以起情谓之兴，物动情者也。"④

皎然："取象曰比，取义曰兴，义即象下之意，凡禽鱼草木、人物名数，万象之中，义类同者，尽入比兴。"⑤

总括以上的意思，大致有三：其一，"兴"有引起的作用；其二，"兴"有动情的作用；其三，"兴"有托物的作用。概而言之，"兴"是一种艺术手法，它通过形象的比喻，引起人们的注意，感动人们的情感，从而说明某种意义。

显然，"兴"是一个完整的审美感受的过程，它包括：审美注意—审美感知—审美情感—审美理解。当然，"兴"的主要作用在审美发端，即在引起审美注意、激发审美兴趣。

"兴"后来还发展出"兴象"说，"兴象"是审美情感与审美形象的结合。

"观"是孔子审美功能论的另一重要内容。"观"，郑玄注："观风俗之盛衰"，这个解释笔者认为是正确的。说诗可以观风俗之盛衰，那就意味着诗是风俗民情的反映。孔子删订过的《诗经》之所以向来被儒家奉为经典，也就是因为它反映了风俗民情，可以作为治国的重要参考。诗歌在中国为什么受到统治者的重视，根本原因也在这里。据《国语》记载："天子听政，使公卿至于列士献诗，瞽献曲……而后王斟酌焉，是以事行而不悖。"⑥ 孔子之后，在漫长的封建社会里，采集诗歌了解民情（称之为"采风"）作为一项制

① 孔颖达：《毛诗正义》。

② 《周礼·大师》郑玄注。

③ 挚虞：《文章流别论》。

④ 转引自胡寅：《斐然集》。

⑤ 皎然：《诗式》。

⑥ 《国语·周语上》。

度一直传了下来。有些朝代还设置了专门的机构和官员。《汉书·艺文志》说:"古有采诗之官,王者可以观风俗,知得失,自考正也。"①

"群",孔安国注:"群居相切磋。"朱熹注:"和而不流。""诗可以群",我们可以理解成诗的社会交际功能。诗的确具有这一功能。诗既然是人们思想情感的表达,人们自然也就利用诗来交流思想情感了。中国古代大量的爱情诗,不就用来交流思想情感吗?中国诗风讲究唱和,唱和就是交流。"和诗"成为一种体裁,向来受到欢迎。

"诗可以怨",在后世影响最大。孔安国注"怨":"怨,刺上政也。"这"刺上政"就是"箴谏",诗不仅有观察风俗、了解民情的作用,也还有规劝当权者,给他敲点警钟、提点建议的作用。"怨",含有抱怨的意思,是带有情感的批评,怨怨艾艾之中难免愤愤切切。这里有个"度"需要掌握,那就是"怨而不怒"(朱熹注)。"怨"尚可为统治者接受,"怒"就含有反抗朝廷的意思了,切切不可。

"诗可以怨"的本意本如上说,但后世在继承这一学说时有所引申发挥,在引申发挥过程中又有所变样。孔子说"诗可以怨"是从政治角度看问题的,后人偏离这一立场,从审美角度加以新的解释。于是"诗可以怨"与"诗穷而后工""悲愤出诗人"成为同一类命题。这方面的言论很多,最著名的是司马迁《报任少卿书》:"及如左丘无目,孙子断足,终不可用,退而论书策以舒其愤,思垂空文以自见。"② 在《太史公自序》中他还说:"夫《诗》《书》隐约者,欲遂其志之思也。昔西伯拘羑里,演《周易》;孔子厄陈、蔡,作《春秋》;屈原放逐,著《离骚》;左丘失明,厥有《国语》;孙子膑脚,而论兵法;不韦迁蜀,世传《吕览》;韩非囚秦,《说难》《孤愤》;《诗》三百篇,大抵贤圣发愤之所为作也。此人皆意有所郁结,不得通其道也,故述往事、思来者。"③ 这样说来,不仅诗可以怨,而且怨是诗之因、文之因。再到后来,不仅怨是诗文之因,而且写得好的诗文皆因是有怨,怨成了写出绝妙佳作

① 《汉书·艺文志》。
② 司马迁:《报任少卿书》。
③ 司马迁:《太史公自序》。

的先决条件。如韩愈说:"夫和平之音淡薄,而愁思之声要妙,欢愉之辞难工,而穷苦之言易好也。"① 欧阳修也说:"凡士之蕴其所有而不得施于世者,多喜自放于山巅水涯之外,见虫鱼草木、风云鸟兽之状类,往往探其奇怪,内有忧思感愤之郁积,其兴于怨刺,以道羁臣寡妇之所叹,而写人情之难言。盖愈穷则愈工,然则非诗之能穷人,殆穷者而后工也。"② 这些说法在中国古代文论、诗论屡见不鲜。溯其源,都达孔子,然与孔子原意相差甚远。不过,这些说法也揭示了文艺创作的一条规律。为什么穷、悲易写出好作品? 这可能是:穷最能感发生命意志,悲最能见出真情实感,所以最易写出动人心魄的佳句。

兴、观、群、怨作为审美功能论虽然还有不少缺陷,但在孔子那个时代,能提出这样的理论,是非常了不起的。在审美功能理论的建构上,孔子是中国文化史上的第一人。

孔子美学思想的局限是明显的,过重的功利观念和保守的仁学体系,使得审美理论的建构受到了相当的限制。但是,孔子肯定人的审美需求,他是有意识地建立他的美学和艺术理论的。这点与道家明确地反艺术、反审美有根本的不同。因此,尽管孔子的美学理论有这样那样的缺陷,我们还是应该给予他足够高的评价。孔子是自觉地创立中国美学理论体系的第一人,而且是无可匹敌的第一人。

第七节　礼乐传统

孔子的思想概括起来就是"礼乐"二字。我们平时谈孔子的哲学思想、伦理思想、政治思想、艺术思想、美学思想,其实,在孔子,它们是不分的,真、善、美合一。这是孔子思想的一大特点。孔子的真善美合一说,集中体现在他的礼乐观之中。

---

① 韩愈:《荆潭唱和诗序》。
② 欧阳修:《梅圣俞诗集序》。

孔子的美学思想概而言之就是礼乐美学。从美学角度研究礼乐，它的核心是美与善的关系。孔子在中国美学史上最早奠定了礼乐相亲、善美相成的基本美学原则。这一原则成为儒家美学的核心，全面地深刻地影响中国长达数千年的古典美学。

晚商青铜器：禹方鼎

孔子礼乐思想源远流长。据《尚书》《周礼》《吕氏春秋》《史记》等古籍记载，中国的礼乐传统可以追溯到上古。上古乐舞都为原始巫术活动。乐舞是在祭祀活动中举行的，其目的是娱神，祈求神灵赐福，以使五谷丰登，家畜成群。这里隐约可见礼的因素，也隐约见出审美的因素。

礼乐的形成应是在夏商周三代，其中周代最为重要。礼乐的形成应以区别于巫术为标志。巫术以娱神为主要功能；礼乐则以协调社会关系、促进社会和谐为主要功能。前者主要为宗教（原始的宗教），后者主要为人文。《礼记·表记》云："殷人尊神，率民以事神，先鬼而后礼。"可见在商代，神先于礼，重于礼。周代则有所不同。"周人尊礼尚施，事鬼敬神而远之。"[1] 礼显然重于神。据《仪礼》载：天子、诸侯、大夫、士日常所践行的礼有：士冠礼、士昏礼、士相见礼、乡饮酒礼、乡射礼、燕礼、大射礼、聘礼、公食大夫礼、觐礼、士丧礼、既夕礼、士虞礼、特牲馈食礼、少牢馈食礼等等，

---

[1] 《礼记·表记》。

《周礼》将其概括成"吉、凶、军、宾、嘉"五礼。五礼将原始宗教扩大到社会人文领域。

宗教重神，人文重德。《尚书·蔡仲之命》云："皇天无亲，惟德是辅。"这一思想成为周代意识形态的基础。周礼与周乐都筑基于其上。

周代礼乐的完成主要是周公的贡献。孔子顶礼膜拜的人物就是周公。孔子以克己复礼为己任，他所要复的礼即为周礼。周礼奠定了中国封建社会上层建筑的基础。周礼的核心是宗法制，宗法制的核心是嫡长子继承制。礼必然是讲等级制的。作为等级制，它以分为前提。分，有纵向系列的分与横向系列的分。无论纵向系列的分还是横向系列的分，都以血缘关系为重要（不是唯一）依据。孔子建立其理论体系时，之所以将孝悌放在基础层面，根本原因就在这里。孔子以孝作为处理纵向系列人伦关系的逻辑起点，而以悌作为处理横向系列人伦关系的逻辑起点。

周代的乐已具规模，特性明显。其一，乐、舞、诗为构成乐舞的三大因素，然而它们又相对独立。据《周礼·春官·乐师》，舞分为六类，"有帗舞、有羽舞、有皇舞、有旄舞、有干舞、有人舞"①；乐分为九类，有"九夏、王夏、肆夏、昭夏、纳夏、章夏、齐夏、族夏、祴夏、骜夏"②。舞与乐根据不同的内容与诗相配。其二，周礼以人文为主要内容。也就是说，它主要的功能不是祭神，而是歌颂帝王，协和关系，愉悦人情。《周颂》是周代表性的乐舞。郑玄说："周颂者，周室成功致太平德洽之诗，其作在周公摄政，成王即位之初。"③ 此乐虽为郊庙祭祀歌舞，但宗教意味不多，主要是"美盛德之形容，以其成功告于神明者也"。"美盛德之形容"有两个含义，一是赞颂帝王功德，政治的因素成为礼的主要内容；二是形式上宏大华美，已具审美的意义。

礼乐制度是中国自上古时就开始萌芽在周公手里得以建立的国家根本制度。孔子是非常敬仰这种制度的。他是周公的崇拜者，他的人生理想就

---

① 《周礼·春官·乐师》。

② 《周礼·春官·磬师》。

③ 郑玄：《周颂谱》。

是做周公这样的人,他一生的事业,就他的主观愿望来说就是复周礼。孔子的全部学说,在某种意义上也服务于此,因此,探讨孔子的礼乐观,不能不追溯到周公。不过,孔子毕竟是有独立思维的大思想家,他生活的时代也不是周公的时代,因此,他的思想,绝不能简单地看成是周公思想的照搬,联系他的生平,孔子不只是继承,还是大大发展了周公的礼乐思想。他的复礼,不能简单地看成复古或者说倒退。孔子的礼乐美学思想中有许多内容是具有创造性的,它不是为社会的倒退,而是为其后几千年中国的封建社会奠定了基本的美学原则。

礼与乐虽然都是仁的外化,但它们在社会生活中发挥作用的方式及其效应是不同的。孔子从两个维度来谈它们的作用:

其一,从社会生活维度来看,礼是仁的最为直接的外化,它将仁的内容具体化为道德规范、政治制度、祭祀方式。这三个方面成为社会的上层建筑,就对社会的意义来看,它的作用显然大于乐。孔子曰:"道之以政,齐之以刑,民免而无耻;道之以德,齐之以礼,有耻且格。"[1] "能以礼让为国乎?何有?不能以礼让为国,如礼何?"[2] 这些都是讲的治国的大政。礼可以直接用上去,乐在这方面则不行。

其二,从人性的完善的维度来看,不是礼而是乐是人性完善的最高层次。孔子说:"兴于诗,立于礼,成于乐。"

孔子讲的"兴于诗,立于礼,成于乐",是讲人的培养教育的系统工程。"诗""礼""乐"三项在这系统工程中各自起着不同的作用。

诗的作用是"兴",即以鲜明生动的形象、铿锵悦耳的音韵激发人们的兴趣,引起注意,进而去接受"善"的教育或"真"的启迪。这叫作以"美"引"善",以"美"启"真"。

《论语·泰伯》中孔子将"乐"的内涵之一"诗"独立出来了。"诗"在这里,是独立的艺术。诗尚情,礼尚理。在人格的建造上,诗的作用主要为

---

① 《论语·为政》。

② 《论语·里仁》。

"兴"即启动人的情兴,为接受礼的教化做必要的心理准备,或者说提供一个心理基础。为何要以诗为接受礼的心理基础呢?这与诗是用语言表达的有很大关系。语言是用词构成的,语词是概念的形式。语词可以用来表达人的情感,也可以用来表达人的思想。也就是说,它既是情感的形式也是理智的形式。诗是用语言作为传达方式的,主要取语词表情的功能,但是由于语词毕竟是概念的形式,它也必然具有理性的内容。正是这理性的意义方面,使得诗直接地达于礼。

"立于礼"的"立"是建立的意思。"礼"是以伦理为本体的各种规章制度。"礼"着重于人的道德心理结构的建构。比之审美,它是更重要的。孔子认为从诗的审美开始,进而转入人的道德心理结构的塑造。值得我们思考的是,孔子说"立于礼",不说"立于仁"。"仁"与"礼"实质是一样的,但"仁"重在道德的内涵,不注重形式,"礼"则以"仁"所提供的道德内涵为根据,注重将这内涵形式化、程序化,以便在实施"仁"时有章可循。因此,"礼"较之"仁"更接近实践,用"礼"来建构人的道德心理结构既包括道德内容的建构也包括道德形式的建构。

礼主要从理念与行动相统一的意义上谈人如何处理个人与社会关系,包括家庭中与长辈、平辈、后辈的关系,在国家内与君王的关系,在祭祀中与神灵的关系,等等。因而它对于人格的塑造,处于关键的地位,它是人的主心骨,是人处世的基本原则,是人得以在社会生存的基本原则,故说"立于礼"。

"成于乐"的"成"比"立"更高一个层次。"立"只是建立,"成"则是成就。"成于乐"的意思是,人的全面塑造,最后完成于音乐的熏陶之中。乐,在孔子看来是比诗更高的艺术,如果说诗美是低层次的美,乐美则是高层次的美。乐为什么具有如此高的地位,甚至在"礼"之上?这是因为乐具有"和"的功能。"礼"辨异,是用来规定上下差等的,它可以使整个社会秩序井然。问题是这种井然的秩序是靠以权力为后盾的制度强制人们遵守的。在等级森严的封建社会,人分九等,各居其位,同样,这种各居其位,也是靠制度强制维持的,并非大家都心甘情愿地接受,这样的局面自然潜伏着危险，与统治者所渴望的长治久安仍然有着距离。"乐"恰好起到了"礼"起不到的作用，音乐可以把人的心灵升华到一种境界，可以使人在这个境界中受到熏陶，从心灵的最深处忘怀一切上下差等，实现情感与理智的平衡，其乐融融。由个体的心理平衡进而到群体间的心灵沟通，使大家都能和谐相处。关于这个道理，《乐记》发挥得最为透彻。

> 凡音者，生于人心者也。乐者，通伦理者也。

> 是故审声以知音，审音以知乐，审乐以知政，而治道备矣。

> 乐者为同，礼者为异，同则相亲，异则相敬。

> 乐者，天地之和也；礼者，天地之序也。和，故百物皆化；序，故群物有别。

> 大乐与天地同和，大礼与天地同节。①

"乐"在孔子的心目中具有至高无上的地位。这不仅因为"乐自中出"，具有较"礼"强大得多的情感力量。而且因为"乐"能创造一个"与天地同和"的境界，此种境界正是孔子所向往的。

"乐"的形式为乐音，它不同于语言，纯是情感的符号，表意很困难。虽然乐是抒情的，但是此情因为经过理性的过滤，溶解了理性的内容，这理性的内容，就是上面讲到的仁。由于理性的内容完全溶解在情感之中，它对人格的熏陶深入心理的深处，因而收效是更为持久的，作用是全方位的，这样，乐就从根本上改善了人格结构。所以在人格的成就上它高于礼。

"乐"是艺术，赏乐是审美。看来，审美不仅是立善之发端（"兴于诗"），而且是立善之升华（"成于乐"）。

由审美（"兴于诗"）到立善（"立于礼"）再到审美（"成于乐"），这一育人的思路，与席勒的美育说有某种类似之处。席勒说："感性的人通过美被引向形式与思维。"② "要使感性的人成为理性的人。除了首先使他成为审美的人以外，别无其他途径。"③ 这种意思颇同于孔子的"兴于诗"，"立于

---

① 《乐记·乐论》。

② ［德］席勒：《审美教育书简》，北京大学出版社 1985 年版，第 91 页。

③ ［德］席勒：《审美教育书简》，北京大学出版社 1985 年版，第 91 页。

礼"。审美是感性的，又是理性的，是感性与理性的统一，立善则纯粹是理性的，由感性的人到理性的人需经过审美这一中介，"兴于诗"就起到了这个中介的作用。席勒认为人的最高目标是自由，自由也是人的本质。自由实现的最后途径是审美，唯有审美的王国才是自由的王国，人只有通过审美才能真正地实现自己，才能进入自由的王国。席勒这种观点与孔子的"成于乐"何其相似。

真善美，美是最高境界，不是真、善涵盖美，而是美涵盖真、善。以美启真，以美引善，然后又让真、善升华到至美的境界。这不是主观的随意的空想，而是符合实际的逻辑推导。孔子的"兴于诗，立于礼，成于乐"说相当地接近这一真理。

"兴于诗，立于礼，成于乐"。它们的关系可以这样简单地表示：诗（主要为感性，但有理性成分）—礼（基本上为理性，但也有感性成分）—乐（感性，但溶解了理性）。这种从感性经理性再到感性的过程，是人格建构螺旋式上升的过程，否定到否定之否定的过程。

必须指出的是，兴于诗，立于礼，成于乐，作为人格建构的三个阶段，只具逻辑顺序的意义，不表现为时间的过程。它们可以从平面展开，而且实际上也从平面上展开，既同时接受诗教，又接受礼教、乐教。只是在人格心理的作用上，它有个从片面到全面、从量变到质变的过程。

孔子的礼乐美学相当深入地论述了审美教育的心理机制与功能，对当代美育理论的建构具有重要的参考作用。孔子的美学从本质来看是教育美学，通过美化人心达到美化社会的目的。

从理论的深刻性与全面性来看，先秦诸多学人没有谁赶得上孔子了。孔子的美学理论突出特色是中和，不走极端。他的美学理论，清楚地见出真与善的统一、感性与理性的统一、个体与群体的统一、自然与社会的统一、形式与内容的统一、个体自由与社会责任的统一。更为可贵的是，他的美学理论中有着鲜明的民主思想，对于统治者，他一方面强调按礼制需要忠诚，以维护国家利益；另一方面，他反对愚忠，对于统治者的错误可以也应该进行批评。他的"诗可以怨"在后世产生的巨大影响持续到今天。

第 三 章

孟子的美学思想

孟子（约前 372—前 289），名柯，字子舆，邹国人。孟子是孔子孙子子思的学生，是儒家的重要代表人物之一，其地位仅次于孔子，后世尊称为"亚圣"。

《孟子》一书大多数学者认为是孟子所作 ①，应是可信的。孟子自认是

孟子像

---

① 关于《孟子》一书是否为孟子所作，大体有三说：第一说主孟子本人所作，论者有赵岐、焦循、朱熹、阎若璩、魏源等。第二说认为系孟子门生万章、公孙丑等共同记述。持此说者有韩愈、张籍、林慎思、苏辙、晁公武、周广业、崔述等。第三说认为是孟子与他的学生万章等合作。此说首创者为司马迁，他在《孟荀列传》中说："退而与万章之徒序诗书，述仲尼之意，作《孟子》七篇。"以上三说，应以第一说为是。因为其他二说均无可靠依据，而整个《孟子》一书，正如朱熹所说："观七篇笔势如镕铸而成，非缀辑可就。"（见《朱子大全》）。

孔子的忠实信徒，他说："乃所愿，则学孔子也。"事实也是如此，但不等于说孟子对孔子学说没有发展。在天道观上，孟子更强调"天"的义理性质和自然性质；在伦理观上，将"仁"与"义"并言。对"义"尤为看重。在政治观上，孟子则较孔子前进了一大步，主"民本"思想，认为"民为贵，社稷次之，君为轻"①。孟子明确标榜"人性善"，并以此作为其社会历史观的基础，这是孔子所没有的。孟子在美学上的贡献主要是发展了孔子的以善为本的美学观，高扬人格美。

第一节　美的本质（一）："牛山之木尝美矣"

《孟子》一书多处用到"美"这个概念，牵涉到对"美"的性质的理解的主要见于两处：

第一处为《告子章句上》。孟子说：

> 牛山之木尝美矣，以其郊于大国也，斧斤伐之，可以为美乎？是其日夜之所息，雨露之所润，非无萌蘗之生焉，牛羊又从而牧之，是以若彼濯濯也。人见其濯濯也，以为未尝有材焉，此岂山之性也哉？虽存乎人者，岂无仁义之心哉？其所以放其良心者，亦犹斧斤之于木也，旦旦而伐之，可以为美乎？

孟子在这里讲到树木的美和人的美。他认为树木的美在于它长得很茂盛，这茂盛是因为它充分地获得雨露、阳光和养分，尽其天性。可后来遭到了人为的砍伐、牛羊的啃咬，变成光秃秃的，就不美了。人也一样，本是美的，可由于种种原因，丧失了良心，犹如树木遭到斧斤砍伐，失去本性，也就不再为美了。

孟子在这里实际上提出：美在天性。

在《孟子》里，"性""命""心""生""天"几个概念是相通的。他说：

> 尽其心者，知其性也。知其性，则知天矣。存其心，养其性，所以

___
① 《孟子·尽心章句下》。

事天也，夭寿不贰，修身以俟之，所以立命也。

莫非命也，顺受其正。①

孟子认为天下万事万物都有它的本性，顺其本性，发展其本性，则美，反之则恶。"故苟得其养，无物不长。苟失其养，无物不消。"② 他认为人的本性为善。"仁义"是人的天性。正如许多自然事物因种种原因被扭曲了天性一样，人的天性也会因后天的各种破坏性因素，遭到毁伤，以至于不善。

孟子用了两个比喻：

一是水流。他说："水信无分于东西，无分于上下乎？人性之善也，犹水之就下也。人无有不善，水无有不下。今夫水，搏而跃之，可使过颡；激而行之，可使在山。是岂水之性哉？其势则然也。人之可使为不善，其性亦犹是也。"③ 水的本性是向下流的，可是，拍击它，可使之跳起来，甚至高过额角，戽水还可使之倒流，甚至还可将它引向高山。这不是水的性使然，而是水的势使然。性是本，势不是。人的本性本是善的，同样也可以因种种属于势的原因而使之不善。

二是杞柳。告子说：人的本性好比杞柳，仁义好比杯盘（"杯棬"），把人性看作仁义，就好比将杞柳制成杯盘。孟子认为告子这种说法不妥。他说："子能顺杞柳之性而以为杯棬乎？将戕贼杞柳而后以为杯棬也？如将戕贼杞柳而以为杯棬，则亦将戕贼人以为仁义与？"④ 孟子认为，将人培养成仁义之人与将杞柳制作成杯盘是不同的。杞柳无杯盘的本性，将杞柳制作成杯盘是破坏了杞柳的本性；而人的本性中有仁义，因而将人培养成仁义之人是顺其本性。

孟子这种美学观很值得注意：

第一，尊重生态。牛山的比喻明显地体现出对于自然生态环境的保护的

① 《孟子·尽心章句上》。

② 《孟子·告子章句上》。

③ 《孟子·告子章句上》。

④ 《孟子·告子章句上》。

意义。

第二，尊重人性。孟子的理论基础是先天人性论。他确定人的天性为善，因而他说的"善"实为"真"。那么，他说的美既是"善"又是"真"。

孔子没有提出先天人性论，他不认为先天就有善，要将人培养成善人，必须要进行教育，而人自己也要对于自身有伤仁义的缺点进行克服。孔子说的"克己复礼"就是自我克服。

孟子的观点倒是近乎庄子。庄子反对人为，主张无为，反对残生伤性，主张以天合天。孟子同样是以"天""性"亦即"自然"为最高旨归，他认为人先天就具有善性。与庄子不同的是，庄子讲"无为"，孟子却不讲"无为"，而讲"有为"，尽管在"法天贵真"的基本点上相同，但向两个不同方向发展。庄子从"无为"出发，反对仁礼，反对以仁育人以礼治国；孟子从"有为"出发，大讲仁礼，主张以仁育人以礼治国。

庄子的人性论是自然人性论，不同意将仁义归之于人的本性，因而他的回归本性是回归自然；孟子的人性论是社会人性论，将仁义视为人之本性，因而他的回归本性是回归到社会，而社会的结构正是由仁义之类伦理道德信条支撑的。庄子的"法天贵真"，走向的是个体的精神自由；孟子的"法天贵真"，走向的是森严的社会道德秩序。从美学角度言之，庄子崇尚的是个体精神美；孟子崇尚的是社会人伦美。

第二节　美的本质（二）："充实之谓美"

在《尽心章句下》，孟子对"美"下过一个定义。

浩生不害问曰："乐正子何人也？"

孟子曰："善人也，信人也。"

"何谓善？何谓信？"

曰："可欲之谓善，有诸己之谓信，充实之谓美，充实而有光辉之谓大，大而化之之谓圣，圣而不可知之之谓神。乐正子，二之中，四之下也。"

孟子的这段话被广为引用，视为孟子论美的主要言论。但大家对此段

文字的理解不尽相同。

首先，我们看到，孟子这段文字是用来品评乐正子这个人物的，说的美虽只是社会美，但有一定的普遍意义，可以移之于自然美。

他说乐正子这个人有"善""信"两个优秀品质，可称为"善人""信人"。

所谓"善"，他说是"可欲"，"可欲"即可以喜好的。什么东西才是可以喜好的呢？孟子云，"生，我所欲也，义，亦我所欲也"。生之欲，是自然本性之欲；义之欲，是社会本性之欲。义之欲即善之欲。"可欲"是合乎人本性的东西。

"有诸己"是说这种"可欲"即"善"这种性质真实地存在于自己身上，是可信的。在善之外，还要加上信，说明善还有可能是伪善，所以要加上"信"。

"充实之谓美"的"充实"是"有诸己"的进一步发展。何谓"充实"？焦循《孟子正义》云："充满其所有，以茂好于外。"这包括两个方面的含义：第一，内容充实，内容是"善"（"可欲"）与"信"（"有诸己"）的统一。这"善"与"信"的统一不是抽象的，而是具体的，充满着生命意味。第二，"善"与"信"相统一的内容以华茂的形式体现于外。可见"充实之谓美"是内容与形式的统一。

孟子认为，人虽然先天就具有善的本性，但那只是善之端，善之端还需要在后天加以发展。《孟子》中还有两处谈到这个问题：

《告子章句上》云：

> 孟子曰："五谷者，种之美者也；苟为不熟，不如荑稗。夫仁，亦在乎熟之而已矣。"

孟子说，五谷是庄稼中的好品种，称得上美。但如果不能成熟，即不能充实，就不如荑子和稗子了。仁，也应使之成熟，也就是使之"充实"。

《尽心章句上》云：

> 孟子曰："形色，天性也；惟圣人然后可以践形。"

孟子说，人的容貌是天生的，但这种天赋外貌要靠内在的善来充实。

"践",履也。"践形"即以内在的精神去主宰、充实外在的形。孟子认为，只有圣人才能做到这一点，实现内善与外美的统一，使天赐的外貌真正成为美。焦循《孟子正义》说："男子生有美形，宜以正道居之。女子生有美色，亦宜以正道居之。"

从这两处，我们不难认识到，孟子说的"充实之谓美"就是指人的充满仁义等美好品德的精神生命与相应的天赋容貌的和谐统一。按孟子的观点，善、仁义是人的"天性"，"形色"也是人的"天性"，故"美"是"天性"的美。虽然大家的"天性"是一样的，但在社会生活中，绝大部分的人的"天性"特别是内在的"天性"遭到"戕贼"，只有极少数的"圣人"才能保持其"天性"，并通过自身修养使之更加充实。所以，即使像乐正子这样的"善人""信人"也还未能达到美的境界。

概括起来，美是三个"统一"：

一是内容上善与信的统一。

二是内容与形式的统一。

三是先天的善端与后天的善行的统一。

这三个"统一"，孟子用"充实"来概括。

"大"较"美"又高一级。"大"这个概念在古籍中一直未能固定其含义，孔子、庄子都谈到过"大"，其义随具体语境而定。《孟子》中转述过孔子的一段话："大哉尧之为君，惟天为大，惟尧则之，荡荡乎民无能名焉!"[①]这里的"大"明显不同于"充实而有光辉之谓大"中的"大"。

大的突出特点是"光辉"。光辉，当然是形式，但不是一般的形式。一般的形式只是有光，能让人感觉得到，但不一定有辉。如果光而有辉，这形式就不只是能让人感觉得到，还构成强烈的感官冲击力；也不只是具有强烈的感官冲击力，还能让人心灵震撼；也不只是具有强烈的心灵震撼力，还能普照天下，泽及人类及万物。

因此，大，不是一般的美，西方美学称之为优美，而是一种伟大的美，

① 《孟子·滕文公章句上》。

西方美学称之为崇高，中华民族称之为壮美或阳刚之美。

孟子是中国历史上第一位发现并深刻论述崇高的学者。他论"大"之后的论"圣""神"均为论崇高。

"大而化之之谓圣"。"化之"，一是善的完善，包括学问、道德贯通，理论与实践统一；二是指善的外溢，不是只是独善其身，而是善化社会；三是指善的回归，回归到道，道为自然，自然为本然。行善只是循道而已，回归自然而已，回归本色而已。因此，做了善事，不彰显，不炫耀，不邀功，不图名，不贪利。有这些品德的人为圣人。

神为"不可知之"。这是崇高的最高层次。神，意谓理性升华到超理性，人性升华为神性了，人格达到神格。于是，人就成为超人，超人即神。神无所不能，神之善，不仅能泽及人类，而且泽及万物，这是崇高的极致。

孟子的人格论，在美学上就是崇高论。他的理论在中国后世影响深远。他用的几个概念，如"圣""神""化"，后世一直在用。在中国文化中，具有最高道德水准和最高智慧的人，称之为"圣人"。另外，某一个方面成就最高者亦可称"圣"，如有"诗圣""画圣""书圣""草圣"等等。"神"在中国美学中后来用作艺术品评的一个标准，唐代画家、书法家把书画艺术品评的等次分为神、妙、能三品，对"神"的理解大体上沿用孟子的说法，"神"含有某种"不可知之"的"神功""神妙"的意义。"神"在中国美学中后来也用作与"形"相对的一个概念，专指艺术形象的内在精神。"化"也在普遍使用，通常将艺术的最高水平，称之为化，或为化工，或为化境。在西方美学中，自由概念用得很多，美在自由；而在中国美学中，化用得更多，美在大化。

第三节　人格美："浩然之气"

孟子在中国美学史上的突出贡献是将孔子所建立的人格理论从伦理学推进到美学领域，从而提出关于人格美的新概念，强化了儒家的美即善的学说。

　　关于人的性质,我们可以区分出三个不同层次的概念:人性、人格、人品。

　　人性为人与动物区分的界线。人性决定人是否是人。人性分自然性与社会性,自然性与动物相共,此为人与动物的联系;而社会性只有人有而动物没有,此为人与动物的区别。人的自然性与社会性是不能分开的,均是自然性中有社会性,社会性中有自然性。诸如性爱,此爱中就既有自然性,又有社会性。

　　人格概念,专为人的社会性而设。人为社会人,人有社会性,社会性不等于群体性。动物也有群体性,人的群体性之不同于动物,在于人的群体性为文明。文明是人之为人的根本。文明的基础在人的实践世界,主要为制造工具运用工具的实践;文明的境界则在人的精神世界。人的精神生活可以区分出人的三大价值:真、善、美。

　　美虽孕育于人性之中,却不是人性;美的实质是人格的光辉。人格是文明的体现,美在人格,也就是美在文明。

　　人品,是在人格的基础上对于人的精神性质更高的判断。

　　人品主要指人格中的善的品位;这善的品位影响着甚至决定着人格中美的品位。

　　孟子主要在人格层次上论人的修养,涉及人品,他的主旨就是论述如何做一个真正的人:与动物不同的人、有格调的人、有品位的人。

　　孟子的人格理论,主要有三:

一、"大丈夫"说

　　孟子很喜欢讲"大丈夫",他所说的"大丈夫"不是阶层的概念,与"士大夫"不同义,而是指很有作为,并且具有高尚人格的人。《滕文公章句下》有这样一段:

　　　　景春曰:"公孙衍、张仪岂不诚大丈夫哉? 一怒而诸侯惧,安居而天下熄。"孟子曰:"是焉得为大丈夫乎? 子未学礼乎? 丈夫之冠也,父命之;女子之嫁也,母命之,往送之门,戒之曰:'往之女家,必敬必戒,无违夫子!'以顺为正者,妾妇之道也。居天下之广居,立天下之正位,行天下之大道；得志，与民由之；不得志，独行其道。富贵不能淫，贫贱不能移，威武不能屈，此之谓大丈夫。"

孟子将"大丈夫"与几种人进行比较：第一，与张仪、公孙衍这样当时声名显赫、权势滔天的人物比较。孟子根本不认为他们是大丈夫。虽然没有具体说为何不是，但从下文可以猜度出，公孙衍、张仪这样的纵横家、说客虽然大有作为，但缺乏作为大丈夫最为重要的人格。他们朝秦暮楚，巧舌如簧，玩弄权术，唯利是图，是最没有操守的人物。孟子当然看不起他们。第二，与未成年的男子比。未成年的男子，凡事不能独立，一举一动都要接受父亲的训导。这也不能算大丈夫。第三，与女子比较，女子在家从父，出嫁从夫，以顺从为最高原则，自然这也不算是大丈夫。真正的大丈夫，孟子认为有这样几个突出特点：

（1）"居天下之广居，立天下之正位，行天下之大道"。这"广居"即是"仁"，这"正位"即是"礼"，这"大道"即是"义"，[1]"仁""礼""义"是大丈夫立身行事的基本原则。这就与张仪、公孙衍从根本上区别开来了。

（2）"得志，与民由之；不得志，独行其道。"这是说大丈夫在得志时，偕同人民循着大道前进；不得志，也独自坚持自己的原则，不向权势者妥协。

（3）"富贵不能淫，贫贱不能移，威武不能屈。"这是说大丈夫在任何情况下都能保持自己的高尚人格。

大丈夫是孟子心目中的理想人格。

二、"养气"说

孟子认为，要培养大丈夫人格，重要的是"善养浩然之气"。何谓"浩然之气"？孟子说：

难言也。其为气也，至大至刚，以直养而无害，则塞于天地之间。其为气也，配义与道，无是，馁也。是集义所生者，非义袭而取之也。[2]

---

[1] 采杨伯峻先生的解释，见杨伯峻：《孟子译注》，中华书局1960年版，第141页。

[2] 《孟子·公孙丑章句上》。

这种"浩然之气"，就形式来看，是"至大至刚"，就内容来看，是"配义与道"。这正是孟子所说"充实而有光辉"的"大"，是一种壮美。

中国美学所推崇的阳刚之美，也即为这种美。这种美不同于西方美学所说的"崇高"，它没有"崇高"通常所具有的那种宗教意味、悲剧意味，没有恐怖感、神秘感。它为崇高的伦理内涵所充实，焕发出一种震撼人心的道德力量，是一种明朗而又圣洁的精神人格美。

三、"砥砺"说

孟子认为培养大丈夫人格是需要接受艰难困苦的锤炼的。在《告子章句下》中，孟子说：

> 舜发于畎亩之中，傅说举于版筑之间，胶鬲举于鱼盐之中，管夷吾举于士，孙叔敖举于海，百里奚举于市。故天将降大任于是人也，必先苦其心志，劳其筋骨，饿其体肤，空乏其身，行拂乱其所为，所以动心忍性，曾益其所不能。

孟子在这里列举的几位圣贤、大丈夫：舜、傅说、胶鬲、管夷吾、孙叔敖、百里奚都出身贫寒，经历过生活的严峻考验。孟子由此提出凡能担当社会重任的大丈夫均应"先苦其心志，劳其筋骨，饿其体肤，空乏其身，行拂乱其所为"。这种理论的提出对教育学、人才学具有的重大意义是显然的，它是真理，在今日乃至以后都具有指导意义。就美学角度言之，它不仅突出、强化人格的美，而且涉及"崇高"这种审美范畴的性质。"崇高"作为一种特殊的美与"优美"在性质上是不同的，"优美"这种美其本质在于主客体之间的和谐，这种美恬静、柔和，给人心灵以抚慰；"崇高"这种美的本质则在于主客体之间的冲突，这种冲突以主体精神的昂扬以及这场冲突在客体上所留下的深刻痕迹为其特征。没有客体的严重阻碍，就没有主体精神的奋发昂扬。"崇高"这种美按其本质来说是动态的美、雄壮的美、粗糙的美，它所具有的震撼人心的精神力量是"优美"不能比的。孟子这里本无意谈美学，却恰好揭示了"崇高"这种美的本质。

人格理论建构，始于孔子。孔子强调在逆境中培植人格，他特别重视

"弘毅"这一人格。

曾子说"士不可以不弘毅",何谓"弘毅"——超强的坚定性,这种超强的坚定性来自于伟大的信仰。这种信仰不可夺,孔子说:"三军可夺帅也,匹夫不可夺志也"。"志"就是信仰。

孟子将"弘毅"做了发挥,他的"大丈夫"说、"养气""砥砺"说,均是"弘毅"说。

孟子的贡献主要在于为人格立标准,为人格培植提方法,以知与行的统一,将人格理论讲透了。

在美学上,实际上提出"崇高"这一概念,崇高是一种美,较之于优美,它是一种伟大的美。崇高,是西方美学提出的概念,它真正成为一种美学概念,还在近代,是康德在《判断力批判》中为崇高理论奠定了基础。康德认为崇高有两种:量的崇高和力的崇高。康德谈崇高,既重视自然界与社会实体的崇高,又重视人的精神的崇高,这种精神的崇高是超越感性而直达理性的。康德的理性,还不等于通常说的理性,通常说的理性,康德用"悟性"表达,而他说的理性,实质是神性。于此,他强调美(优美)与崇高的区别,"在评定'美'时把想象力在它的自由的活动中联系着悟性",而在"评定一对象作为崇高时联系着理性"。[①] 孟子论人格,许多方面与康德异曲同工,他同样强调精神力量,同样将这一力量的伟大提升到圣、神的境地,不同的是,康德注重概念的演绎,表现出严密的逻辑推导的过程;而孟子则不注重概念的演绎,而更多地表现为想象性的描述,并且注重情感的感染,换句话说,孟子不仅其理论是美学的,而且其理论的表述也是美学的。

第四节　共同美感:"目之于色也,有同美焉"

孟子认为有共同的美感。他说:

> 口之于味,有同耆也;易牙先得我口之所耆者也。如使口之于味

---

① 　[德]康德:《判断力批判》上册,商务印书馆1987年版,第95页。

也,其性与人殊,若犬马之与我不同类也,则天下何耆皆从易牙之于味
也? 至于味,天下期于易牙,是天下之口相似也。惟耳亦然。至于声,
天下期于师旷,是天下之耳相似也。惟目亦然,至于子都,天下莫不知
其姣也。不知子都之姣者,无目者也。故曰,口之于味也,有同耆焉;
耳之于声也,有同听焉;目之于色也,有同美焉。①

孟子认为,人的生理感觉:视觉、听觉、味觉等是相似的,由此他推论
出人对于声色有共同的美感。

孟子主张共同人性论,他不仅认为人的感觉是相似的,而且认为人的
心也是相同的,"心之所同然者何也? 谓理也,义也。"这一理论是孟子共同
美感论的基础。

对孟子的共同美感论应持一分为二的态度,应该承认,人是有共同人
性的,不仅较为低级的生理感觉大体相似,就是高级的精神性的感觉如美
感也有很多相似之处,特别是对自然美、科学技术美的感受,共同处尤多,
艺术美次之。真正的艺术杰作,大体上能让全世界各族人民所接受、所承认。
社会美也有很多方面是全人类所共同认可的。

不过,还应看到,既有共同的人性又有差异的人性。民族、地域、阶级、
阶层、职业,乃至每个人的性格,修养、气质、年龄、性别等方面的差异都可
以见出人性差异。自然,这些差异不能不影响到审美,因而审美既有人类
的共同性,又具有个人的差异性。

共同美感的问题,先秦哲学家多有论及。庄子说:"民湿寝则腰疾偏死,
鳅然乎哉? 木处则惴栗恂惧,猨猴然乎哉? 三者孰知正处? 民食刍豢,麋
鹿食荐,蝍且甘带,鸱鸦嗜鼠,四者孰知正味? 猨猵狙以为雌,麋与鹿交,
鳅与鱼游。毛嫱、西施,人之所美也;鱼见之深入,鸟见之高飞,麋鹿见之
决骤。四者孰知天下之正色哉?"② 这里字面上的意思是:人与动物的喜好
包括美感是不同的,实际上也是说每个人都有自己的喜好,共同美感是不

① 《孟子·告子章句上》。
② 《庄子·齐物论》。

存在的。不过，庄子还是肯定有"正色""正处""正味"的存在。不过它们不体现在"色""处""味"这些具体的感受上，而是在事物深层次的本质上，那就是"道"。从"道"的角度看天下千差万别的事物，它们其实是一个东西，故他说："自其异者视之，肝胆楚越也；自其同者视之，万物皆一也。"① "举莛与楹，厉与西施，恢恑憰怪，道通为一。"② 可见，庄子认为也有共同人性论。从"道通为一"这个角度看，美与丑是一样的。孟子的共同人性论建立在人性善上，庄子的共同人性论建立在"人与天一"的"道"论上。

孟子是一位政治意识很强的学者，他的全部理论都用来推行他的政治主张——"仁政"。"仁政"的核心是对人民的宽厚、关怀。他的共同美感论是为他的"仁政"说服务的。以共同美感作理论支柱，他提出"与民同乐"说。在《梁惠王章句上》与《梁惠王章句下》中，孟子多处论及这一观点。他援引古籍，认为"文王以民力为台为沼，而民欢乐之"，"古之人与民偕乐，故能乐也"。又诚挚地规劝齐宣王："乐民之乐者，民亦乐其乐，忧民之忧者，民亦忧其忧。乐以天下，忧以天下，然而不王者，未之有也。"

孟子这种"与民同乐"说有三个方面的意义：

第一，"与民同乐"说是以肯定人具有共同美感为前提的，理论基础是共同人性论。

第二，此说充分认识到音乐（可推及艺术）在交流思想、和同情感上的重要作用。此观点在先秦重要的音乐理论著作《乐记》中得到充分的发挥。

第三，此说体现出儒家艺术为政治服务的美学主张。艺术为政治服务是儒家基本的美学主张，在这个总的美学主张之下，有许多美学命题，诸如"诗言志""文以明道"等，"与民同乐"说是其中之一。比之"诗言志""文以明道"等命题，"与民同乐"说具有难能可贵的民主性。孟子思想较之孔子要进步的地方主要在其民本主义，尽管这种主义归根结底是为维护封建统治服务的，但对广大人民有好处。就孟子来说，他推行民本主义，态度是

---

① 《庄子·德充符》。

② 《庄子·齐物论》。

真诚的,他有为君的一面,但更多的是站在为民的立场上。孔子只说:"君使臣以礼,臣事君以忠。"① 孟子却说:"君之视臣如手足,则臣视君如腹心;君之视臣如犬马,则臣视君如国人;君之视臣如土芥,则臣视君如寇雠。"② 这种思想其倾向显然更多地站在人民一边,难能可贵。

因此,"与民同乐"就不是一般的艺术为政治服务的美学观,而是一种在封建社会十分可贵的民主主义的美学观,即使是在今日,亦有重要的意义。

第五节　阐释理论:"以意逆志"

孟子在他的言论中大量地引证《诗经》,因而不可避免地谈到了研读《诗经》的方法论问题。在《万章章句上》中,他说:

咸丘蒙曰:"舜之不臣尧,则吾既得闻命矣。《诗》云:'普天之下,莫非王土;率土之滨,莫非王臣。'而舜既为天子矣,敢问瞽瞍之非臣,如何?"曰:"是诗也,非是之谓也,劳于王事而不得养父母也。曰'此莫非王事,我独贤劳也'。故说诗者,不以文害辞,不以辞害志。以意逆志,是为得之。如以辞而已矣,《云汉》之诗曰:周余黎民,靡有孑遗。信斯言也,是周无遗民也……"

这段文字涉及"文""辞""意""志"四个概念,由于理解不同,产生分歧。

"文",朱熹《四书集注》云:"文,字也。"③ 这种理解太狭。"文"应为"文采""文饰",从广义上讲,应是诗歌通常用来表情达意的艺术手段诸如比喻、象征、夸张等。

"辞",朱熹《四书集注》云:"辞,语也。"④ 焦循《孟子正义》云:"辞者,

---

① 《论语·八佾》。
② 《孟子·离娄章句下》。
③ 朱熹:《四书集注·孟子》。
④ 朱熹:《四书集注·孟子》。

文字形声之合也。"这种说法是对的，"辞"即为字面上的意思。

"志"，旧注一般未明言是什么。朱熹在释"不以辞害志"时也只是说："不可以一句而害设辞之志。"[1] 当今学者一般理解为"作品所表现的思想"[2]，"诗人所要表现的思想感情"，这是"诗人作品客观具有的"[3]。

"意"旧注一般也未明言指什么。当今学者大都认为是"读诗者主观方面所具有的东西"[4]。

关于"以意逆志"，施昌东先生说是"以己意己志推作诗之志"[5]。这种说法为较多学者所赞同。敏泽先生独排众议，认为"以意逆志"中之"意"，"应属作者之本意，即通过作者的本意去考察作品所表现的思想"[6]。

笔者的看法是："志"与"意"在这里是两个不同内涵的概念，尽管在许多场合，"志"与"意"均指人的思想感情。

闻一多先生考证；"志"从屮，卜辞屮作屮，从止下一，象人足止在地上，所以屮本训为停止。"志"从屮从心，本义是停止在心上。停在心上亦可说藏在心里，藏在心里即为记忆，故志又可训为记。记忆之记又孳乳为记载之记，记载亦谓之"志"，闻一多先生说："古时几乎一切文字记载皆曰志。"[7]《左传》《国语》《周礼》《荀子》《吕氏春秋》中的"志"都是记载的意思。《孟子》中的"志"亦如此，如《孟子·滕文公章句下》："且志曰：'枉尺而直寻，宜若可为也。"其"志"即为"记"。

闻一多先生又考证，"志"与"诗"原为一字，"诗言志"[8]中的"志"有三个意义：一记忆，二记录，三怀抱。这三个意义代表诗的发展途径上的三个

---

① 朱熹：《四书集注·孟子》。

② 参见敏泽：《中国美学思想史》第1卷，齐鲁书社1989年版，第170页。

③ 参见李泽厚、刘纲纪：《中国美学史》第1卷，中国社会科学出版社1984年版，第193、194页。

④ 施昌东：《先秦诸子美学思想述评》，中华书局1979年版，第85页。

⑤ 施昌东：《先秦诸子美学思想述评》，中华书局1979年版，第85页。

⑥ 敏泽：《中国美学思想史》第1卷，齐鲁书社1989年版，第170页。

⑦ 闻一多：《歌与诗》，见《闻一多古典文学论著选集》，武汉大学出版社1993年版，第4页。

⑧ 《尚书·尧典》《左传·襄公二十七年》均有此说。

阶段①。从闻先生的考证，可知"志"的最初含义是记忆和记载，怀抱（含思想、意志、情感）的含义应是以后产生的。这牵涉到对《诗经》的看法。《诗经》今天我们是把它当作文学作品看待的。可是在春秋战国时代，人们不这样看，而把它看作是记事的韵文。就记事这点言，它是史，它与《春秋》《尚书》等著作性质相同，皆称志，即史。孟子说：

> 王者之迹熄而《诗》亡，诗亡然后《春秋》作，晋之《乘》、楚之《梼杌》、鲁之《春秋》，一也，其事则齐桓、晋文，其文则史。②

孟子说得很清楚，《春秋》是接替《诗经》的使命的，晋国的《乘》、楚国的《梼杌》与《春秋》的性质一样，都是史书。

如果把"志"训作记载，把《诗经》的本质看作史，孟子的"说诗者，不以文害辞，不以辞害志。以意逆志，是为得之"就好理解了。

"不以文害辞"，即不因《诗经》用了一些夸张、比喻、象征之类的修辞手法而影响对辞义本身的理解。这里，孟子似乎已经认识到《诗经》虽本质是史，但与一般的史如《春秋》还是有所不同的。《诗经》既是史又是诗。作为诗，它在语言的运用上就有"文"（修饰）这样一个特点。

"不以辞害志"，即是说，在《诗经》主要是记事，要善于通过言辞去了解所记载的当时的史实，包括国家、民族、部落重大的事件和人们一般的社会生活风貌及思想情感，而不要为辞的表面意义或歧义所误导。

"以意逆志"中的"意"是读者的理解，"志"是《诗经》所记载的史实，因读者的意是当今的，"志"是过去的事实，所以这种理解是上溯，上溯即为"逆"。

孟子这里说的是研读《诗经》的方法论。他强调的是《诗经》的历史价值、认识作用，从他举的例子来看，其意很明白。

《诗经》中《云汉》一诗有句："周余黎民，靡有孑遗"是说"周无遗民也"，而不能从字面上错误地理解周朝没有留下一个人了。

---

① 见《闻一多古典文学论著选集》，武汉大学出版社 1993 年版，第 4 页。
② 《孟子·离娄章句下》。

在《万章章句下》，孟子还说过这样一句话：

> 颂其诗，读其书，不知其人，可乎？是以论其世也。

这里还是强调《诗经》的认识作用，他要求读《诗经》的人，能够通过读诗，了解写诗人的真实意图，并由此了解那个时代，那个社会。后人将这段话概括成"知人论世"这一个成语，含义就有所扩大了。

从孟子论读《诗经》的方法，我们得到的美学启示有五：

第一，孟子肯定《诗经》既是历史，又是文学，并着重指出《诗经》作为文学它在语言运用上具有文饰的特点，注意到了文学的语言美。

第二，孟子重视《诗经》的史学价值，重视诗对时代、对社会的真实反映，开了现实主义的先河，并成为中国"诗史"传统的奠基理论。

第三，孟子强调通过读《诗经》来知人论世，亦启示我们应从知人论世的角度来读诗，开了艺术社会学的先河。

第四，孟子对《诗经》作为文学的审美作用缺乏足够的认识，他对《诗经》的认识无疑存在片面性。

第五，孟子对于如何读《诗经》的言论开启了中国诠释学。

孟子在儒家占据崇高地位，仅次于孔子。从美学上来讲，孔子全面开启儒家美学，主要为两大块：仁美学——心性论美学、礼美学——社会论美学。孟子主要继承孔子的仁美学，在心性论领域有深入的开拓。孟子的大丈夫论、养气论、砥砺论可以归入养气论，养气论中关于气的论述，在中华美学中的影响极为深远：一是审美创作的主体——作家艺术家重视养气。二是审美创作的结晶、审美欣赏的对象——艺术作品要做到气韵生动。气韵既可以看作一个概念，又可以看作两个概念。气重在生发，韵重在含藏。文以气为主，气以生为本，生以神为主，神以道为魂，道因妙生美。所有这些理论均通向中华美学的最高范畴——境界。

儒家美学有两个基础：一是人性，二是社会。孔子兼顾二者，他的仁美学主要筑基于人性，礼美学主要筑基于社会。孟子美学之所以偏重于仁美学，是因为孟子的哲学主要为人性论。从人性的维度探讨美的性质，从人性的维度开拓美学的广阔天地，是孟子美学的深刻之处。在这点上，同时

期的西方美学远远不及。差不多同一时期，西方代表性的哲学家、美学家为苏格拉底、柏拉图、亚里士多德。他们主要持社会论的立场论美。柏拉图涉及人性，但浅尝辄止，远没有孟子深入。也许正是因为孟子持人性论维度论美，他的美学具有难能可贵的民主性精华，他的"共同美"论、"与民同乐"论没有时代的限制，在今天仍然闪耀着夺目的光辉。

第 四 章

庄子的美学思想

　　庄子（约前369—前286），名周，战国蒙人，道家学说的创始人之一。《庄子》一书，据《汉书·艺文志》载有52篇，现通行本为郭象注本，33篇，分内篇、外篇、杂篇。内、外、杂篇是否均出自庄子之手，学界一直聚讼不已。绝大多数治庄的学者认为内篇是庄子所作应无问题。外、杂篇也可能杂有庄子后学所著，具体到哪一篇也各有说法。

庄子像

　　笔者认为，虽然《庄子》一书不见得都出自庄子之手，但基本思想是一致的。正如我们在治《论语》时通常也把《论语》中所记录的孔子学生的思想（只要是孔子赞同的）也归属到孔子名下一样，治庄也不必把庄子本人写

的文章与庄子后学写的文章严格区别开来。

庄子与老子同属道家学派，并且可以明显看出庄子对老子思想的继承和发展，但老、庄思想的区分也是不可忽视的。老庄同把"道"作为宇宙本体、万物之源、自然法则，但老子似乎更多地注重"道"的客观性，庄子则更多地注重"道"的主观性。老子更多地谈什么是"道"；而庄子更多地谈如何体"道"，即如何把握"道"。老庄均主出世、主退、主柔，但在老子只是一种谋略，实质乃是以退为进，以柔克刚，以出世的精神做入世的事业。而在庄子则不是一种谋略，而是一种"超越"，对人生的种种苦难、困惑的超越。老子哲学切近于西方哲学的本体论；庄子哲学近乎宗教，近乎禅。

《庄子》对中国美学的影响甚大，它可以说是中国浪漫主义文艺传统的源头，同时又是尚情主义、艺术唯美主义的源头。《庄子》比之《老子》更注重体道的心理体验，这些体验又恰通向审美心理，所以可以说，《庄子》是中国审美心理学的重要源头之一。《老子》一书谈美、谈艺术甚少，《庄子》要稍多一些。但是，如同《老子》一样，《庄子》美学的精粹不在谈美谈艺术的那些片断言论，而在整个哲学思想。因此，要把握庄子美学需要把握庄子整个哲学体系。尽管如此，庄子谈美谈艺的那些言论仍然不失为我们理解庄子美学的重要线索。

《庄子》一书不仅立论精辟，卓成一家，而且想象奇特，辞美情深，故而不仅是伟大的哲学著作，也是伟大的文学著作。

第一节　美论（一）："天地有大美而不言"

庄子论美最重要的言论是《知北游》中这一段话。

> 天地有大美而不言，四时有明法而不议，万物有成理而不说。圣人者，原天地之美而达万物之理。是故至人无为，大圣不作，观于天地之谓也。

理解这段话的关键是"天地"。"天地"在《至乐》篇中有个重要的解释：

> 天无为以之清，地无为以之宁，故两无为相合，万物皆生。芒乎芴

乎，而无从出乎！芴乎芒乎，而无有象乎！万物职职，皆从无为殖。故曰天地无为也而无不为也，人也孰能得无为哉。

这段论述就很清楚了。"天地"的根本性质是"无为"。它是万物化生之本源。天地化生万物，是恍恍惚惚的(芴乎芒乎)，无心为之而自然为之。庄子常用"自生""自为"来解释"无为"：

　　　　汝徒处无为，而物自化。①

　　　　无为而万物化。②

　　　　无问其名，无窥其情，物固自生。③

　　　　何为乎，何不为乎，夫固将自化。④

"自生""自化"，即是按事物自身的性质而存在，而发展，而变化。庄子强调"天地"的这一性质，联系"天地有大美"这一论断，不难理解，庄子讲的"大美"，实质即是真。

庄子经常用"天地"或"天"来代替"道"，因此，他说"天地有大美"，亦可理解成"道"有大美。

不过，《庄子》中的"天地"有时也不等同于"道"。"道"是无形的，而天地有形。因此，说"天地有大美"也包含自然界有大美的意思。

庄子讲"天地有大美"用一个"大"字是有含义的。《天道》篇中载有这样一个故事：

　　　　昔者舜问于尧曰："天王之用心何如？"尧曰："吾不敖无告，不废穷民，苦死者，嘉孺子而哀妇人。此吾所以用心已。"舜曰："美则美矣，而未大也。"尧曰："然则何知？"舜曰："天德而出宁，日月照而四时行，若昼夜之有经，云行而雨施矣。"尧曰："胶胶扰扰乎！子，天之合也；我，人之合也。"夫天地者，古之所大也，而黄帝尧舜之所共美也。故古之王天下者，奚为哉？天地而已矣。

―――――――――――

① 《庄子·在宥》。

② 《庄子·天地》。

③ 《庄子·在宥》。

④ 《庄子·秋水》。

看来庄子并不否定社会美,他认为尧的善举仁政:"不敖无告,不废穷民,苦死者,嘉孺子而哀妇人"也不失为美,只是未达到"大"的境界。"大"比"美"更高一级。"大"只存在于"天地"之中。"天地"(在这里指"自然")它是按自身的规律运动着的。日月的嬗替、四时的运转、昼夜的转换都有其自身的不可更改的规律。"天地固有常矣,日月固有明矣,星辰固有列矣,禽兽固有群矣,树木固有立矣。"虽然社会生活也有规律,但自然规律是最根本的。尧之所为只是合乎人事("人之合也"),因而只能称美,而只有冥合自然的"天之合"才称得上"大"。

在庄子,显然是自然美高于社会美的。

庄子"大"的概念与孟子"大"的概念有类似之处。孟子说:"充实之谓美,充实而有光辉之谓大。"① "大"比"美"也高一级。不过孟子的"大"其内涵与庄子的"大"完全不同。孟子的"大"实质是"有为"的"善",大放光辉具有强烈的影响力、感召力的善;庄子的"大"却是"无为"的"真",是体现在天地之间的伟大的"道"。孟子讲的"大"主要在社会美,庄子讲的"大"主要在自然美。

庄子推崇自然的美,实质是天然的美。这具体表现在他对"天籁""天放"几种自然美的认识上。

在《齐物论》中,庄子提出有三种声响:"人籁""地籁""天籁"。"人籁"是用笙箫吹奏出来的声响。地籁是大风通过万窍所发出的声音,由于窍穴不同:"似鼻,似口,似耳,似枅(jī),似圈,似臼,似洼者,似污者",故而发出的声音也就多种多样,有的像湍水冲击的声音("激者"),有的似羽箭发射的声音("謞"),有的像怒叱的声音("叱者"),有的像呼吸的声音("吸者"),有的像鸣叫的声音("叫者"),有的像哭号的声音("譹者")……

至于"天籁",庄子有这样一段对话:

　　子游曰:"地籁则众窍是已,人籁则比竹是已。敢问天籁。"

　　子綦曰:"夫天籁者,吹万不同,而使其自已也,咸其自取,怒者其

_____

① 《孟子·尽心章句下》。

谁邪。"①。

"人籁"是人制造的声音,与"天籁""地籁"不同很明显。"地籁"与"天籁"实际上是同一种声音,都是自然界自身发出的声音。它们之所以区别为两种声音,乃是对它的解释不一样。"地籁"将风声的形成看成是"众窍"的作用,归之于外力,"天籁"则认为虽"吹万不同"却"咸其自取",是风自身的作用造成了如此多种多样的声音。无疑,在庄子看来,"天籁"才是最美的声音。

庄子在《马蹄》篇中提出"天放"的概念。"天放"的提出是针对善治马的伯乐的。庄子说:"马,蹄可以践霜雪,毛可以御风寒,龁草饮水,翘足而陆,此马之真性也。"可是,所谓"善治马"的伯乐对马采取的种种措施("烧之、剔之、刻之、雒之,连之以羁馽(zhī),编之以皂(zào)栈")都是违背马的"真性"的。在此基础上,庄子提出:

> 吾意善治天下者不然,彼民有常性,织而衣,耕而食,是谓同德,一而不党,命曰天放。②

"天放"即充分地实现物之本性。"天放"的美美在本色,美在真。

庄子主真,他说:"真者,所以受于天地,自然不可易也。"(《庄子·渔父》)。"天放"的本质即为"真"。

"真"既见之于天地,又见之于人情。《庄子·渔父》篇云:

> 真者,精诚之至也。不精不诚,不能动人。故强哭者虽悲不哀,强怒者虽严不威,强亲者虽笑不和。真悲无声而哀,真怒未发而威,真亲未笑而和。真在内者,神动于外,是所以贵真也。

庄子将"真"由自然界移至人,而且着重移至人的情感,这对中国美学的影响极其巨大。艺术是要讲究反映世界的真实性的。但艺术所反映的世界无一例外都是经过艺术家的感觉观照过并经心灵过滤过的,是艺术家理智与情感特别是情感认可的世界。因此艺术所反映的世界实际上包含两个

---

① 《庄子·齐物论》。

② 《庄子·马蹄》。

方面，一方面是物理世界，这是客观的；另一方面是心理世界，这是主观的。相应地，艺术所要求的真实也就有两个方面：客观物理世界的真实；主观心理世界的真实。由于庄子哲学的影响，中国艺术在反映生活时更为注重主观心理世界的真实，强调艺术家的真情实感。客观的物理世界的真实主要靠摹仿，内在的心理世界的真实主要靠体验。摹仿论与体验论是艺术反映生活的两种基本理论，中西艺术家都不能不兼顾这二者。但比较而言，中国的艺术家更重视体验论，西方的艺术家更注重摹仿论。这就造成了中西艺术的重大差别，它们在给接受者所提供的艺术形象的真实性是很不一样的。西方艺术更重艺术形象再现客观物理世界之真，中国艺术更重艺术形象表现主观心理世界之真。

第二节　美论（二）：厉与西施，道通为一

庄子谈美与丑的主观性和客观性有几段耐人寻味的议论。

《山木》篇中云：

> 阳子之宋，宿于逆旅。逆旅人有妾二人，其一人美，其一人恶，恶者贵而美者贱。阳子问其故，逆旅小子对曰："其美者自美，吾不知其美也；其恶者自恶，吾不知其恶也。"

庄子在这里提出美丑的主观性与客观性问题。看来，故事中所涉及的几个人美丑观是不一样的。庄子似乎赞同"逆旅小子"的观点：各人有各人的审美观。

在《齐物论》篇中，庄子又说："毛嫱、西施，人之所美也，鱼见之深入，鸟见之高飞，麋鹿见之决骤。四者孰知天下之正色哉？"

这里，庄子提出，人与动物的美丑观是不同的，然"毛嫱、西施"又毕竟是"人之所美也"，他似乎认为人还是有共同的审美观的。

那么庄子到底是承认有共同美还是不承认有共同美呢？我们还得看《德充符》篇中的一段论述：

> 自其异者视之，肝胆楚越也；自其同者视之，万物皆一也。夫若然

者，且不知耳目之所宜，而游心乎德之和；物视其所一，而不见其所丧，
视丧其足犹遗土也。

这就清楚了。原来，庄子所强调的是视察事物的观点。如果从不同的
角度去看事物，则事物没有相同的，就是肝与胆本相距很近也可看成是楚
与越那样相距遥远；然如果从"同"的角度去看事物，则天下万事万物又都
出自同一个东西，本性一样。既如此，又何必去计较到底哪种声音适宜于
耳目（"且不知耳目之所宜"）呢，只求心灵畅游于"德"（即"道"的和谐境
地）好了。所以从万物相同的一面去看，得失有什么意义呢？断了一条腿
也只不过是失落了一块泥土罢了。

庄子虽然承认事物的差异性，但认为这种差异只是现象的差异，不具
有重要意义；事物的同一性才是最重要的，因为事物的同一性同在万事万
物本源的"道"上。所以，庄子的基本立场是：是与非、美与丑是没有本质
上的区别的。

在《齐物论》篇中，庄子明确地说：

> 莛与楹、厉与西施，恢诡憰怪，道通为一。

"莛"是草茎，"楹"是木柱，一小一大；"厉"是病癞，借指丑女，西施是
美女，一丑一美。大千世界，无奇不有，然都是道的表现形式，都是同一的。

庄子这种观点建立在道论的基础上。

庄子的"道"作为世界之本体，既生化万物，运作万物，又内附于万物，
可以说"无所不在"。《知北游》篇中，东郭子问庄子："道，恶乎在？"庄子就
是这样回答的。当东郭子要庄子指出一个地方来，庄子说："在蝼蚁。"曰：
"何其下邪？"曰："在稊稗。"曰："何其愈下邪？"曰："在瓦甓。"曰："何其愈
甚邪？"曰："在屎溺。"

庄子认为，由"道"衍化的物也是变的，变化的规律是各自向着对立的
方面转化，因而，"方生方死，方死方可，方可方不可，方不可方可"，"是亦
彼也，彼亦是也，彼亦一是非，此亦一是非"。[①] 既如此，是亦即非，非亦即是，

---

① 《庄子·齐物论》。

美亦即丑,丑亦即美。

怎样评价庄子这种泯灭美丑界限的观点呢? 一方面,要肯定庄子不认为有绝对的一成不变的美与丑,这种观点有可取之处。美与丑,的确是有条件的存在,而且也会在一定条件下向着对立方面转化。但是,如果将这种本是正确的观点推向极端,把相对论变成相对主义,那就走向谬误。须知事物虽有绝对变动的一面但又有相对静止的一面。事物的变化和静止都是需要条件的。在一定的条件下,事物的质保持其相对的规定性,以至于区别于另一事物。否定事物在一定条件相对地保持其质的规定性,取消事物之间的差别是错误的。庄子泯灭美丑界限犯的正是此种错误。

第三节　美论 (三) :"德有所长而形有所忘"

重视人的精神美是庄子与孔子、孟子、荀子相同的地方。在《德充符》篇中,庄子写了一个名叫哀骀它的人物,外貌奇丑,"以恶骇天下",可是,"丈夫与之处者,思而不能去也,妇人见之,请于父母曰'与为人妻,宁为夫子妾'者十数而未止也"。其原因就在于哀骀它品德高尚、学问渊博。庄子借孔子的嘴,解释"所爱者":"非爱其形也,爱使其形者也","今哀骀它未言而信,无功而亲,使人授己国,唯恐其不受也,是必才全而德不形者也"。①

庄子还写了很多面丑心美的人物,如闉跂支离无脤、瓮㼜大瘿,这些人都是"德有所长而形有所忘"。

从这里可以看出:第一,庄子认为形貌与内心在美丑性质上是可以不统一的。外貌丑的人内心可以很美,这就为后世艺术家创造貌丑心美的艺术形象准备了理论基础。五代画家贯休就创作了许多这样的人物。中国戏曲舞台上亦有许多这样的艺术形象如钟馗、崇公道等。

第二,庄子将精神的美丑看得重于形貌的美丑。这一点与儒家思想是共通的。

---

① 《庄子·德充符》。

第三,庄子不去追求"全""粹"之美,这是与荀子不同的。庄子说"德有所长而形有所忘",就是说,只要有过人的德性,形体上的残缺就会被人遗忘。他还接着说:"不忘其所忘,而忘其所不忘,此谓诚忘。"①

这里,特别值得注意的是,庄子谈人的内在精神美,没有忽略情感的重要。庄子是重情的。在《德充符》篇,庄子与惠子(施)有一段重要的对话:

> 惠子谓庄子曰:"人故无情乎?"庄子曰:"然。"惠子曰:"人而无情,何以谓之人?"庄子曰:"道与之貌,天与之形,恶得不谓之人?"惠子曰:"既谓之人,恶得无情?"庄子曰:"是非吾所谓情也。吾所谓无情者,言人之不以好恶内伤其身,常因自然而不益生也。"惠子曰:"不益生,何以有其身?"庄子曰:"道与之貌,天与之形,无以好恶内伤其身。今子外乎子之神,劳乎子之精,倚树而吟,据槁梧而瞑,天选子之形,子以坚白鸣。"②

表面看,庄子似乎不同意惠子的有情论,其实不是。对话的开始,他就表明了态度,人是有情的。他只是不同意"以好恶内伤其身",他反对"以物易其性"。③ 他嘲笑惠子驰散精神,劳心费力,倚在树下吟唱,靠着几案睡着了,徒然在伤害老天爷给他的身体,而他却在自鸣得意陶醉于坚白之论。

庄子讲"与物为春"④。这"春"就是生命的意义,"与物为春",就是要与大自然共一个生命。庄子的"道"也不是冷冰冰的无生命的抽象概念,而是"有情有信"可以"生天生地"的生命本体。只有从根本上把握住"道"的生命意味,才能理解庄子的哲学包括庄子的美学。

第四节　美感论(一):"逍遥游"

庄子的美感论集中体现在"体道"的理论之中。庄子哲学的基本精神

---

① 《庄子·德充符》。
② 《庄子·德充符》。
③ 《庄子·骈拇》。
④ 《庄子·德充符》。

是寻求个体的精神自由。"体道"的目的就是为了获得精神自由。庄子将"体道"的过程称之为"游"。"游"是贯穿《庄子》全书的一条内在的线索，几乎各篇都直接间接地涉及"游"，而相对集中地阐述"游"的理论的篇章则为《逍遥游》《在宥》《秋水》《知北游》等。

《逍遥游》的题目就很值得研究。关于这个题目的理解，众说纷纭，基本意思并不互相矛盾，倒可互相补充。我认为讲得最准确、最切合庄子哲学精神的是顾桐柏的看法。顾桐柏认为，"逍者，销也；遥者，远也。销尽有为累，远见无为理，以斯而游，故曰逍遥"[①]。自然，这种游只是一种精神的畅游，并非现实的畅游；要说这种游自由，也只是精神上的自由，并非现实的自由；要说这种游快乐，也只是精神上的自得其乐，并非现实的快乐。

从政治角度考察，这种游不是解决现实苦难的方法，是消极不可取的，说它是自我欺骗也未尝不可；但如果作为一种人生哲学来看，它有消极、积极二重性。消极一面在于它过于看重精神的超越作用，而忽视现实斗争，带有某种空想性；积极一面在于它重视人的精神力量，强调精神对现实的超越功能，体现出人的主体性的张扬。我们知道，人不只是生活在现实的物质的世界之中，人也生活在理想的精神生活之中。精神生活的丰富并不完全依赖于物质生活的丰富，精神上的自由并不完全依赖于现实世界的自由。在现实生活困顿之际，精神上的超越性有时的确能给人以鼓舞，以安慰，以力量，以勇气，以快乐。"哀莫大于心死"，最可怕的是精神上的死亡。

从美学角度言之，"游"在相当程度上道出了艺术审美的真谛。

"游"可以作两种理解，一是"游戏"，二是"游乐"，前者强调的是活动具有一定的程序性，后者强调的是活动者愉悦的心理感受。这二者也可以统一起来，就叫作游戏。游戏具有四个突出特点：一是非实际功利性。游戏是没有实际功利的，就像小孩子"过家家"一样。二是模拟性。大部分游戏特别是人类早期的游戏往往是模拟现实生活中某种有意义的活动，如打猎、种植等，也有非模仿的或用于祭神或用于娱乐的游戏，青海大通县孙家

---

① 成玄英：《庄子注疏·序引》。

寨出土的史前马家窑文化舞蹈纹陶盆,上面的纹饰就是这样一种游戏。三是娱乐性。四是自由性。游戏由于摆脱了实际功利的束缚,在精神上是比较自由的。

游戏的这些特点使它与艺术结下了不解之缘。人类最早的艺术活动孕育在巫术之中,经过游戏这个中介才发展成为具有独立品格的艺术。

关于游戏与审美与艺术的血缘关系,美学史上多有论述。康德认为,"人们把艺术看作仿佛是一种游戏,这是本身就愉快的一种事情"[①]。审美活动在他看来就是事物的形式符合人的认识功能引起想象力和知解力和谐的自由游戏。席勒把人的冲动分为感性冲动、理性冲动和游戏冲动三种,游戏冲动的对象叫作"活的形象",指的是"最广义的美"。不仅如此,席勒还认为"只有人在充分意义上是人的时候,他才游戏;只有当人游戏的时候,他才是完整的人"[②]。这就将游戏提到人的本质这一高度了。席勒之所以将游戏与美、与人的本质联系起来,是因为游戏是自由的,而审美与人的本质也都是自由的。

正是从审美这个角度,我们认为庄子所追求的以"游"为本质的人生乃是艺术的人生、审美的人生。在《田子方》中,庄子借老聃与孔子的对话,明确地说,"游"是"至美至乐"的境界,一个人若能"得至美而游乎至乐",那就是"至人"了。

我们说庄子的"游"是通向审美的,关键在于,庄子所说的"游"具有审美所要求的那种解放感、自由感。从《庄子》一书中若干极富想象力的寓言故事来看,庄子的"游"具有这样几个特点:

第一,"游"是无目的的。比如《在宥》篇中描绘的云将东游,"过扶摇之枝而适遭鸿蒙",见鸿蒙"雀跃不辍",遂问它做什么,鸿蒙回答:"游。"三年之后,云将"过有宋之野"又遇鸿蒙,问及鸿蒙意欲何往,鸿蒙答道:"浮游,不知所求;猖狂,不知所往;游者鞅掌,以观无妄,朕又何知!"[③] 意思是

---

① 转引自朱光潜:《西方美学史》下卷,人民文学出版社 1979 年版,第 382 页。

② [德] 席勒:《美育书简》,北京大学出版社 1984 年版,第 90 页。

③ 《庄子·在宥》。

说，它的游优游自在，随心所欲，漫无目的。正是在这无所不适的自由徜徉之中，它观看着天地万物千变万化的真相。

第二，"游"是无约束的，"出入六合，游乎九州"，既无空间的局限，所谓"无极之外，复无极也"；也无时间的局限，譬如"楚之南有冥灵者，以五百岁为春，五百岁为秋；上古有大椿者，以八千岁为春，八千岁为秋"①。

第三，"游"是"心游"。这一点十分重要。在《庄子》中，"游"常与"心"连用，如："且夫乘物以游心，托不得已以养中，至矣。"②"汝游心于淡，合气于漠"③。"不知耳目之所宜，而游心于德之和"④。这种心游最充分地体现出游的"自由性"。可以说，正是"心游"，才能做到无目的，无约束，极尽人的精神的能动性和对客观现实的超越性。"心游"离不开想象。奇峻超拔、绚丽无比的想象是"心游"的重要特点，也是艺术想象、审美想象的重要特点。正是在这一点上，庄子的"心游"与审美、与艺术太相似了。

以上三点已足以说明庄子的"游"是自由的。但这种游是不是毫无凭借呢？也不是。《逍遥游》中描绘了鹏之游，舟之游，列子之游。他们的游，无一例外都要有所凭借。鹏之游，要凭风，"抟扶摇而上者九万里"，"扶摇"者，海中飓风也。"风之积也不厚，则其负大翼也无力。"舟之游需要水，"且夫水之积也不厚，则其负大舟也无力。"至于列子，也需"御风而行"，才"泠然善也"；设若不御风，也就与常人无异，需凭两条腿的劳作了。

庄子通过这些例子，提出自由实现的一个重要问题——"有待"与"无待"的关系问题，鹏之培风，舟之乘水，列子之御风，都是"有所待者也"。

"待"是什么？"待"与实现自由有什么关系？关于"待"，学术界有不同看法，有的学者认为："待"是"外力的限制"或者说"牵连"，这恐怕不太符合《庄子》原意，因为庄子所说的"待"似乎不仅不是阻碍自由的限制，而且是实现自由的条件。风之于鹏，之于列子，水之于舟，都是必不可少的，

---

① 《庄子·逍遥游》。

② 《庄子·人间世》。

③ 《庄子·应帝王》。

④ 《庄子·德充符》。

有百利而无一害,怎么能说是"限制""牵连"呢? 笔者的看法是,"待"是实现自由的条件,是游的手段。

"待"有不同的档次,第一种是有形的待,或者说物质的待,如"风"之于鹏、之于列子,水之于舟。这种"待"是低层次的。庄子虽然赞颂了鹏、鲲、列子,但并不认为他们是至高无上的。

第二种"待"是无形的"待",它不是指某一具体事物,而是指"道"——宇宙的规律,用庄子的话来说就是"天地之正""六气之辩"[①]。"正",事物之本性也;"辩",通"变",事物之变化也。"本性""变化",抽象来看,就是规律。庄子认为这种抽象的"待"相对于具体事物的"待",似乎是无待。庄子在描述鹏、鲲、列子、舟的"有待"之后,这样说道:"若夫乘天地之正,而御六气之辩,以游无穷者,彼且恶乎待哉!"[②] 这就很清楚,尽管鹏、鲲、列子的"游"已经很不起了,但毕竟还未达到"游无穷"的境地,故谈不上自由,只有能够真正做到与道同一的"至人""神人""圣人"方可实现自由。不少学者将鹏、鲲看成是游的象征,以为"逍遥游"指的就是鹏、鲲之游,这是极大的误解。鹏、鲲之游不是逍遥游,它们只是"至人"之游的衬托而已。

从待"物"而游到待"道"而游,这是一个非常重要的转变,前者的游是不自由的游,后者的游才是自由的游。

待"道"之游的重要特点是泯灭物我的界限,物我同一。不管庄子提出这种理论的本意是什么,这种物我一体的境界,的确是审美的境界。

第五节　美感论(二):"心斋"

庄子认为"体道"的心境要虚静。他将虚静的心境称之为"心斋"。《人间世》篇载颜回与孔子的对话。庄子借孔子之口表达自己的观点:

> 颜回曰:"吾无以进矣,敢问其方。"仲尼曰:"斋,吾将语若! 有心

---

① 《庄子·逍遥游》。
② 《庄子·逍遥游》。

而为之，其易邪？易之者，暭天不宜。"颜回曰："回之家贫，唯不饮酒不茹荤者数月矣。如此，则可以为斋乎？"曰："是祭祀之斋，非心斋也。"回曰："敢问心斋。"仲尼曰："若一志，无听之以耳而听之以心，无听之以心而听之以气！听止于耳，心止于符。气也者，虚而待物者也。唯道集虚。虚者，心斋也。"

这里，庄子提出一个重要的理论："心斋"。"心斋"的要义是"虚"。何谓"虚"？"虚"为"气"。又何谓"气"？庄子没有明说。根据上下文，这里的"气"应该是一种心境，较之上句说的"听之以心"的"心"，这种心境应该更加空明、灵透，如果上句说的"心"，也许还有一些功利之念的话，那么，这里的心境应该是完全抛弃种种功名利禄之念，是一颗纯净之心。

庄子认为，有二十四种因素妨碍人们正确认识事物的本来面目：

> 贵、富、显、严、名、利六者，勃志也；容、动、色、理、气、意六者，谬心也；恶、欲、喜、怒、哀、乐六者，累德也；去、就、取、与、知、能六者，塞道也。此四六者不荡胸中则正，正则静，静则明，明则虚，虚则无为而无不为也。①

庄子力主清洗这二十四种扰乱心灵活动的因素，认为只有这样才能认识事物的本来面貌，才能观照天地之大美。显然，庄子这一观点与老子的"涤除玄览"说是一致的。

就在上面所引孔子与颜回讨论"心斋"的含义之后，庄子又借孔子的嘴，进一步申说"心斋"的意义：

> 瞻彼阒者，虚室生白，吉祥止止。②

"阒"即为"虚"，"白"为光明。"虚室生白"，即是说虚空之室能生出神异的光辉来。

"虚室生白"这是一个极富美学意味的命题。

第一，它体现出审美观照的创美意义。审美观照与科学考察是不同

---

① 《庄子·庚桑楚》。

② 《庄子·人间世》。

的。科学考察只是对事物原有属性的发现，并不创造新事物，而审美观照则是美的创造。不是事物本身原已具备此种美，而是在观照的过程中，观照者的心与观照物刹那间发生碰撞，从而生发出一种美来，一种类似"虚室生白"那样的光辉来。美，是创造，主体的创造。创造既可以体现在物质行为，也可以体现为精神行为。精神上的创造始于观照，生发于联想与想象，成就于新事物在脑海中的呈现。精神创造当其转化成物质创造，或为艺术，或为劳动。

第二，它体现出自由心境的创美意义。审美创造从本质上来说，是一种精神自由。精神的空间有多大，审美也就有多大。虚空，是自由的另一种表达。"虚室生白"就是自由创美。

自由的精神，最重要的一条就是要克服成见。人的观察世界不能不凭借原有的知识、修养，审美也一样，但是，原有的知识、修养，不能为成见。为成见，就可能成为偏见，黑看成白，恶看成善，丑看成美；为成见，就可能局限了视野的广度与深度，看不到事物的另一面，也看不到事物深层处，更重要的是，为成见就约束了心灵的自由，妨碍了心灵的创造包括审美创造。

庄子在谈体道的心境应"虚"的同时，又提出"静"这一概念。"静"是"虚"的保证，心不静意味着为众多杂念所骚扰。他说：

> 万物无足以铙心者，故静也，水静则明烛须眉，平中准，大匠取法焉。水静犹明，而况精神！圣人之心静乎！天地之鉴也，万物之镜也。①

在《应帝王》篇中，庄子又说："至人之用心若镜，不将不迎，应而不藏。"强调心如明镜，为的是真实地反映事物。

世界是纷繁复杂的，而且都是以个体而存在，个体与个体之间没有完全一样的，庄子说"是亦彼也，彼亦是也，彼亦一是非，此亦一是非"，那么，这世界就不能寻出规律来吗？不是的。庄子认为，世界万事万物，虽然各不相同，但它们都通向道，而且统一于道。他接着说："果且有彼是乎哉？果且无彼是乎哉？彼是莫得其偶，谓之道枢。"关键是把握这"道枢"："枢

---

① 《庄子·天道》。

始得其环中，以应无穷。是亦一无穷，非亦一无穷也，故曰莫若以明。"① 道枢是"一"，世界万事万物是"无穷"。认识世界，最好的方式就是把握住这个"一"，没有比得上这个"一"的，它就是阳光，就是光明。在阳光下，一览无余，清清楚楚。

第六节　美感论 (三)："坐忘"

庄子认为"体道"的第一个条件是"去累"，即"逍遥"，第二个条件为"心斋"，即虚心，第三个条件为"坐忘"，即"丧我"或者说"无己"。

《庄子》一书谈"无己""丧我"的地方很多，只是表述的方式不一。除了用"无""丧"等字眼以外，还用"忘""遗""堕""去"等，尤以"忘"字用得最多。

最集中、最全面地体现出庄子"丧我"观的是《大宗师》中颜回与孔子的对话：

> 颜回曰："回益矣。"仲尼曰："何谓也？"曰："回忘仁义矣。"曰："可矣，犹未也。"他日复见，曰："回益矣。"曰："何谓也？"曰："回忘礼乐矣。"曰："可矣，犹未也。"他日复见，曰："回益矣。"曰："何谓也？"曰："回坐忘矣。"仲尼蹴然曰："何谓坐忘？"颜回曰："堕肢体，黜聪明，离形去知，同于大通，此谓坐忘。"仲尼曰："同则无好也。化则无常也。而果其贤乎！丘也请从而后也。"②

这段文章最重要的地方在庄子提出坐忘。什么叫"坐忘"？有多种解释：

（1）坐忘，忘身也。司马彪说："坐而自忘其身。"

（2）坐忘，全忘也。郭象说："夫坐忘者，奚所不忘哉！既忘其迹，又忘其所以迹者。内不觉其一身，外不识有天地，然后旷然与变化为体而无不

---

① 《庄子·齐物论》。

② 《庄子·大宗师》。

通也。"

（3）坐忘，枯心也。成玄英说："外则离析于形体，一一虚假，此解'堕肢体'也。内则除去心识，怳然无知，此解'黜聪明'也。既而枯木死灰，冥同大道，如此之益，谓之'坐忘'也。"

（4）坐忘，无心也。陆长庚说："须知此个'忘'字，与外道所谓顽空断灭者万万不侔，即是一个心普万物而无心，情顺万事而无情乃其宗旨。"宣颖："试思坐忘何以能大通，大通何故是坐忘？这全不是寂灭边事也。"①

四种解释，笔者认为都谈到了坐忘的一些带有本质性的特点，相比而言，第二种说法似乎更为全面。"坐忘"即全忘。全忘什么呢？概括起来是两个方面：外则"忘形"，内则"忘心"。"堕肢体"是忘形，"黜聪明"是"忘心"，"离形去知"恰好是两个方面意思的概括。

我们先看"离形"。从字面上看，就是忘掉自身的肉体的物质性的存在。这里包含有两个方面的意思：其一，是忘掉、摆脱生理欲望，去掉那些以满足感官快适为目的的种种享受。在这点上，庄子与老子是一致的。庄子为什么要反对感性的享受呢？这是因为在庄子看来，感性的享受是伤害乃至失去人的本性的罪魁祸首。在《天地》篇中，他说：

> 且夫失性有五：一曰五色乱目，使目不明；二曰五声乱耳，使耳不聪；三曰五臭熏鼻，困惾中颡；四曰五味浊口，使口厉爽；五曰趣舍滑心，使性飞扬。此五者，皆生之害也。

庄子是很重视人的"尽性"的，他把"尽性"与"顺天"联系在一起，认为"尽性"就是"顺天"，"顺天"就是"体道"。"尽性"在庄子看来，就是"无为"。"尽性"包括既不压抑人性，又不放纵人性。庄子认为"昔尧之治天下也，使天下欣欣焉人乐其性，是不恬也；桀之治天下也，使天下瘁瘁焉人苦其性，是不愉也。夫不恬不愉，非德也。非德也而可长久者，天下无之"②。这就是说，尧治天下过于放纵人性，桀治天下又过于压抑人性，两者都是违

_____

① 以上四说采自崔大华：《庄子歧解》，中州古籍出版社1988年版，第274—275页。
② 《庄子·在宥》。

背常德的,亦即违背道的,因而都不能治好天下,尧桀自己当然也谈不上逍遥游了。

"离形"的另一个意思是对死亡持达观的态度。庄子妻子死,他鼓盆而歌。他的朋友惠子不能理解,且为之气愤,庄子对此做了这样一段解释:

> ……是其始死也,我独何能无概然!察其始而本无生,非徒无生也而本无形,非徒无形也而本无气。杂乎芒芴之间,变而有气,气变而有形,形变而有生,今又变而之死,是相与为春秋冬夏四时行也。①

庄子认为,人的生命与自然界其他事物一样都是有它的本性的。人由无生命之物变而为有生命之物,最后又由有生命之物变而为无生命之物,这没有什么特别之处,正如春去就有夏来,夏去就有秋来一样,都是客观事物的本性使然。既然如此,人之死也就不值得伤心了。反过来,倒还要高兴才是,因为人又回到了它的原初之物,回到了道。

庄子的"离形"观是对人的感性生命或者说肉体生命的超越。他的"去知"说则是对人的理性生命或者说精神生命的超越。"去知"在庄子学说中极为重要。在《人间世》中他用"外于心知"来表达这一意思。在《齐物论》中,他说"形固可使如槁木,而心固可使如死灰"。这"心如死灰"就包含有"去知"。

庄子的"去知"内容很丰富:

首先,是去仁义。庄子与老子一样认为仁义不仅不是治国之道,而且还是天下祸乱的根由。要说"仁义"可用来治国,盗贼不也用"仁义"来为盗吗?在《胠箧》篇,庄子这样写道:"夫妄意室中之藏,圣也;入先,勇也;出后,义也;知可否,知也;分均,仁也。五者不备而能成大盗者,天下未之有也。"可见,"仁义"并不是治国安民的良策,而要彻底根绝"仁义",就要"去知"。如果说"仁义"可以为盗贼所用,那么"知"也可为盗贼所用,"世俗之所谓知者,有不为大盗积者乎?"②

---

① 《庄子·至乐》。
② 《庄子·胠箧》。

其次,是去"机心","机心"者,狡诈之心也。庄子感于当时统治者钩心斗角、尔虞我诈的现实,强烈地提出要去掉这机巧之心。在《天地》篇中,他提出,求道当"剟心","剟心"即洗心,洗去贪欲,洗去智巧。他又用黄帝遗玄珠的寓言,譬喻道是不可以凭智巧获得的,倒是"象罔"可以获得。"象罔"者,无心之谓也。

"去知"的总意思是去思维。聪明、智慧、机巧全是思维的产物,"仁义"也不过是一种机巧罢了。既然思维是生命的累赘,也是实现自由的障碍,那么人又凭什么去认识事物呢?庄子提出一种以心接物的直觉方法。这种直觉是很神秘的:

> 视乎冥冥,听乎无声。冥冥之中,独见晓焉;无声之中,独闻和焉。故深之又深而能物焉,神之又神而能精焉;故其与万物接也,至无而供其求,时骋而要其宿。①

这种用心悟道的情景颇类似于禅,也许中国的禅正从中汲取了养分。值得指出的是这悟道之"心",不是概念之心,也不是纯知觉之心。它有感觉的功能,但不是感觉;它有思维的功能,但不是思维。这种"直觉"颇类似于审美观照,西方美学将这种直觉的心理器官称之为"第六感官"或"内在感官"。

第七节 美感论(四):"物化"

庄子认为"体道"的最高境界是物我互化,物我一体。一方面,"万物复情"②;另一方面,"与物为春"③。

庄子讲了他自己的一个故事:

> 昔者庄周梦为蝴蝶,栩栩然蝴蝶也,自喻适志与,不知周也。俄然觉,则蘧蘧然周也,不知周之梦为蝴蝶与,蝴蝶之梦为周与?周与蝴蝶,

① 《庄子·天地》。
② 《庄子·天地》。
③ 《庄子·德充符》。

则必有分矣。此之谓物化。①

"物化"当然只是精神上的,故庄子用梦来表示。"物化"意指物我界限消解,融化为一,即回归于道。

(元) 刘贯道:《庄子梦蝶图》

庄子持万物一体说。"天地一指也,万物一马也"②,这"一"即为"道"。在处理人与天的关系上,庄子主"以人和天"说。《天道》篇云:

夫明白于天地之德者,此之谓大本大宗,与天和者也;所以均调天下,与人和者也。与人和者,谓之人乐;与天和者,谓之天乐。

庄子在这里提出两种"乐",一是"人乐",二是"天乐"。"人乐"是个人与社会和同的产物;"天乐"是人与"天"和同的产物。

这里,牵涉到"天"的含义。"天"在《庄子》中含两义:一为形而上意义,即"道","天"为义理之天;一为形而下意义,即自然,"天"为物理之天。庄子用"乐"来表示以人合天(天人合一)的效果,在中国美学史上具有开创的意义。这说明,天人合一不仅是中国哲学的基本精神,也是中国美学的基本精神。

那么,"与天和"又是怎样一种情况呢?庄子说:"知天乐者,其生也天

---

① 《庄子·齐物论》。

② 《庄子·齐物论》。

行,其死也物化。静而与阴同德,动而与阳同波。故知天乐者,无天怨,无人非,无物累,无鬼责。故曰:'其动也天,其静也地,一心定而王天下;其鬼不祟,其魂不疲,一心定而万物服。'"① 这里最值得注意的是"静而与阴同德,动而与阳同波",总的意思是说人要与"道"取同一步调。"道"的运行规律是阴阳两种对立的力量相互作用,阴主静,阳主动,动静互含,动静又互转。人的活动也应如此,该静则静,该动则动。静若处子,动若脱兔。动静有常,则人的活动就会"无物累","无鬼责",处于一种自由潇洒的境地,获得无限的快乐。

庄子的"天乐"是人生活动的总原则,既可以用之于为政,也可以用之于为艺。《庄子·天运》篇中描写《咸池》之乐的美就是"天乐"。文章说:

帝曰:"汝殆其然哉!吾奏之以人,徵之以天,行之以礼义,建之以太清。四时迭起,万物循生;一盛一衰,文武伦经;一清一浊,阴阳调和,流光其声;蛰虫始作,吾惊之以雷霆;其卒无尾,其始无首;一死一生,一偾一起;所常无穷,而一不可待。汝故惧也。

"吾又奏之以阴阳之和,烛之以日月之明;其声能短能长,能柔能刚,变化齐一,不主故常;在谷满谷,在阬满阬,涂却守神,以物为量。其声挥绰,其名高明。是故鬼神守其幽,日月星辰行其纪。吾止之于有穷,流之于无止。子欲虑之而不能知也,望之而不能见也,逐之而不能及也;傥然立于四虚之道,倚于槁梧而吟。心穷乎所欲知,目穷乎所欲见,力屈乎所欲逐,吾既不及已夫!形充空虚,乃至委蛇。汝委蛇,故怠。

"吾又奏之以无怠之声,调之以自然之命,故若混逐丛生,林乐而无形,布挥而不曳,幽昏而无声。动于无方居于窈冥;或谓之死,或谓之生;或谓之实,或谓之荣;行流散徙,不主常声。世疑之,稽于圣人。圣也者,达于情而遂于命也。天机不张而五官皆备,无言而心说,此之谓天乐。故有焱氏为之颂曰:'听之不闻其声,视之不见其形,充满天地,

_____

① 《庄子·天道》。

苞裹六极。'汝欲听之而无接焉，而故惑也。

　　"乐也者，始于惧，惧故祟。吾又次之以怠，怠故遁；卒之于惑，惑故愚；愚故道，道可载而与之俱也。"

　　这段文字将《咸池》的"天乐"之美分析得淋漓尽致。北门成对黄帝说，他听了黄帝张设在洞庭之野的《咸池》之乐"始闻之惧，复闻之怠，卒闻之而惑"，以致"荡荡默默，乃不自得"，请教黄帝是何道理。黄帝就说了上面所引的一大段话。从上段所引文字看，《咸池》之所以能产生巨大的艺术感染力，是因为音乐的旋律、节律完全符合大自然运行的节律。第一章奏的是人事，伴演的却是天理。按照"四时迭起，万物循生"的规律来表现人世间的"一盛一衰，文武伦经"。第二章则纯然表现大自然，用阴阳的和谐来演奏，以日月的光明来烛照。艺术的感染力就更强了，使人融化到与天地同一的境地，身心都松弛了。第三章，更进了一步，从有声自然进入无声之道的境界。众乐齐奏而不见形迹，乐声播扬又不闻余音。这个时候，欣赏者也随着乐声上升到"道"的境界，进入"无"的空灵，"天机不张而五官皆备，无言而心说"，以致精神澹荡，心旌摇曳，不知自己的存在了。

　　关于人与自然相统一的境界，《庄子》一书先后两处用同一个比喻来描述："泉涸，鱼相与处于陆，相呴以湿，相濡以沫，不如相忘于江湖。"[①] 是的，陆地不是合乎鱼天性的场所，只有江湖才是鱼的广阔天地。在这个比喻中，庄子用"相忘"二字来描述鱼在江湖中的自由自在，这是非常有意思的。这个故事实际上是告诉我们：人要想在实际生活中过得潇洒自由，必须让自己的天性适应环境。尽管环境是环境，人是人，但由于这环境是完全适应人的天性的环境，因而人就完全忘记了它的存在。这种主客观界限在意识中的泯灭，也就是我们常说的"物我两忘"。这种"物我两忘"的境界是至美至乐的境界，既真又善的境界。

　　庄子的逻辑是：真转化为善，善也就成了美。

———————————

① 《庄子·大宗师》（另见《庄子·天运》）。

《庄子》所描绘的这种境界在现实生活中要得到实现当然很不容易，事实上也不是普通人能达到的。《庄子》一书中多处描绘了名之曰"至人""真人""圣人""神人"的形象，这些"至人""真人""圣人""神人"能够"乘天地之正而御六气之辩以游无穷"①。这类的文字很多。如《齐物论》："天地与我并生，而万物与我为一。""至人神矣，大泽焚而不能热，河汉冱而不能寒，疾雷破山而不能伤，飘风振海而不能惊。若然者，乘云气，骑日月，而游乎四海之外。"《在宥》："故余将去汝，入无穷之门，以游无极之野，吾与日月参光，吾与天地为常。""出入六合，游乎九州，独往独来，是谓独有。独有之人，是谓至贵。"《天地》："上神乘光，与形灭亡，此谓照旷，致命尽情，天地乐而万事消亡，万物复情，此之谓混冥。"《田子方》："夫至人者，上窥青天，下潜黄泉，挥斥八极，神气不变。"

庄子所描绘的这种"与天地精神相往来"的境界一直是中国知识分子追求的最高的人生境界。

第八节　艺术论（一）："言"与"意"

庄子说："道不可闻，闻而非也；道不可见，见而非也；道不可言，言而非也。"② 此说系《老子》中"道可道，非常道"的发挥。

"道"虽然不可言，但谈"道"又不得不借助于"言"，这就造成一种误解，以为"言"是可贵的。庄子对此不胜感叹地说：

> 世之所贵道者书也，书不过语，语有贵也。语之所贵者意也，意有所随。意之所随者，不可以言传也。而世因贵言传书。③

这真是一种悲哀，难怪庄子慨叹："悲夫，世人以形色名声为足以得彼之情！夫形色名声果不足以得彼之情，则知者不言，言者不知，而世岂识

---

① 《庄子·逍遥游》。

② 《庄子·知北游》。

③ 《庄子·天道》。

之哉。"①

庄子深刻地指出"道"虽常借言而传，而其实"道"是不可以言传的。体道不能借用逻辑性的符号——语言，而只能靠个体生命的感悟——"心游"。所以最有智慧的人亦即得道者是不言的，那些喋喋不休的人其实并非得道者。

庄子讲了一个很耐人寻味的故事：

桓公在堂上读书，轮扁在堂下斫车轮。轮扁放下锥子和凿子走上堂来问桓公读的什么书，桓公说是圣人的言论。轮扁问："圣人在吗?"桓公说："已经不在了。"轮扁说："那么你所读的书是古人的糟粕。"桓公十分生气，说："寡人读书，你一个做车轮的岂可随便议论。你说得出道理还可，说不出道理，我就叫你死。"轮扁于是说出这样一番大道理：

> 臣也以臣之事观之，斫轮，徐则甘而不固，疾则苦而不入。不徐不疾，得之于手而应于心，口不能言，有数存焉于其间。臣不能以喻臣之子，臣之子亦不能受之于臣，是以行年七十而老斫轮。古之人与其不可传也死矣，然则君之所读者，古人之糟粕已夫！②

轮扁以自己斫轮的经验来做例子。斫轮是需要一套技术的，动作慢了松滑不坚固，动作快了则又滞涩难入，不快不慢、得心应手方是最好。但这种"得之于手而应于心"的技巧是用言语表达不出来的，全靠个人的心领神会。正因为如此，它又是不能传达给儿子的。轮扁由此说明，古人的经验其精华是不可能传下来的，用言语记载而传下来的只能是糟粕。

庄子借轮扁说的这番话是值得深思的。虽然不能说言语所记载下来的东西都只是糟粕，但的确许多精妙的技巧是不能用言语表达出来的，不仅有些技巧是言语写不出来的，就是已经用言语写出来的技巧也同样要亲自去实践，去体会，去摸索，去掌握。庄子在这里无异于提出了"实践出真知"的观点。

---

① 《庄子·天道》。
② 《庄子·天道》。

庄子的"言不能载道"说切合审美感受。审美与学习知识还是有所不同的。如果说学习知识还多少可以借助于言语去体会、掌握的话，审美则完全要凭自己的感受、自己的心灵去体会。审美是最具个体性的心灵活动。艺术作为人类审美活动的典范形式，是一项最具审美创造性的活动。艺术才华、艺术创作技巧具有不可传授性。故而许多艺术家的儿子并没有像他们的父亲一样成为艺术家。

庄子并没有否定言具有一定的载意的功能，但他强调指出，言与意的关系只是手段与目的关系，不能颠倒这种关系。"言者所以在意，得意而忘言，吾安得夫忘言之人而与之言哉！"[1]

"得意忘言"这是一个重要的命题。它特别切合艺术欣赏。任何艺术作品都要借助于一定的物质媒介：文学要借助语言；绘画要借助色彩、线条；音乐要借助于乐音。没有一定的物质媒介，无法构造可感的艺术形象。但就艺术欣赏来说，熟悉、掌握构成艺术形象的物质媒介不是目的，而是手段，目的是更好地感受、领会艺术形象，特别是艺术形象中的美和它丰富的意蕴。在充分感受、深切领会艺术形象的美和它的丰富意蕴之后，又有多少人还在执着于传达艺术形象的物质媒介呢？在审美的极境忘掉传达艺术形象的物质媒介，忘掉艺术的形式与内容的界限，完全陶醉于艺术形象所描绘的整体境界之中才是最正常的。

"言意"说是中国古典美学一个重要命题。《易传》中将它扩充成"言""象""意"三者的关系，突出"象"的重要地位，是一大贡献，王弼在注《易经》时又对此理论加以发挥，使之完善。

第九节　艺术论（二）："道"与"技"

庄子认为"道"是本，"技"是末，"道"是体，"技"是用。"道"借"技"来表现。

---

[1] 《庄子·外物》。

"技"当然要练,但练技并非只是一个简单的技术问题,还有一个悟道的问题。"技"只有上升到"道"的阶段,那"技"才能出神入化,进入自由的境地。

庄子借用许多寓言故事来阐明"道"与"技"的关系。

一、庖丁解牛（见《养生主》篇）

庖丁解牛实在神奇:其刀刃专在骨头肌肉的缝隙中运行,"恢恢乎其于游刃必有余地矣"。这种解牛法亦如艺术之美妙:"手之所触,肩之所倚,足之所履,膝之所踦,砉然响然,奏刀騞然,莫不中音;合于桑林之舞,乃中经首之会。"为什么庖丁解牛能达到如此奇妙的境界呢? 庖丁说:

> 臣之所好者道也,进乎技矣。始臣之解牛之时,所见无非全牛者。三年之后,未尝见全牛也。方今之时,臣以神遇而不以目视,官知止而神欲行。依乎天理,批大郤,导大窾,因其固然,枝经肯綮之未尝,而况大軱乎!

庖丁自述解牛有一个进步的过程。这个过程大体可分两个阶段:三年之前与三年之后。两个阶段显著不同,具体体现在处理三种关系上:

（一）"道"与"技"的关系

三年前,用"技"解牛,即主要凭技术去解牛,还未能将"技"提到"道"的高度,自然不熟练,不自由;自然所见到的是浑然一个整体的"全牛"。三年之后,"技"上升为"道",已经完全熟悉牛全身的每一块肌肉、骨头,已经完全得之于心应之于手,所以眼中之牛就不是浑然的整体了,而能清晰地见出肌肉与肌肉之间、骨头与骨头之间、肌肉与骨头之间的缝隙。

（二）"神遇"与"感官"的关系

三年之前解牛主要凭感官,靠"目视",一刀一刀莫不小心翼翼;三年之后解牛则凭"神遇","官知止而神欲行",无须靠"目视",亦无须小心翼翼,一任心灵自由驱遣双手,实际上是以心代眼,心手合一,化感觉为"神遇"。

（三）"天理"与"人工"之关系

解牛是人工,牛身上肌肉、骨骼的结构是"天理"。三年之前解牛,不能做到完全依乎天理；三年之后解牛，则能做到"依乎天理，批大郤，导大窾，因其固然"。

　　庖丁解牛这一故事所揭示的"道"与"技"的关系，"神遇"与"目视"的关系，"天理"与"人工"的关系，具有深刻的哲学意义，它实际上已经接触到了我们今天讲的"必然"与"自由"的关系。要想在实践中获得庖丁解牛那样的"自由"，就必须像庖丁那样通过实践去掌握解牛之"必然"，艺术创作是尤其看重自由的实践活动。中国古代美学用"神""妙""逸"等许多范畴，描绘艺术创作中那种莫可规范的化境。苏轼说文与可画竹"必先得成竹于胸中。执笔熟视，乃见所欲画者，急起从之，振笔直遂，以追其所见，如兔起鹘落，少纵则逝矣"[1]。这情景与庖丁解牛差可相似。

二、工倕旋（见《达生》篇）

　　工倕旋而盖规矩，指与物化而不以心稽，故其灵台一而不桎，忘足，履之适也；忘要，带之适也；知忘是非，心之适也；不内变，不外从，事会之适也。始乎适，而未尝不适者，忘适之适也。

　　这故事从另一角度谈"道"与"技"的关系。"道"在这里已明确为"规矩"。工倕画圆能达化境，无须器具帮助，信手一画即圆，是因为"指"已经"物化"为器具了，画圆的技巧已经内化成一种本能了。"技"已达"道"之理，"道"已化成"技"之妙，"道""技"合而为一，故能"随心所欲而不逾矩"。庄子在这故事中还提出"适"这一概念。"适"即是主客观高度统一的自由的境界，物我两忘的境界。这种境界，中国古代艺术家在谈创作体会时多次谈到。司空图云："妙造自然，伊谁与裁？"[2]"情性所至，妙不自寻，遇之自天，泠然希音。"[3]苏轼说："与可画竹时，见竹不见人。岂独不见人，嗒然遗其身。其身与竹化，无穷出清新。庄周世无有，谁知此凝神。"[4]这都可看

① 苏轼：《文与可画篔筜谷偃竹记》。
② 司空图：《诗品·精神》。
③ 司空图：《诗品·实境》。
④ 苏轼：《书晁补之所藏与可画竹三首》。

作是庄子学说的注脚。

　　"庖丁解牛"与"工倕旋"这两个故事中所谈到的"道"与"技"的关系问题,在后代的美学中发展成"有法"与"无法"的问题,很值得注意。中国古代的美学理论,强调艺术创作必须按照一定的"法":"文有文法,诗有诗法,字有字法,凡世间一能一艺,无不有法。"① 但反对"死法",主张"活法"。宋代学者吕本中云:"学诗当识活法,所谓活法者,规矩备具,而能出于规矩之外;变化不测,而亦不背于规矩也。"② 进而,有不少学者、艺术家提倡"无法"。清代大画家石涛说:"无法而法,乃为至法。"③ "无法"并非胡来,而是在有法的基础上打破成法从而有新的创造。清代徐增说得好:"余三十年论诗,只识得一'法'字,近来方识得一'脱'字。诗盖有法,离他不得,却又即他不得;离则伤体,即则伤气。故作诗者先从法入,后从法出,能以无法为有法,斯之谓脱也。"④

第十节　艺术论(三):功利与非功利

　　庄子认为,人要获得自由,是需要条件的。在《逍遥游》篇谈到"乘天地之正,而御六气之辩,以游无穷"之后,他明确提出"至人无己,神人无功,圣人无名"。这"三无"是实现自由的三个基本条件。"三无"中"无己""无名"是主体对待自身的态度,即"坐忘""丧我",我们在前面已经谈到过。这"无功"说的是主体对待外物的态度。

　　"无功"就是"无功利"。关于这一点庄子用若干个寓言故事来说明,尧"往见四子藐姑射之山,汾水之阳,窅然丧其天下焉"⑤,这是"无功"。女偊虽年岁很大"而色若孺子",其奥妙在于坚守圣人之道,而能"外天下""外

---

① 　揭曼硕:《诗法正宗》。
② 　吕本中:《夏均父集序》。
③ 　石涛:《石涛画语录·变化章第三》。
④ 　徐增:《而庵诗话》。
⑤ 　《庄子·逍遥游》。

物""外生"①，这亦是"无功"。尧"丧其天下"，不以帝王为念，期望获得像藐姑射山神人所拥有的那种"乘云气御飞龙而游乎四海之外"②的自由；女偊以其"外天下""外物""外生"赢得了青春永驻，超越了时间的局限，获得了生命的自由。

最有意义的是那个善于"削木为鐻"的巧匠梓庆的故事：

> 梓庆削木为鐻，鐻成，见者惊犹鬼神。鲁侯见而问焉，曰："子何术以为焉？"对曰："臣工人，何术之有！虽然，有一焉。臣将为鐻，未尝敢以耗气也，必齐以静心。齐三日，而不敢怀庆赏爵禄；齐五日，不敢怀非誉巧拙；齐七日，辄然忘吾有四肢形体也。当是时也，无公朝，其巧专而外滑消；然后入山林，观天性；形躯至矣，然后成见鐻，然后加手焉；不然则已。则以天合天，器之所以疑神者，其由是与！"③

梓庆之所以"削木为鐻"能取得"惊犹鬼神"的巨大成功，从他的自述来看，得力于四：一是"不敢怀庆赏爵禄"——无功利之念；二是"不敢怀非誉巧拙"——无名誉之虑；三是"忘吾有四肢形体"——无任何杂念骚扰，专心之至；四是"以天合天"，用我之自然来合树木之自然，即我们平素说的"量体裁衣"。这几点中最重要的是前面三点。梓庆本是为朝廷制作鐻这种乐器的，朝廷的满意与否关系到他的生死荣辱，但他把这一切全抛弃了，能够做到"无公朝"，这种境界亦若我们前面谈"心斋"时的"虚以待物"。正是因为梓庆根本不把功利放在心上，故而赢得了创作中的精神自由。

艺术创作从本质上来说是一种审美创造。创作的成功与否在很大程度上决定于创作者能否进入最佳的精神状态。处于这种最佳精神状态的创作者，应该是最少精神负担，以使诸种心理功能特别是想象的心理功能得到最充分、最自由的发挥。过重的功利意识，过多的患得患失往往影响、制约审美的诸种心理功能的正常发挥。这在心理学上有理论根据而又为无数艺

---

① 《庄子·大宗师》。
② 《庄子·逍遥游》。
③ 《庄子·达生》。

术创作的实例所证明。

庄子在《田子方》篇中还讲了一个"宋元君将画图"的故事：

> 宋元君将画图，众史皆至，受揖而立，舐笔和墨，在外者半。有一史后至者，儃儃然不趋，受揖不立，因之舍。公使人视之，则解衣般礴赢。君曰："可矣，是真画者也。"

为什么那位后来的画家才是"真画者"呢？是因为只有他完全凭着一种自由的心境来作画。他不像其他的画家，"受揖而立，舐笔和墨"，小心翼翼，生怕画得不好，得不到君王欢心，抑或招来杀身之祸。而是如削木的梓庆那样，根本不"怀庆赏爵禄"，也不"怀非誉巧拙"。他作画时，那种"解衣般礴赢"的神态，也说明他进入了忘我的境地。

庄子的这几个寓言，本意是说明悟道的心理前提，却与艺术创作心理暗合，因而一直为历代的艺术家所称道，从而成为中国艺术美学中有关艺术创作心理的重要理论。

庄子的美学贡献主要在审美心理学方面。他的审美心理学又集中为审美心理自由论。尽管庄子无意于谈美学，谈艺术，但他为体道而创立的心理自由论却对中国的美学、艺术学产生深远巨大的影响。在审美理论和艺术创作心理等方面，不仅儒家的任何一位大师无法与之相比，就是同属道家的老子也要略逊一筹。老子的学说重在宇宙本体论的建构上，庄子的学说则重在主体精神论的建构上。前者是地地道道的哲学，后者则是哲学名义下的美学、艺术学。

庄子美学既是现实主义文艺流派的源头，又是浪漫主义文艺流派的源头。《庄子》一书想象奇特、议论纵横且情感丰茂、语言华赡，一向被视为中国最早的浪漫主义文学，因而就其文体而言，可说开了浪漫主义文学的先河。

庄子的审美自由论对佛教禅宗影响最大。从本质来看，禅宗的灵魂不是佛，而是庄。禅宗对中国审美理论、创作心理的影响其实也应溯源于庄。正是因为有了庄禅的合流，在中国的传统的审美理论体系中形成了两大学派：一派以儒家为代表，其审美理论的核心是"言志""载道"，注重文

艺的社会道德教化功能；另一派以庄禅为代表，其审美理论的核心是"畅神""妙悟"，注重文艺的娱情悦性的功能。前者重理，后者重情；前者重社会整体利益，后者重个体精神自由；前者重现实，后者重浪漫；前者重入世，后者重超脱。这二者并不互相排斥，而是互相结合，互相补充，共同构成了中华民族传统的美学精神。

庄子美学与老子美学属于同一个哲学体系，其哲学思想的核心均为以自然为本。老子美学主要以自然为本建构审美的本体论；而庄子美学则主要以自然为本建构审美的心胸论。在审美心胸论的建构上，庄子的"心斋"论、"坐忘"论，与德国康德的审美"无利害关系"论是相通的，只是庄子的"心斋"论、"坐忘"论，具有浓厚的宗教情怀，透出冰凉的出世意味，故而后来为道教所接收。然而它的哲学意味、红尘意味并没有为后世的学人所忽略，它在中华民族审美主体的心理建构上、艺术创作自由感的追求上、艺术境界的创造上，一直发挥着积极的作用，因而成为中华美学的重要组成部分。

学科体系是近代建立的，但学科思想则是从人类文明开始就开始建构了。就严格的学科意识来说，老子思想，更近真正的哲学；庄子思想，更近真正的美学。老庄思想合为中国的道家哲学和道家美学的源头。基于它们对于中华民族审美意识建构的重要贡献，有学者认为，中华民族的审美意识主体是道家的，其中庄子是最重要的。此说诚然有理，但是还是有所欠妥。应该说，中华民族的审美意识主体是儒家的，原因有四：第一，儒家一直是中华民族主流的意识形态，统治阶级的思想就是统治的思想，儒家美学一直是社会占统治地位的美学思想，这是不争之事实。第二，儒家的美学比道家美学，从总体来说，更全面、更丰富。道家美学的深刻只是在审美本体、审美心理建构上，而在审美客体、审美价值、审美教育等方面则远不及儒家美学之丰厚。第三，在对待艺术审美的态度上，道家美学明确地持否定的态度，虽然道家对于艺术审美的否定有着诸多的潜台词，但消极的态度，在客观上对于艺术的发展不利，有学人就认为道家是反审美的。而儒家对于艺术一直持积极的态度，它将艺术的社会作用提到政治的高度，礼乐并举，

同为治国之器，这种对于艺术的积极态度，对艺术的发展起到了积极的作用。第四，道家对于儒家多持排斥的态度，而儒家对于道家多持兼纳的态度，在美学上也是如此。正是因为如此，倒是让儒家成了兼容并包的中国文化大家，俨然成为中国文化的集大成者。

第 五 章

荀子的美学思想

荀子（约前313—约前238），名况，字卿，又称孙卿，战国时赵国人。荀子是战国时期重要的思想家，儒家思想的重要代表人物。

荀子像

荀子虽也属儒家，基本思想与孔子是一致的，但亦有所不同。与孟子思想相比，差异更为明显，通常将孟、荀视为儒家的两翼。

荀子的天道观是唯物主义的，他的"天"主要是自然之天，在天人关系上，他既强调知天，更强调胜天，他说："大天而思之，孰与物畜而制之；从天而颂之，孰与制天命而用之；望时而待之，孰与应时而使之。"[①] 在政治观

---

① 《荀子·天论》。

上，荀子在强调"隆礼"的同时，还非常"重法"。他的"礼"既是差等有序的社会制度，又是纲纪分明的法律体系，"礼"与"法"是相通的，因此，荀子的思想体系明显地具有法家的色彩。

荀子在美学上的贡献一是在美与善的关系上，发展了儒家的美在善的基本思想，把"善"定位在"礼"上，而"礼"又是后天学习的结果。他的"无伪则性不能自美"说是对孟子人性善（美）的否定，却又与孟子思想殊途同归。荀子在美学上的另一贡献是他的礼乐美学思想。他的礼乐美学思想可以视为儒家的艺术观，对后世影响尤其巨大。荀子注重审美心理，将艺术的政治教化作用建立在审美情感的陶冶基础上，为中国古典美学的文艺心理学奠定了一个基础。

第一节　"无伪则性不能自美"

荀子主张"人性恶"①，人一生下来就有诸如"自私""好利""疾恶""耳目之欲"等不良本性，但荀子又认为人是可以学好的。荀子提出两个概念："性"与"伪"。他说：

> 不可学、不可事而在人者，谓之性；可学而能，可事而成之在人者，谓之伪，是性伪之分也。②

这就是说，先天的本性是"性"；后天所学而成的品德是"伪"。人之先天本性不是善，是恶；所谓善，是后天学习、培养的结果。荀子说得十分明确："人之性恶，其善者伪也。"③

荀子用了一个比喻：

> 性者，本始材朴也；伪者，文理隆盛也。无性则伪之无所加，无伪则性不能自美。④

---

① 《荀子·性恶》。

② 《荀子·性恶》。

③ 《荀子·性恶》。

④ 《荀子·礼论》。

"性"是"伪"作用的对象，"无性则伪之无所加"；然而"性"本身既不是善，也不是美。美是"伪"即人后天学习、修身的产物。

这个观点就与孟子人性善构成对立，荀子批评孟子：

> 孟子曰："今人之性善，将皆失丧其性，故恶也。"曰：若是则过矣。今之人性，生而离其朴，离其资，必失而丧之。用此观之，然则人之性恶明矣。所谓性善者，不离其朴而美之，不离其资而利之也。使夫资朴之于美，心意之于善，若夫可以见之明不离目，可以听之聪不离耳，故曰目明而耳聪也。①

荀子不同意孟子人性善的观点。他说如果人本性善，那就不应该生下来就离开其质朴和资材，现在却是一生下来就"离其朴""离其资"，可见人性恶。

荀子强调社会对人的教育作用。对于人的感觉，他认为只是低级情欲，其实不能称之为美感。他说："若夫目好色，耳好声，口好味，心好利，骨体肤理好愉佚，是皆生于人之情性者也；感而自然，不待事而后生之者也。"②

在先秦哲学家中，比较明确地将人的生理性情绪与社会性情感加以区分，对前者予以贬责而对后者加以肯定的，一是老子，二是荀子。

现代美学已经明确：美感虽基于快感，但不是快感，美感包含有丰富的社会性的内涵，是融理解、想象、情感、感知于一体的心理体验。与此相关，美是满足于人的高层次精神需要、融会人对生活的积极理解、努力追求的价值形态。

荀子强调"无伪则性不能自美"，把美的本质属性定在人后天的社会属性这方面，强调人的美是人后天学习、培养的结果，是人工的产物，这是深刻的，与孔子说的"性相近也，习相远也"③一致。

荀子的这种美学观不仅与孟子不同，也异于庄子。庄子反对人为，在《马蹄》篇中他还特别批评伯乐治马造成对马的天性的扼杀以致许多马丧

① 《荀子·性恶》。
② 《荀子·性恶》。
③ 《论语·阳货》。

失了生命。而荀子却强调人为，除了人本身需要借助于后天的努力去改造先天的"恶"之外，自然物也未尝不可以根据人的需要使之变得更加有利于人类。荀子说："骅骝、骐骥、纤离、绿耳，此皆古之良马也；然而前必有衔辔之制，后有鞭策之威，加之以造父之驭，然后一日而致千里也。"①

与在社会生活中主张以"伪"来改造人性"恶"相一致，荀子的"天人"观则主张人在"知天"的基础上去"制天""胜天"。荀子的"天"主要是指自然之天，他说："列星随旋，日月递炤，四时代御，阴阳大化，风雨博施，万物各得其和以生，各得其养以成，不见其事而见其功，夫是之谓神。皆知其所以成，莫知其无形，夫是之谓天。"② 可见，"天"就是"大道"及其运动规律。荀子主张人应"知天"，即认识大自然，"知天"的目的一是"不与天争职"，尽力干好人自身的事情，不去干扰破坏大自然自身的运动，也不以它的变化简单地比附人事。荀子认为"天有其时，地有其财，人有其治，夫是之谓能参"③。"参"，说明人不是天的附属物，不是天的奴隶，这与《易传》中"三才"说是一致的，是人的主体性、能动性的表现，是人的自我意识的强化。在此基础上，荀子又进而提出通过实践，利用、改造大自然："大天而思之，孰与物畜而制之；从天而颂之，孰与制天命而用之；望时而待之，孰与应时而使之；因物而多之，孰与骋能而化之；思物而物之，孰与理物而勿失之也；愿于物之所以生，孰与有物之所以成。故错人而思天，则失万物之情。"④ 这里所说的"制天命而用之""应时而使之""骋能而化之"显然是对大自然的利用、改造，是人的实践活动。

这种以实践论为基础的"天人"观是荀子美学观的基础。荀子说的"化性而起伪""无伪则性不能自美"可看作是这种"天人"观派生的一个观点。从荀子为论述这一观点所举的众多例子如改造良马、檃栝枸木、埏埴制陶、斫木为器中，我们隐约地看出实践论美学的萌芽。

————————

① 《荀子·性恶》。

② 《荀子·天论》。

③ 《荀子·天论》。

④ 《荀子·天论》。

第二节　"由礼则雅"

荀子主张以"礼"治国。他说的"伪"是"礼"在修身、改造人性方面的一个具体运用。

荀子认为,"礼"是先王制定的一套道德规范、礼仪制度。"礼"的起源是因为"人生而有欲,欲而不得,则不能无求,求而无度量分界,则不能不争。争则乱,乱则穷"[①]。于是先王"制礼义以分之"。可见制"礼"的目的是解决人与人之间的矛盾冲突,以维护社会的安定、秩序。

荀子认为"礼"的内容有"养"与"分"两个方面。"养"即是满足人们的生活欲求,包括"养口""养耳""养目""养鼻""养体"等许多方面,不外乎衣食住行、声色犬马之类。"分"是讲区别,即"贵贱有等,长幼有差,贫富轻重皆有称"[②]。"分"的目的是"养",故"养"是第一位的,而要"养"好又不能不有"分"。

"礼"是荀子学说的基本概念,犹如"仁"在孔子学说中的地位一样。孔子也讲"礼",但重在讲"仁","礼"是"仁"之用;荀子则着重讲"礼",不太讲"仁",其涉及"仁"的内容多用"义"来代替。有时,荀子"礼""义"合称,其实讲的还是"礼",只不过强调"义"为"礼"中之重点。

荀子的"礼"论基本上属于政治学和伦理学,却又通向美学,这点亦类似于孔子。不过,荀子的礼论远比孔子的礼论丰富,而且其美学意味也更浓厚。事实上,荀子的礼论是建构中华民族审美理想的重要营养,从荀子的礼论我们可以找到中华美学"意象"说的一些源头。

荀子的"礼"有哪些方面通向美学呢?

---

① 《荀子·礼论》。
② 《荀子·礼论》。

一、"礼"是"理"与"情"的统一

在《荀子》中,"情"的含义很丰富,不只是指情感,而是包括情感在内的情欲,情欲各种各样,有出于生理需要的欲望,也有出于功利需要的欲望。荀子对于"情"不仅不排斥,相反,还充分肯定其价值。荀子说:

> 夫人之情,目欲綦色,耳欲綦声,口欲綦味,鼻欲綦臭,心欲綦佚。此五綦者,人情之所不免也。[1]

是的,哪有眼睛不想看到各种美色、耳朵不想听到各种美声、鼻子不想闻到各种气味、身体不想体会到各种轻爽舒适的道理呢? 将人的这些生而有之的情欲排除掉,人还是人吗? 而且,各种礼仪比如丧礼都是基于人之有情而设立的。人虽然死了,但活着的人与他结下的情感关系不能一下子中断,正是为了表示对死者的情感悼念,先王才规定了种种烦琐的丧礼。"三年之丧,称情而立文,所以为至痛极也。齐衰、苴杖、居庐、食粥、席薪、枕块,所以为至痛饰也。"[2]

不过,尽管情欲是人之本性,不能排斥,但情欲又决不能任其泛滥,因为那天生的情欲在荀子看来是"恶"的,具有破坏性的因素,因此,情欲又必须接受"礼义"即"理"的节制、规范。从本质上来说,礼不是限情的,而是养情的。

荀子说:

> 孰知夫礼义文理之所以养情也。故人苟生之为见,若者必死;苟利之为见,若者必害;苟怠惰偷懦之为安,若者必危;苟情说之为乐,若者必灭。故人一之于礼义,则两得之矣,一之于情性,则两丧之矣。[3]

这话是说:哪里知道礼义文理养情呢? 只知道生命重要而不顾名节,这样的人必定死亡;只知道利益重要而舍不得丢失一点点东西,这样的人必定受到损害;只知道懈怠偷懒懦弱而没有一点刚性,这样的人必然危险。

---

[1] 《荀子·王霸》。
[2] 《荀子·礼论》。
[3] 《荀子·礼论》。

如果让礼义将这些"情"都统一起来,那么,"情"与礼义两个东西都不会失掉。

我们可以将"礼义文理"统称为"理"而将各种欲统称为"情",那么,这里体现出现代美学所说的情与理的关系。

情理关系是审美中一对重要的关系。中国传统的审美观是主张情理统一又以理节情的。这种观点在孔子学说中即已存在,但以荀子说得最为透辟。理、情关系是伦理学、美学都要讲的问题,但一般讲来,伦理讲究融情入理,以理显;审美讲究理融情中,以情显。中国古代的伦理学与美学都是早熟的,尽管这二者有各自不同的研究对象、研究范围,但彼此渗透、互相补充的情况较西方要明显得多。这就是说,伦理走向审美,审美走向伦理。中国传统的审美观很重视情理统一,并且强调以理节情。有关这方面的言论甚多。明代杨慎谈《诗经》云:"《三百篇》皆约情合性,而归之道德也。然未尝有道德性情句也。"① 清代叶燮云:"夫情必依乎理,情得然后理真,情理交至,事尚不得耶?要之:作诗者,实写理、事、情。"②

情理统一不仅是中华民族传统审美观的重要内涵,而且也是中华美学中审美意象说的重要内涵。杨慎、叶燮对诗歌审美构成的分析已说明这一点。

二、"礼"是"文"与"情"的统一

"文""情"二者的统一,其实又可归纳为形式与内容的统一,"文"是形式,"情"是内容。荀子说:"凡礼,始乎棁(《史记》作"脱"),成乎文,终乎悦校。故至备,情文俱尽;其次,情文代胜;其下,复情以归大一也。"③ 荀子很强调形式的作用,他认为作为礼之内容的"情"只有找到了一个合适的可以规范它的形式——"文",才能说"成"了。所以"礼"的完备或者说最高

① 杨慎:《诗史》。
② 叶燮:《原诗》。
③ 《荀子·礼论》。

表现,应是"情文俱尽",用"俱尽"来说明情文的充分饱满以及二者密合无间的状况,似要优之于孔子所说的"文质彬彬"之"彬彬"。荀子借用雄伟壮丽的自然现象来象征"情""文"统一的美:

> 天地以合,日月以明,四时以序,星辰以行,江河以流,万物以昌,好恶以节,喜怒以当,以为下则顺,以为上则明,万物变而不乱,贰之则丧也。礼岂不至矣哉! ①

在中国古代哲学中,"文"有"文饰""文明""文雅"等多方面的含义,不管内涵多丰富,都有很强的形式感,因而"文"又总是通向美特别是外在美的。"礼",在孔子学说、荀子学说中均有很强的形式感,"礼"与"仁"与"义"之不同,其中一个重要方面就在这里。古代讲"礼"总是不可避免地谈到"仪","仪"就是一种形式。

内容与形式的关系在中国美学中以"文"与"质"的关系体现出来,大体上也是孔子、荀子"礼"论的发挥。

三、"礼"为"文理情用"的统一

荀子说:

> 文理繁,情用省,是礼之隆也。文理省,情用繁,是礼之杀也。文理情用相为内外表里,并行而杂,是礼之中流也。故君子上致其隆,下尽其杀,而中处其中。步骤驰骋厉骛不外是矣,是君子之坛宇宫廷也。②

荀子强调"文理情用相为内外表里,并行而杂,是礼之中流也",具有很大的美学意义,这里包含有内容与形式、本体与应用等多种层次的统一,同时又见出寓杂多于整一的秩序感、和谐感。更重要的,从"步骤驰骋厉骛不外是"我们还可见出,这"礼"既具有高度的规范性,又具有高度的自由性,它是一个有限的政治文化活动空间,又是一个无限的心理自由天地。这种"礼"的境界多么像审美的境界、艺术的境界!

---

① 《荀子·礼论》。

② 《荀子·礼论》。

第三节 "相形不如论心"

荀子继承孔子的学说,认为人的美在于品格的善。他说:

> 相形不如论心,论心不如择术。形不胜心,心不胜术。术正而心顺之,则形相虽恶而心术善,无害为君子也;形相虽善而心术恶,无害为小人也。①

这里说的"心术"是指人的内在精神,包括品德与才智两个方面。荀子认为"相形不如论心,论心不如择术",强调品评人物应以内在精神为主。"形相虽恶而心术善,无害为君子也,形相虽善而心术恶,无害为小人也。"君子与小人之分在其心术之善恶。

荀子列举一系列人物说明这一道理:

> 长短小大美恶形相,岂论也哉!且徐偃王之状,目可瞻焉;仲尼之状,面如蒙倛;周公之状,身如断菑;皋陶之状,色如削瓜;闳夭之状,面无见肤;傅说之状,身如植鳍;伊尹之状,面无须麋。禹跳汤偏,尧舜参眸子。从者将论志意比类文学邪?直将差长短,辨美恶而相欺傲邪?古者桀纣长巨姣美,天下之杰也,筋力越劲,百人之敌也。然而身死国亡,为天下大僇。后世言恶则必稽焉。是非容貌之患也,闻见之不众,论议之卑尔。②

值得指出的是,荀子并不忽视外貌美。他提出外貌美不完全是先天的,也具有一定的后天性,经过"礼"的约束、规范、熏陶,容貌、仪态也可以变得高雅起来。他说:

> 容貌、态度、进退、趋行,由礼则雅,不由礼则夷固僻违,庸众而野。③

"雅""野"之别在这里亦可视为美丑之别,它是由"礼""无礼"决定

① 《荀子·非相》。
② 《荀子·非相》。
③ 《荀子·修身》。

的。关于君子应具的容貌风度,荀子有所论述,他说:

> 士君子之容:其冠进,其衣逢,其容良;俨然,壮然,祺然,薾然,恢恢然,广广然,昭昭然,荡荡然,是父兄之容也。其冠进,其衣逢,其容悫;俭然,恀然,辅然,端然,訾然,洞然,缀缀然,瞀瞀然,是子弟之容也。①

荀子也重视人的语言美和行为美。他说,"言语之美,穆穆皇皇"②,"坐视膝,立视足,应对言语视面"③。

显然,这些语言与举止都接受了"礼"的指导。荀子以"礼"作为美化人生的主要手段,说到底,"礼"为美。

重视内在美,是中国美学的主要传统之一,儒家、道家、墨家、禅宗均如此。无独有偶,《庄子》一书也描绘了一些面目奇丑而心地善良、品德高尚、智慧超群的人物,如王骀、哀骀它、申徒嘉、叔山无趾等,他们同样获得人们的尊重,甚至"妇人见之,请于父母曰'与为人妻,宁为夫子妾'"④。

第四节　"不全不粹之不足以为美"

荀子对人格锻造提出很高的标准。他说:

> 君子知夫不全不粹之不足以为美也,故诵数以贯之,思索以通之,为其人以处之,除其害者以持养之,使目非是无欲见也,使耳非是无欲闻也,使口非是无欲言也,使心非是无欲虑也。及至其致好之也,目好之五色,耳好之五声,口好之五味,心利之有天下,是故权利不能倾也,群众不能移也,天下不能荡也,生乎由是,死乎由是,夫是之谓德操。德操然后能定,能定然后能应。能定能应,夫是之谓成人。天见其明,地见其光,君子贵其全也。⑤

---

① 《荀子·非十二子》。

② 《荀子·大略》。

③ 《荀子·大略》。

④ 《庄子·德充符》。

⑤ 《荀子·劝学》。

　　荀子讲的"全"与"粹"内容很丰富:既有学识的全面,品德的高尚,还有操守的坚定。这里最富有美学意味的是:"及至其致好之也,目好之五色,耳好之五声,口好之五味,心利之有天下。"这就是说,理智上认可一个东西、意志上热衷一个东西和情感上喜爱一个东西完全可以统一。知、意、情三者的统一与真、善、美三者的统一是密切相关的,这使我们想起孔子所说的"知之者不如好之者,好之者不如乐之者"①。"知",认知的态度;"好",意志的态度;"乐",审美的态度。孔子将"知""好""乐"三者统一起来。这在中国美学史上具有发端的意义,荀子发挥了孔子这一思想,既继往又开来。

　　从上引的一段话我们还可以看出:荀子如同孔子一样是以审美境界作为人生的最高境界的,他认为一个人的修身只有达到了"全"与"粹"的境地才称得上美。

　　在美的境界中,"欲"是处处合乎"礼"的("目非是无欲见""耳非是无欲闻""口非是无欲言""心非是无欲虑"),换句话说,感性与理性是统一的。荀子在《乐论》中曾谈到"以道制欲""乐得其欲""以欲忘道",都是为了达到美的境界。

　　荀子将"全"与"粹"作为美的重要标准,其"全"也包括外貌,他说:"文貌情用,相为内外表里,礼之中焉。"②

第五节 "夫玉者,君子比德焉"

　　关于自然美欣赏,孔子首开"比德"说,提出"智者乐水、仁者乐山",对后世影响很大。荀子则继承、发展了孔子这一学说。荀子的"比德"说主要见之于《宥坐》《法行》《赋》等篇中。《宥坐》《法行》是文学作品,文中的主人公是孔子,不管作品中所写的故事是否有根据,其实都是荀子的观点。

---

① 《论语·雍也》。
② 《荀子·大略》。

先看《宥坐》篇所云：

> 孔子观于东流之水。子贡问于孔子曰："君子之所以见大水必观焉者，是何?"孔子曰："夫水，大遍与诸生而无为也，似德。其流也埤下裾拘，必循其理，似义。其洸洸乎不淈尽，似道，若有决行之，其应佚若声响，其赴百仞之谷不惧，似勇。主量必平，似法。盈不求概，似正。淖约微达，似察。以出以入，以就鲜洁，似善化。其万折也必东，似志。是故君子见大水必观焉。"

关于这个故事，西汉刘向的《说苑》亦有记载，基本思想相同，词句有所不同。也许刘向所记即本于荀子写的这个故事。荀子在这里提出了一个大问题，人与自然的关系除了那种物质功利性的关系之外，还应该有一种思想情感上的关系。这种关系的建立在于自然的运行与人事有某种相似之处，因而自然可以成为人事的比喻、象征。荀子在这个故事中谈到，孔子之所以"见大水必观焉"，就是因为"大水"的运行具有"似道""似勇""似法""似正""似察""似善化"这样的品质。孔子从观大水中观人事，换句话说，是从自然中见出人的某些本质力量来。

这是一种以伦理为本位、为出发点的自然审美观，也是中国古籍所记载的最早的对自然的审美态度。

在《法行》篇中，荀子又借"子贡问于孔子"的故事，阐说玉之美。玉是一种自然物，是最早进入人类审美领域的少数物品之一。荀子论玉之美，把玉看作是君子高尚品德的象征。他借孔子的嘴说：

> 夫玉者，君子比德焉。温润而泽，仁也；栗而理，知也；坚刚不屈，义也；廉而不刿，行也；折而不挠，勇也；瑕适并见，情也；扣之，其声清扬而远闻，其止辍然，辞也。[1]

值得注意的是荀子也谈到了玉的本色美："温润而泽""坚刚""其声清扬"等。这与孔子只注重物的似人的品质似乎有所不同。其实，自然物的美应由两方面的属性构成，一是它的自然属性，二是它的社会属性。荀子

---

[1] 《荀子·法行》。

虽重在谈后一方面,但并没有忽视前一个方面。他在《强国》篇中提到过"山林川谷美",这"美"就与社会性无关,又在《劝学》篇提到"兰槐之根是为芷……其质非不美也",可见自然物本身的质地对美关系很大。法家韩非子说:"和氏之璧不饰以五采,隋侯之珠不饰以银黄,其质至美,物不足以饰之,夫物之待饰而后行者,其质不美也。"①与此观点一致。《淮南子》也说:"白玉不琢,美珠不文,质有余也。"②看来重视自然物本身的质地美,或者说,认为自然美就美在其自然属性,这在中国古代美学中也应成为值得注意的一说。

史前兴隆洼文化玉玦

荀子谈自然美的言论还见之于《赋》,此文中他谈到了"云"和"蚕"之美,基本观点同于谈"大水""玉"之美。此不详述。

第六节 "虚壹而静"

荀子有关美感的言论主要见之于两个方面:一是注意并肯定感觉的作用;二是强调"虚静"心境的作用。

荀子说:"目辨白黑美恶,耳辨音声清浊,口辨酸咸甘苦,鼻辨芬芳腥臊,骨体肤理辨寒暑疾养。"③"征知,则缘耳而知声可也,缘目而知形可也。"④

---

① 《韩非子·解老》。
② 《淮南子·说林训》。
③ 《荀子·荣辱》。
④ 《荀子·正名》。

荀子将感官称为"天官"①，"凡同类同情者，其天官之意物也同"②。他有一个基本观点，就是人的感觉基本上是相同的，仅就这点而言，他与孟子的看法是一致的，但孟子由之推出共同美感来；荀子却从这点出发，推出人之所以分出圣贤、奸邪、君子、小人，不在人共同的先天的感觉以及人的自然欲求，而在人是否接受"礼"对这种感觉、欲求的陶冶。

"礼"主要通过"心"即理智来起作用的。荀子很重视"心"对感觉的影响。他说："心忧恐则口衔刍豢而不知其味，耳听钟鼓而不知其声，目视黼黻而不知其状，轻暖平簟而体不知其安。故向万物之美而不能嗛也。"③ 反过来，"心平愉，则色不及佣而可以养目，声不及佣而可以养耳，蔬食菜羹而可以养口，粗布之衣，粗紃之履而可以养体，屋室、芦庾、葭藁蓐、敝几筵而可以养形。故无万物之美而可以养乐，无势列之位而可以养名。"④

由此可见，荀子认为审美的快乐不是感觉的快适，而是精神上的愉悦，而决定能否获得审美快乐的是心境。心境忧虑，即使是美味佳肴也会食不甘味；反过来，心境平愉，即使是粗茶淡饭食之也津津有味。

美与美感不是一回事，美感不一定是对事物美丑性质的正确认识。而造成美感与事物美丑性质不一致的重要原因之一是审美者自身的心境的作用。

审美者的心境有其相对稳定的一面，那就是他的对人对物的基本看法；也有绝对的变动的一面，由于各种原因，人的心境时常发生变化，或好或坏。这就使得审美者对事物美丑性质的感受、认识，产生出变异性来。

荀子看到了美感变异性的现象并找出了影响这种变化的原因——"心"，对中国审美心理理论的建设是个贡献。

怎样才能正确地认识事物，包括正确地感受事物的美呢？荀子说：

> 人何以知道？曰：心。心何以知？曰：虚壹而静。心未尝不臧也，

----

① 《荀子·正名》。
② 《荀子·正名》。
③ 《荀子·正名》。
④ 《荀子·正名》。

然而有所谓虚；心未尝不两也，然而有所谓一；心未尝不动也，然而有所谓静。人生而有知，知而有志，志也者，臧也；然而有所谓虚，不以所已臧害所将受，谓之虚。心生而有知，知而有异，异也者，同时兼知之；同时兼知之，两也；然而有所谓一，不以夫一害此一谓之壹。心卧则梦，偷则自行，使之则谋。故心未尝不动也，然而有所谓静，不以梦剧乱知谓之静。未得道而求道者，谓之虚壹而静，作之则，将须道者，虚则入；将事道者，壹则尽，将思道者，静则察。知道察，知道行，体道者也。虚壹而静，谓之大清明。①

荀子的"虚静"说不同于老子的"守静笃"说，也不同于庄子的"心斋"。老子的"静"含"无为"义。他说："我好静，而民自正。"② 老子也讲"虚"，他的"虚"，既是"空"，更是"无"，是"道"的存在方式。庄子讲"心斋"，心斋有虚静义，但"心斋"的本质是"无功""无名""无利"，与其说是一种体"道"的心理状态，还不如说是一种人生态度。荀子说的"虚壹而静"倒真正是一种体"道"的心理状态（当然荀子的"道"不同于老、庄的"道"——此不论）。这种心理状态的特点是"虚""静""壹"，但"虚则入"，故"虚"中有实；"静"生变，故"静"中有动；"壹则尽"，故"一"中见多。荀子将"虚壹而静"谓之"大清明"。可见"虚壹而静"是一种澄澈明静的心境。

荀子的"虚壹而静"说开启了魏晋的"澄怀味象""澄怀观道"说，就这一点而言，荀子的学说与道家的学说也有沟通之处，尽管主旨不同。

第七节　"乐合同，礼别异"

"乐"在中国传统文化中是一个非常重要的概念。最早使用的"乐"内涵丰富，包括音乐、歌词、舞蹈，相当于现今所说的艺术。《诗经》原本是乐

① 《荀子·解蔽》。
② 《老子·五十七章》。

中的歌词。后来，歌词独立成诗，乐就慢慢地仅指音乐了。一般来说，如果与"乐"相对的概念是"礼"，那么，这"乐"肯定是包括诗歌在内的乐。荀子作《礼论》又作《乐论》，其《乐论》中的乐应该是包括诗歌在内的乐。

荀子《乐论》，对乐的本质、功能有精辟的阐述。

一、乐的审美功能

荀子认为乐的审美作用一是使人快乐，二是动情。他说："夫乐者，乐也，人情之所必不免也，故人不能无乐。"[1]"夫声乐之入人也深，其化人也速。"[2]

荀子关于乐这两个方面的功能的认识是深刻的，也是很有价值的。艺术之所以是艺术，就功能言之，其特质就在这两点。这里，我们尤其要注意到艺术对人的情感的巨大感染力，荀子用"入人也深""化人也速"来概括，非常准确。"化"比"入"更高一层，"入"只是进入，"化"则是对整个人格的陶冶，可见艺术对人的整个心理文化结构塑造的意义。在当时能够有如此精湛的认识，实在可贵，比之古希腊的"净化"说毫不逊色。

荀子还强调欣赏乐是"人情之所必不免"的天性，将审美的需要视为人的基本需要，这也是值得注意的观点。

二、关于乐的政治功能

荀子概括乐的政治功能为"和"。他说：

> 乐在宗庙之中，君臣上下同听之，则莫不和敬；闺门之内，父子兄弟同听之，则莫不和亲；乡里族长之中，长少同听之，则莫不和顺。[3]

"和"，说的是由情感的沟通到理智上的认同。认同什么？认同"道"。这"道"实质就是"礼"。那么，为什么不直接用"礼"去统一人们的思想、意志呢？本来不是不可以的，实际上，统治者也这样做，只是"礼"有一个明显的缺点："礼"是以"分""别"为前提的。荀子说，"人之生，不能无群，

---

① 《荀子·乐论》。

② 《荀子·乐论》。

③ 《荀子·乐论》。

群而无分则争,争则乱,乱则穷矣"①。所以"人君者",要将各色人等的职责、权益做出一个分别来,这个"分别"就是"礼",荀子推崇以礼治国,认为"有分者,天下之本利也"②。"分别"固然有利于建立一个有序的社会,但分别得太明显,又易造成人与人之间的心理距离,引起下对上因分配、待遇不公产生不满。所以"分"亦可成为社会不安定的根源。现在有了乐就好办了。乐的最大的心理功能是沟通人的情感。它以非概念的乐音借助听觉通道直接作用于人的情感,然后又让情感去感化理智和意志。又由于音乐主要立足于人的听觉与情感领域,不直接涉及现实功利,涉及阶级矛盾,因此具有最大的共同性,最易起共鸣,故而可以"同听之"。

荀子说得很清楚:

> 乐也者,情之不可变者也;礼也者,理之不可易者也。乐合同,礼别异。礼乐之统,管乎人心矣。③

关于乐的"合同"作用,荀子结合心理学予以发挥,认为"乐行而志清",可使人"血气和平",进而使人"耳目聪明",再进而使整个社会"美善相乐",取得"移风易俗""天下皆宁"的社会效果。不仅如此,还创造出"和乐而不流""安燕而不乱"的审美境界。

战国早期曾侯乙编钟

---

① 《荀子·富国》。

② 《荀子·富国》。

③ 《荀子·乐论》。

荀子大力肯定乐的社会功能具有重大的意义，其基本观点在传为公孙尼子所著的《乐记》中有更充分发挥。荀子的乐论是中国美学中最早最具系统性的艺术社会学理论。当然，荀子对乐的社会功能有夸大之嫌，事实上，乐不可能与礼平起平坐，它没有那么大的功能。

第八节　"明于天人之分"

荀子著有《天论》一篇，这不仅是一篇重要的哲学论文，也是一篇重要的美学论文。这篇文章提出三个重要观点：

一、"天行有常"

天，在荀子，为自然。对于天，中华民族自远古始，就有敬天、畏天的思想，这种敬、畏既是出于对天的巨大威力的恐惧，更是出于对天的运行规律的不知晓，因此，将天视为"神"，神是有意志、有思想的，而且意志、思想是正确的，因而，将神又称为"神明"，从"畏天"中导出"畏天命"的思想。有意义的是，人类在畏天的过程中不断地去知天，即探知自然运行的规律，从而一步步地做到敬天而不盲目畏天。进入文明时代后，充斥在诸多文献中的"畏天"概念，需要做辨析。有些确是对于自然的畏惧，而有些则是借畏天之名，对倒行逆施的统治者做出警告或对自己的正义行为提出理论依据。比如《尚书·商书·汤誓》中，商汤对于部下说："有夏多罪，天命殛之。……夏氏有罪，予畏上帝，不敢不正。"

到周朝，天的神明意义逐渐衰落，自然意义逐渐彰显。在荀子，这天，就是自然，天命就是自然规律，自然规律是有定准的。在《天论》篇中，他说："天行有常，不为尧存，不为桀亡。应之以治则吉，应之以乱则凶。""有常"，就是有规律。人虽不能改变天命，但可以应天命，问题是怎么应。是治之应，还是乱之应。治之应则吉，乱之应则凶。

怎样算治之应，又怎样算乱之应？荀子提出"顺"和"逆"两个概念。他说："顺其类者谓之福，逆其类者谓之祸。""顺"，即顺应自然规律；"逆"，则是违背自然规律。

"顺其类"是有前提的，这前提是"知天"，知天也是有前提的，这前提就是"明于天之分"。荀子明确地提出"明于天人之分，则可谓至人矣"。这是中国历史第一次最为清楚明白地提出主客两分、人天两分的观念。通常说，中国古代的哲学的重要性质是主客不分，天人不分。其实不妥。中国古代哲学有主客合一、天人合一说，也有主客两分、天人两分说。荀子就是这一思想最早的提出者。

"天人之分"概念的提出，意义重大。其一，它有利于科学的发展。科学开始于天人之分，也发展于天人之分。其二，它有利于人的主观能动性的发挥，既然天人相分，人就只有发挥人的主观能动性，才能在与天的抗衡中争得一席之地，才能得到发展与进步。天人相分，某种意义上，就是人的主体性的觉醒。

天人相分在美学上的意义也是巨大的：首先是给予自然审美、生态审美以独立的地位。《荀子》说："天不为人之恶寒也辍冬；地不为人之恶辽远也辍广。"① 如果说，自然审美以人的好恶为标准，人可以因为恶寒而不认为冬天美，那么，生态审美则以生态平衡为标准，寒冬虽然不为人所喜，但它是一种正常的生态现象，有利于包括人在内的众多生命物类的更新换代，有利于生态平衡，因而它具有正面的审美价值。从生态平衡的立场上谈美，凡利于生态平衡的自然现象都可以为美。这种立场于人具有一定的独立性，但是，它于人也具有必然的联系性——生态的联系性。它于人，在某种意义上不利，但在另一种意义如生态平衡意义上有利。人可以因恶寒而不喜欢冬，但也可以因生态平衡而喜欢冬。冬，其实于人就具有多重审美意义。天人相分，为人争得了独立主体的地位，也为人类文明美的创造奠定了哲学的基础。

二、天功之美

《荀子》也从各种不同的角度论述天——自然界的性质以及它的美。

---

① 《荀子·天论》。

（1）天职：荀子说："不为而成，不求而得，夫是之谓天职。"① 天职即自然的职能，将自然的作为称为职，足见出对于自然的尊崇。职，意味着责任，意味着勤业、敬业、乐业。自然的职能，没有私利、没有私求，所以说"不为""不求"，但它成就了大公和大功。

（2）天行：天行即自然的行为，它的突出的特点是"有常"，有常即是规律性的体现，也是审美性的体现。荀子以华美整齐的文字描绘天行之美："列星随旋，日月递炤，四时代御，阴阳大化，风雨博施，万物各得其和以生，各得其养以成。不见其事见其功，夫是之谓神。"② 荀子将天行有常称为"神"，此处的神为神妙，是美的极致。

（3）天功：天功指天的成就，天的成就既是大功，也是大美。主要体现，一是有机性：荀子以天造人为例。荀子说："天职既立，天功既成，形具而神生。好恶、喜怒、哀乐臧焉，夫是之谓天情；耳、目、鼻、口、形，能各有接而不相能也，夫是之谓天官；心居中虚，以治五官，夫是之谓天君。"③ 用"天情""天官""天君"等概念来说人的情感、官能、思维，在这里不是拉近人与天的关系，而是突出人是天最为卓越的创造，它的突出的性质是有机性，有机性即生命性和生态性。可以说，生态是天的最高创造，至伟之功。二是和谐性：天功是由诸多事物构成的，它们之间存在着诸多关系，包括生态在内，但不止于生态关系。它们之间构成复杂的关系，这种关系从整体上见出和谐——无比伟大、无比奇妙的宇宙和谐。荀子说："在天者莫明于日月，在地者莫明于水火，在物者莫明于珠玉，在人者莫明于礼义。故日月不高，则光辉不赫；水火不积，则晖润不博；珠玉不睹乎外，则王公不以为宝；礼义不加于国家，则功名不白。"这是一个无比复杂的结构，也是一个无比奇妙的结构，这就是宇宙之美、天功之美。

荀子不认为有上帝神的存在，天职、天行、天功均是无神主宰的自然作为，自然而然，性之所之，无力而成。荀子称之为"大巧"。他说，"大巧在

①　《荀子·天论》。
②　《荀子·天论》。
③　《荀子·天论》。

所不为"。自然就是这样的不为，天功就是这样的大巧。

三、人文之美

荀子费大功夫论述天功，其目的不是让人匍匐在自然的脚下，无所作为，而是让人"知天"，而知天的目的是"制天命而用之"。荀子说：

> 大天而思之，孰与物畜而制之；从天而颂之，孰与制天命而用之；望时而待之，孰与应时而使之；因物而多之，孰于骋能而化之；思物而物之，孰与理物而勿失之也；愿于物之所以生，孰与有物之所以成。故错人而思天，则失万物之情。①

这段文字大气磅礴！充分展示荀子创造人类文明的豪情胜概！

这不是没有理论支撑的情感宣泄，不是没有实力没有谋略虚张声势的空头檄文。

荀子否定一味地"大天""颂天"，毫无作为地"从天""待天"。他主张"制天命而用之"。怎么制天命，怎么用天命？荀子提出三个词："应时""理物""骋能"。"应时"，在于尊重自然规律，顺应自然规律；"理物"，在于深知自然规律，用好自然规律；"骋能"，在于充分发挥人的主体性、能动性。三条措施，均以知天、尊天为基础，但人的主体性不同。应时为基本主体性；理物为升级主体性；骋能为最高主体性。

荀子接受儒家"人与天地参"的观点。一方面，人"不与天争职"，这叫作"明于天人之分"；另一方面，"天有其时，地有其财，人有其治：夫是之谓能参"。

人所创造的成果为人文，人文虽说是人创造的，却是天地成全的产物，因此，严格说来，人文是"人与天地参"共同创造的成果。人文，集自然与人工于一体，集真善美于一体。

在孟子章结尾，我们说到，孔子美学基本上是两大块：一块是以人性论为基础的仁美学，一块是以社会论为基础的礼美学。仁美学主要讲伦理，

①《荀子·天论》。

礼美学主要讲制度。孟子美学主要发展孔子的人性论美学,而荀子主要发展孔子的社会论美学。荀子的社会论美学主要是两个概念:礼与乐,一个命题:"乐合同,礼别异"。在礼乐方面,荀子作出了重大贡献。礼乐"管乎人心",善化社会,是统治者治国的主要手段。正是在礼乐治国这样的高度,荀子为儒家美学做了最有高度的概括与总结。如果从这个意义言,不是孟子,而是荀子是儒家美学的集大成者。

儒家的社会论美学与人性论美学并不是分割的,讲社会必讲人性,讲人性也必讲社会。它们互为基础,互相作用,殊途同归。

孟子讲人性善,荀子讲人性恶,虽然出发点不同,但都强调后天的修身,都把人格美放在十分重要的地位,都认为善是美的灵魂。荀子与孔孟一样虽认为善是美的灵魂,但仍承认有独立于善的美存在,他们对于形式美都给予一定的地位。值得注意的是,孔孟比较多地强调善对美的影响、作用,少说美对善的影响、作用。荀子的乐论,却通过音乐对伦理、习俗的作用,说明美对善亦有重要的影响、作用。故此他提出"美善相乐"说。在这一方面,他似乎比孔子、孟子对审美的作用有更深刻的认识。

荀子"雅"的概念值得重视,雅,不是孔子论《诗》中的"雅"。孔子诗论中的"雅"为《诗经》中的一个内容;也不是后来《毛诗序》说的"雅",《毛诗序》说的"雅"为"正",为诗的一种伦理品格。荀子说的"雅"是美,这种美来自礼,所谓"由礼而雅"。这种来自礼的雅,内容上合乎儒家道德规范,形式上合乎礼制具体要求,它就是文明,就是美。

荀子的"雅"概念影响深远,直至今天。

荀子美学比孔孟美学更具开放性。荀子吸取了道家的一些思想,如"虚壹而静"观,也接收了法家的一些思想。他的礼观,显然按法家的思想做了一定的改造。

特别值得指出的是,荀子的"天人"观是唯物主义的,而且他特别强调人认识自然、利用自然这一方面,从而使得他的美学见出实践论的萌芽,这是荀子美学最为杰出的地方。

第 六 章

先秦其他诸家的美学思想

先秦诸子百家,思想相当丰富,各家对于美学都有不同程度的贡献。儒、道两家的贡献当然是最大的。儒、道两家之中,除我们上面重点介绍的孔、孟、老、庄、荀外,还有一些人物的美学思想值得重视。这里,我们主要介绍墨子、韩非子以及阴阳家的美学思想。

第一节　墨子的美学思想

墨子(约前480—前420),名翟,鲁(一说宋)人。墨子所创立的墨家学派在先秦与儒家学派并称为"显学",影响颇大。墨子的著作,据《汉书·艺文志》著录为71篇,现存《墨子》为15卷,53篇。墨子通常被看作是小生产者的代表,也是伟大的人本主义者、民本主义者。墨子的美学一直受到误读因而遭到贬低,其实他的美学思想非常重要。

一、"非乐"说

由于墨子提出"非乐"说,其美学思想一直被忽视。其实,墨子的"非乐"说并非否认艺术的审美作用,也没有否定美的存在。他说得很清楚:

> 仁之事者,必务求兴天下之利,除天下之害。将以为法乎天下,利

人乎即为，不利人乎即止。且夫仁者之为天下度也，非为其目之所美，耳之所乐，口之所甘，身体之所安。以此亏夺民衣食之财，仁者弗为也。是故子墨子之所以非乐者，非以大钟、鸣鼓、琴瑟、竽笙之声以为不乐也，非以刻镂华章之色以为不美也；非以犓豢、煎炙之味以为不甘也；非以高台、厚榭、邃野之居以为不安也。虽身知其安也，口知其甘也，目知其美也，耳知其乐也，然上考之不中圣王之事，下度之不中万民之利。是故子墨子曰：非乐也。①

这段文字说得再清楚不过了。墨子承认美声、美色、美味、美居的存在。也承认这些美能给人带来快乐。墨子之所以要"非乐"，只不过是认为这些审美享乐，"亏夺民衣食之财"，"不中圣王之事"，"不中万民之利"。

我们可以批评墨子看问题片面、偏激，只看到为乐有不利社会、民生、国家的一面，没有看到为乐也有有利社会、民生、国家的一面，但不能说墨子闭眼不承认艺术的审美价值，不承认艺术的娱乐作用。

墨子的"非乐"说也具有积极的意义。

首先，他站在人民、国家、社会的立场上，猛烈地批评了统治者"亏夺民衣食之财"以满足自己声色犬马之好的奢侈、贪婪及残酷。墨子尖锐地指出，这种好乐、贪色、嗜美之举的必然结果则是"国家乱而社稷危"。

这个立场是对的。事实上，"美"在当时是统治者的奢侈品，广大劳动人民是谈不上这份享受的。对于衣不蔽体、食不果腹的穷人来说，哪还能谈得上美衣、美食呢？

其次，墨子提出："食必常饱，然后求美；衣必常暖，然后求丽；居必常安，然后求乐。"② 这是非常深刻的。它符合历史唯物主义的基本原理，恩格斯说："人们首先必须吃、喝、住、穿，然后才能从事政治、科学、艺术、宗教等等。"③ 在墨子那个时代能够提出这样的观点，可说令人非常惊讶了。只

---

① 《墨子·非乐》。

② 《墨子·墨子佚文》。

③ 《马克思恩格斯选集》第 3 卷，人民出版社 1995 年版，第 574 页。

凭这一点,墨子在美学史上的地位就应另行评价。

墨子实际上提出了经济基础与审美活动的关系问题,他认为经济是基础,审美是建立在这个基础之上的高层次的生活方式。说是高层次的,是因为还有低层次的,那就是求生存。正如马斯洛的需要层次学说所说,只有低层次的需要满足以后才能谈得上高层次的需要。在生存的问题尚未得到解决的情况下去谈审美,怎么可能呢?墨子的"食必常饱,然后求乐"的思想与马斯洛的需要层次学说是一致的,但墨子早于马斯洛两千来年。

二、"节"说

"节"是《墨子》中一个重要概念。

在《辞过》一篇具体说了五种"节":

一是宫室。古代圣王做宫室,"高足以辟润湿,边足以圉风寒,上足以待雪霜雨露,宫墙之高,足以别男女之礼,谨此则止,凡费财劳力不加利者,不为也"。然而当今的王"以为宫室台榭曲直之望,青黄刻镂之饰"。因此"宫室不可不节"[1]。

二是服饰。墨子说:"圣人为衣服,适身体和肌肤而足矣,非荣耳目而观愚民也。"而当今之王,"冬则轻煗,夏则轻清皆已具矣",还要追求形式的美观,"以为锦绣文采靡曼之衣,铸金以为钩,珠玉以为佩,女工作文采,男工作刻镂,以为身服"。因此"衣服不可不节"[2]。

三是饮食。墨子说,古圣人"其为食也,足以增气充虚,强体适腹而已矣",而今王"以为美食刍豢,蒸炙鱼鳖,大国累百器,小国累十器",极尽排场,因此"食饮不可不节"[3]。

四是舟车。墨子说,古圣王"作为舟车,以便民之事。其为舟车也,完固轻利,可以任重致远,其为用财少,而为利多,是以民乐而利之"。"当今

---

① 《墨子·辞过》。

② 《墨子·辞过》。

③ 《墨子·辞过》。

之主,其为舟车,与此异矣,完固轻利皆已具,必厚作敛于百姓,以饰舟车。饰车以文采,饰舟以刻镂",因此"舟车不可不节"①。

五是蓄私。私,这里指的是妻妾,墨子说,"虽上世至圣,必蓄私不以伤行,故民无怨。宫无拘女,故天下无寡夫。内无拘女,外无寡夫,故天下之民众"。而当今之君"其蓄私也,大国拘女累千,小国累百,是以天下之男多寡无妻,女多拘无夫,男女失时,故民少",因此"蓄私不可不节"②。

墨子讲节,一方面是批评统治阶级,另一方面也是警示百姓。在说了这五节之后,他总结道:

> 凡此五者,圣人之所俭节也,小人之所淫佚也。俭节则昌,淫佚则亡,此五者不可不节。夫妇节而天地和,风雨节而五谷熟(原文为"孰"——引者注),衣服节而肌肤和。③

"节"的最大成就是和谐,有三种和谐:

第一,社会和谐。不仅是统治者要节俭,百姓也要节俭,这样,社会就少了不少腐败,社会就增添了不少的和谐。

第二,身心和谐。节俭的生活是一种健康的生活方式,有利于身体,也有利心理。

第三,自然和谐。墨子说"风雨节而五谷熟",这里的节,实际上已派生出有序的意思。自然运动有节,也就是有序,有序也就是和谐,这种和谐包含有生态的和谐,因为它也有利于人类。

墨子的"节俭"说与老子的"朴素"说不是一样的,老子说朴素,用意是哲学上的,主题是本性生存,本性就是自然。人的本性之外的生存,在老子看来都不是朴素的,因此,老子的朴素观具有反文明的意味。而墨子节俭观用意主要是政治上的,反奢华,反浪费,但也通向哲学,他的哲学主要是和谐哲学。

---

① 《墨子·辞过》。
② 《墨子·辞过》。
③ 《墨子·辞过》。

三、"巧"说

"巧"这个概念在先秦并不陌生。《考工记》说到巧:"天有时,地有气,材有美,工有巧,合此四者,然后可以为良。"《孟子·尽心章句下》云:"梓匠轮舆能与人规矩,不能使人巧。"《庄子》更是大量地谈到匠人的巧艺。"巧",实际上就是一种美——侧重于工艺的美。

墨子不仅是一位卓越的学者,也是一位杰出的工艺师。他于"巧"有深刻的认识:

(一) 巧与法

墨子提出技术性制作有"五法":

> 虽至百工从事者亦皆有法。百工为方以矩,为圆以规,直以绳,衡以水,正以县。无巧工不巧工,皆以此五者为法。巧者能中之,不巧者虽不能中,放依以从事,犹逾己。故百工从事皆有法所度。①

墨子这里谈到"法"与"巧"的关系问题,首先它适合于技术美创造。工匠的劳动是一种技术性活动,需要有高度的技巧。这种技巧来自"法"。墨子表述是"巧者能中之"。"中"在这里,意味着"法"的恰到好处的掌握与创造性的运用。巧工之巧首先就在这里。

墨子说"不巧者"不能"中"法,只会"放(仿)依以从事"——模仿他人,虽然还是"逾己"——胜过自己,工程也做成了,但少了创造性,就谈不上巧了。

墨子谈工匠制作的理论也可移之艺术创作。艺术创作既有一定法度可依,又必须不为法度所囿。围绕"法"与"创"、"有法"与"无法"的问题,中国美学史上有很多精彩的论述,成为一个贯穿古今的美学话题。

(二) 大巧与天工

墨子说:

> 神明之事,不可以智巧为也,不可以筋力致也。天地所包,阴阳所

---

① 《墨子·法仪》。

呕，雨露所濡，以生万殊。翡翠玳瑁碧玉珠，文采明朗，泽若濡，摩而
不玩，久而不渝。奚仲不能放，鲁般弗能造，此之谓大巧。①

"神明之事"这里指的是天工，亦即自然所为，这种事，不是"智巧"所
能为，"智巧"是人为。墨子以翡翠、玳瑁、碧玉珠为例，它们"文采明朗，泽
若濡，摩而不玩，久而不渝"，是任何能工巧匠包括奚仲、鲁班这样的大师
都做不出来的，这种本领才是"大巧"。

(三) 至巧与自然

自然的大巧，人是不能达到的，但人也能做到自己的极致，这种极致，
墨子称之为"至巧"。至巧是什么呢？墨子说：

> 至巧不用剑，大匠不用斫。夫物有自然，而后人事有治也。故良
> 匠不能斫金，巧冶不能铄木，金之势不可斫，而木之性不可铄也。埏埴
> 而为器，刳木而为舟，铄铁而为刃，铸金而为钟，因其可也。②

"不用剑"不是说不使用剑，而是说不能认为有了先进的工具就能解
决问题。工具有用，但必须懂得用并善于用才能解决问题，所谓懂得用并

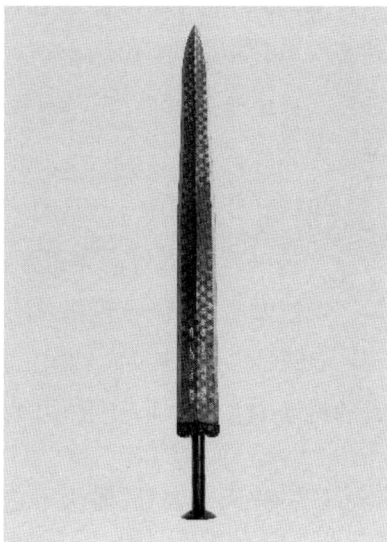

越王勾践剑 (现藏湖北省博物馆)

---

① 《墨子·墨子佚文》。
② 《墨子·墨子佚文》。

善于用,涉及一个重要问题,就是要明白"自然"。自然在这里指物性。"物有自然,而后人事有治也"。"埏埴而为器,剡木而为舟,铄铁而为刃,铸金而为钟",之所以可以,就是因为切合了物性。切合物性的人工可能达到"至巧"。

(四) 巧与利

墨子是非常有政治头脑的科学家、工程师,他以"兴天下之利,除天下之害"为己任,对于工艺的看法,也总是联系到利,此利是人之利,而且是人民之利。《鲁问》篇云:

> 公输子削木以为鹊,成而飞之,三日不下,公输子自以为至巧。子墨子谓公输子曰:"子之为鹊也,不如翟之为车辖,须臾斫三寸之木,而任五十石之重。故所为巧,利于人谓之巧,不利于人谓之拙。"

公输般做的木鹊,能够在天上飞三天,照理,算得上至巧了,可是墨子认为算不上,重要原因,就是没有实际的利益,而他做的那个车辖,只要用三寸之木这么点材料,而能承五十石之重。这多有利于人啊! 所以,在墨子看来,是不是巧还得看是不是利人。墨子这一故事,影响深远,韩非子在其著作《外储说左上》中用到这故事:

> 墨子为木鸢,三年而成,蜚一日而败。弟子曰:"先生之巧,至能使木鸢飞。"墨子曰:"不如为车輗者巧也,用咫尺之木,不费一朝之事,而引三十石之任,致远力多,久于岁数。今我为鸢,三年成,蜚一日而败。"惠子闻之曰:"墨子大巧,巧为輗,拙为鸢。"

虽然做木鸢、做车輗都是墨子所为,但还是明确做车輗才是"大巧"。

《墨子》一书涉及大量的工艺制作的问题,可以说墨子是中国古代最伟大的科学家、工程师,也是中国古代工艺美学的创始人。

四、"兴天下之利,除天下之害"说

墨子的人生观是:"兴天下之利,除天下之害"。这句话在《墨子》中多处出现。这一思想含有社会环境和谐和人与自然环境和谐两层意思。

从社会和谐来说,这"兴天下之利,除天下之害"的实质就是"兼相爱,

交相利"。"兼相爱，交相利"的关键词是"兼"与"交"。兼，不是兼顾，而是视他为己，即"视人之国若视其国，视人之家若视其家，视人之身若视其身"①。概而言之，即"爱人若爱其身"②。"交"是相互的意思。交相利即相互生利，你好我也好，大家都好。这样做，就是爱遍天下，利遍天下，自然，美好的社会环境就建立起来，天下太平了。

《墨子》深情地描绘这一社会理想：

> 是故诸侯相爱，则不野战；家主相爱，则不相篡；人与人相爱，则不相贼；君臣相爱，则惠忠；父子相爱，则慈孝；兄弟相爱，则和调。天下之人皆相爱，强不执弱，众不劫寡，富不侮贫，贵不敖贱，诈不欺愚。凡天下祸篡怨恨，可使毋起者，以相爱生也，是以仁者誉之。③

从人与自然和谐来说，《墨子》大体上从四个维度来阐明：

第一，提出"天志"说。将"相爱"与"相利"归之于"天志"，提出要"顺天之意"。

第二，提出"尚同"说。尚同，就是天下有一个共同的行事原则，这共同的原则必须兼顾大家的利益。怎样才能做到同？关键是选出一个好天子，什么样的人才是好天子？必须是"天下之贤可者"，"贤可"即"仁"，因此，"国君者，国之仁人也。"④天下同于天子，天子又同于哪里呢？必同于"天"。墨子说：

> 夫既尚同乎天子，而未上同乎天者，则天菑将犹未止也。故当若天降寒热不节，雪霜雨露不时，五谷不孰，六畜不遂，疾菑戾疫，飘风苦雨，荐臻而至者，此天之降罚也，将以罚下人之不尚同乎天者也。⑤

这段文字，明确地说到"上同乎天"，而所谓"上同乎天"就是遵照天的法度而行事，否则天降灾难，五谷不熟，六畜不长，人民生病。

---

① 《墨子·兼爱中》。
② 《墨子·兼爱上》。
③ 《墨子·兼爱中》。
④ 《墨子·尚同上》。
⑤ 《墨子·尚同中》。

第三,提出"治天"说。墨子并没有明确地提出"治天"的概念,但是,从他对大禹治水的赞许,说明他认为自然界还是可以治理的。在《兼爱中》,他这样说大禹治水:

> 古者禹治天下,西为西河、渔窦,以泄渠、孙、皇之水。北为防、原、泒,注后之邸,嘑池之窦,洒为底柱,凿为龙门,以利燕代胡貉与西河之民。东为漏之陆,防孟诸之泽,洒为九浍,以楗东土之水,以利冀州之民。南为江、汉、淮、汝,东流之,注五湖之处,以利荆楚、干、越与南夷之民。①

从这可知,大自然与人的关系存在着两面性:从本质上来看,大自然是人类的生命之根,它宜于人生存与发展。但是,并不是所有的自然现象都适合于人的生存发展。人为了自己的生存与发展,对自然实行不伤及生态平衡的改造不仅是可以的,而且是必要的。

第四,提出"阴阳之和"说。

《墨子·辞过》中有一段话:

> 凡回于天地之间,包于四海之内,天壤之情,阴阳之和,莫不有也,虽至圣不能更也。何以知其然? 圣人有传:天地也,则曰上下;四时也,则曰阴阳;人情也,则曰男女;禽兽也,则曰牝牡雄雌也。真天壤之情,虽有先王,不能更也。②

阴阳之和,是宇宙总原则。在自然界,天地分上下,四时分阴阳,禽兽分牝牡雌雄;在人伦,则分男女。这种分,说明宇宙有序,有序即和谐。墨子将这种和谐称为"天壤之情"。这种"天壤之情"就是先王,也是不能更改的。实际上,墨子在这里也表达了一种美学观:生态平衡的美学观。生态平衡在于有序,有序即为"阴阳之和"。

墨子的"兴天下之利,除天下之害"不仅含有人类社会和谐的意思,还含有整个宇宙和谐的意思,它是墨子的崇高理想,是他行为的纲领,也是他寄希望于天子及广大百姓的箴言。

---

① 《墨子·兼爱中》。
② 《墨子·辞过》。

第二节　韩非子的美学思想

韩非（约前280—前233），韩国人，战国末期思想家、政治家，法家学派的代表性人物。据《史记》介绍，他"喜刑名法术之学，而其归本于黄老"。韩非子的著作，在历史上的重要作用是奠定了中国历史上以法治国的重要传统。这当然非常重要，但韩非子的贡献绝不只是这一方面，他的哲学思想、美学思想也是值得高度重视的。

一、功利

韩非子是一个极端的功利主义者，而且他所说的功利都是直接的功利，因此他对没有直接功利性的艺术是排斥的。在《外储说左上》中，他说了这样一个故事：

> 客有为周君画荚者，三年而成。君观之，与髹荚者同状，周君大怒。画荚者曰："筑十版之墙，凿八尺之牖，而以日始出时加之其上而观。"周君为之，望见其状尽成龙蛇禽兽车马，万物之状备具，周君大悦。此荚之功非不微难也，然其用与素髹荚同。[1]

这位能在薄薄的豆荚膜上画出龙蛇、禽兽、车马等许多事物的画家，其技艺是惊人的，从美学与艺术学的角度应该给予很高的评价，可是韩非却根本无视它的美学价值，在他看来，这片画了如许生动物象的"髹荚"与其他没有画上物象的"素髹荚"没有什么不同，其功用完全一样。

这是一种极端的功利主义立场，与墨子的"非乐"是不同的。墨子只是不主张过分地喜好艺术。他害怕统治者若迷上了艺术会做出种种愚蠢的事：或亏夺民衣食之财，追求奢华；或不问政事，导致腐败。墨子不否定艺术的美学价值，而且明确说，正因为艺术具有很大的吸引力、诱惑力，为人君者要采取坚决的措施去禁止它，不过这"禁"只是禁其"奢侈"，不是禁绝艺术。所以，墨

---

① 《韩非子·外储说左上》。

子的"非乐","非"的其实不是"乐",而是"奢乐",韩非子才是真正的"非乐"。

由于韩非子偏狭的立场,他的这一观点在后世几乎没有多少人赞成,自然也就没有什么积极的影响。

二、质饰

与功利主义立场相关,韩非子也是一个务实主义者,这体现在他的"质饰"观上。韩非子说:

> 礼为情貌者也,文为质饰者也。夫君子取情而去貌,好质而恶饰。夫恃貌而论情者,其情恶也;须饰而论质者,其质衰也。何以论之?和氏之璧,不饰以五彩;隋侯之珠,不饰以银黄。其质至美,物不足以饰之。夫物之待饰而后行者,其质不美也。①

韩非子在这里提出他的文质观,其基本观点是重"质"轻"文"。他以和氏璧、隋侯之珠为例,说明它们不需要"五彩""银黄"的装饰,"其质至美"。强调"质"即事物本身的质地、内容的美,主"真"疾"伪",这有一定的积极意义。但此观点如果过头,反对一切修饰,就成问题了。和氏之璧原存于一块顽石之中,就是因为未加琢磨,其质不为人知,卞和也因之惨遭刖刑,因此,它怎么能不需要修饰呢?当然各物情况不一样,要不要修饰,怎么修饰,需要视具体情况来具体分析。就艺术来说,光有好的内容,而没有好的形式是不行的。形式不消说是需要修饰的。

尽管韩非子在这里表述的观点也有一定的片面性,但在后世还是产生了积极的影响。汉代刘向在《说苑》中就申述过韩非的这一观点:"吾亦闻之,丹漆不文,白玉不雕,宝玉不饰,何也?质有余者不受饰也。"②

三、画鬼

韩非子有关艺术的言论,常为后人引用的还有一个画犬马最难画鬼魅

---

① 《韩非子·解老》。
② 刘向:《说苑·反质》。

最易的寓言故事：

> 客有为齐王画者，齐王问曰："画孰最难者？"曰："犬马最难。"曰："孰易者？"曰："鬼魅最易。"夫犬马人所知也，旦暮罄于前，不可类之，故难。鬼魅，无形者，不罄于前，故易之也。①

这个故事，汉代《淮南子》《后汉书·张衡传》都复述过。它在美学上还是很有意义的。它强调艺术写实是一种很难的技巧。中国传统艺术观重视真实地反映生活，其中又提出"形"与"神"问题。形神的讨论几乎贯穿于中国古代美学史始终，到清代王夫之还在谈它，应该说，与韩非子画鬼说的影响有一定的关系。

四、天工

《韩非子》讲了一个故事：

> 宋人有为其君以象为楮叶者，三年而成。丰杀茎柯，毫芒繁泽，乱之楮叶之中而不可别也。此人遂以功食禄于宋邦。列子闻之曰："使天地三年而成一叶，则物之有叶者寡矣。"故不乘天地之资而载一人之身，不随道理之数而学一人之智，此皆一叶之行也。故冬耕之稼，后稷不能羡也；丰年大禾，臧获不能恶也。以一人力，则后稷不足；随自然，则臧获有余，故曰："恃万物之自然而不敢为也。"②

将象牙雕琢成叶，作为工艺品，自有价值。但如果试图以人工代天工，那就错了。一则象牙做成的树叶不是真叶；二则即使做成的是真叶，费三年的时间才做成一叶，也不合算。如列子所说"使天地三年而成一叶，则物之有叶者寡矣"。韩非子在这里将天工与人工做了一个对比。以"一叶之行"为人工的代表，它靠的是"一人之身"，凭的是"一人之智"，其结果是三年做成一片假叶；"天工"，靠的是"天地之资"，凭的是"道理之数"，创造的却是无限丰富的自然界。《韩非子》这一思想与《庄子》的"天地有大美"说异曲同工。

---

① 《韩非子·外储说左上》。
② 《韩非子·喻老》。

《韩非子》借上面的故事,是想表达两个观点:

第一,伟大者莫过于天工,基于此,人对于天地即自然要存有敬畏之心。

第二,人若想获得成功,必须"随自然"。《韩非子》以上面说的故事为依托,又说了两件事:冬天耕种庄稼,即使是农业高手后稷,也无能为力,因为严冬不是种植的季节。风调雨顺的丰年,即使是臧获这样愚笨之人,也会有好的收成。基于此,《韩非子》提出一个重要观点:"恃万物之自然而不敢为也。"这话让我们想到了《老子》。《老子》有类似的观点。《老子》说:"万物恃之以生而不辞"①;"是以圣人处无为之事,行不言之教,万物作焉而不辞,生而不有,为而不恃,功成而弗居。"②它们都强调要依靠、要遵从自然规律,不能妄自作为。

五、顺道

《韩非子》的《喻老》篇有一段重要的论述:

> 物有常容,因乘以导之。因随物之容,故静则建乎德,动则顺乎道。③

这段文字中,"常"是关键词。常为恒常。事物的恒常,体现在内,为常规,体现在外为常容。《韩非子》认为,从物的常容中认识其常规,"因乘之导之"。"乘",乘的是常规;"导",导向人的目的。《韩非子》进一步将"乘"与"导",从静、动两个方面展开。一是"静则建乎德"。建什么德? 道之德。二是"动则顺乎道"。"动"为进业。如何进业? ——"顺道",顺道,就是遵循规律办事。

《韩非子》的"乘导"论是深刻的,它的本质是规律的合目的和目的的合规律,是自然的客观规律性和人的主观目的性的统一。

韩非子一方面认为天工高于人工,人不能胜天,但是,他又不认为,人在天工的面前毫无作为。他主张人要很好地观察、认识自然的规律:物之理、天(天地)之道,然后很好地用道,让道为人服务。《韩非子》这样一种

---

① 《老子·三十四章》。

② 《老子·二章》。

③ 《韩非子·喻老》。

思想,对于当今的生态文明建设具有重要的启迪意义:我们不仅要充分地尊重自然包括尊重生态,而且也要更好地认识自然包括生态,用好自然包括生态的规律,实现自然包括生态与人类的双赢。

第三节　阴阳五行家的"五行"说

阴阳五行说在春秋战国时颇为盛行。"阴阳"观念来自远古人类对天与地、日与月、男人与女人的最早区分,以阴阳来概括宇宙中的一切事物,这是人类思维中最早的两分法,是辩证思维的发端。"五行"是在阴阳基础上的进一步的分析,这种观念亦来自对天文、地理的最初的认识。司马迁说:"仰则观象于天,俯则法类于地。天则有日月,地则有阴阳。天有五星,地有五行。天则有列宿,地则有州城。三光者,阴阳之精,气本在地,而圣人统理之。"①

一、《洪范》的贡献

关于阴阳,最早成系统的论述是在《易传》,我们在下一章谈《周易》时将做进一步的论述,关于五行,最早见之于《尚书》②。《尚书》中《洪范》篇,对"五行"做了最早的概括:

> 五行:一曰水,二曰火,三曰木,四曰金,五曰土。水曰润下,火曰炎上,木曰曲直,金曰从革,土爰稼穑。润下作咸,炎上作苦,曲直作酸,从革作辛,稼穑作甘。

《洪范》系周代的历史文献,"洪范"就是大法,周武王灭商后,向纣王

① 《史记·天官书》。
② 《尚书》是中国古老的政事史料汇编,主要为夏商周三个王朝的历史文献。分今文尚书和古文尚书。今文尚书又称伏生本,据《史记·儒林列传》:"秦时焚书,伏生壁藏之。其后兵大起,流亡。伏生求其书,亡数十篇,独得二十九篇。"古文尚书又称孔壁本,据《汉书·艺文志》:汉武帝末年,鲁恭王扩建宫室,在孔子故居的墙壁中得到一部《尚书》,计四十五篇。其中二十九篇同于伏生本。

的叔父箕子请教如何治国，箕子根据《洛书》，给周武王讲了九种大法，其中之一为"五行"。"五行"指五种元素，顺次为水、火、木、金、土。五种元素各自有其功能：水向下湿润；火向上燃烧，木可以曲伸，金熔化后可以按人的意愿改变形状，土则可以种植作物。另外，它们还各自有其性质：咸、苦、酸、辛、甘等。

我们注意到，五行在《洪范》中的排列次序，反映出周代时人们对世界组成因素的看法，显然，他们最为看重的是水。水，是地球生命之源，理应受到重视，虽然《洪范》没有说水是生命之源，但将它列为第一，就隐含着这样的思想。由水到火到金最后到土，这个关系如何，《洪范》没有说，唐代的孔颖达则认为，这里反映出周人对事物发展的看法："五行之体，水最微为一，火渐著为二，木形实为三，金体固为四，土质大为五。"①

（一）五行内部关系

关于五行，它们内部的关系主要有这样一些问题：

第一，关于五行的排列次序问题。

五行的排列次序是有变化的，《洪范》的次序是：水、火、木、金、土，它反映的是周人对宇宙次序的一种理解，董仲舒否定了这种次序，他说："木五行之始也，水五行之终也，土五行之中也。此其天次之序也。"② 又，"是故木居东方而主春气，火居南方而主夏气，金居西方而主秋气，水居北方而主冬气。是故木主生而金主杀；火主暑而水主寒。使人必以其序，官人必以其能，天之数也。"③ 这样一种排列反映了董仲舒的一种观念，董力倡天人感应学说，天人感应，是人应于天，天是本。五行之序应是天之序。这天之序体现为一年四季从春到冬的次序——春木、夏火、秋金、冬水。土则居于四季之中的最后一个月，所以为中。有意思的是，董仲舒所定的这个"天之序"到宋代又给倒过来。周敦颐说："分阴分阳，两仪立焉。阳变阴合，而生

① 《尚书·洪范疏》。
② 《春秋繁露·五行之义》。
③ 《春秋繁露·五行之义》。

水火木金土。五气顺布，四时行焉。"①朱熹接受这种理论，他说："五行者，质具于地，而气行于天者也，以质而语其生之序，则曰水火木金土……以气而语其行之序，则曰木火土金水。"②这就是说，如果以五行为万物本原而论其生成过程（质具于地），那么，就应该是以"水火木金土"排列。具体来说，那就是："大抵天地生物，先其轻清，以及重浊。天一生水，地二生火，二物在五行中最轻清。金木复重于水火，土又重于金木。"③如果以五行为四季之次序（气行于天）来排列，那就是"木火土金水"，以与春木、夏火、秋金、冬水相一致。

三种排列次序其实是不相抵触的，它是三个维度，反映出我们的祖先对天人关系三种不同侧重点的认识。

第二，关于五行之间的关系问题。

五行之间的关系，董仲舒表述为"比相生而间相胜"。具体来说，五行相生："木生火，火生土，土生金，金生水。水为冬，金为秋，土为季夏，火为夏，木为春。春主生，夏主长，季夏主养，秋主收，冬主藏。藏，冬之所成也"④。五行相胜："金胜木，水胜火，木胜土，火胜金，土胜水"⑤。这两个方面结合起来：

> 天地之气，合而为一，分为阴阳，判为四时，列为五行。行者，行也；其行不同，故谓之五行。五行者，五官也，比相生而间相胜也。故为治，逆之则乱，顺之则治。⑥

这里说的"比相生"，意思是相邻五行之元素表现为前生后，而"间相胜"则间隔的五行之元素，表现为前克后。五行相生，相生相克一方面高度概括自然界诸事物之间的关系，这种关系具有生命性、生态性，它是自然的，不以人的意志为转移的，具有客观规律性。以之为基础，董仲舒试图提出

① 《太极图说》。
② 《太极图说解》。
③ 《朱子语类》卷五。
④ 《春秋繁露·五行对》。
⑤ 《春秋繁露·五行相胜》。
⑥ 《春秋繁露·五行相生》。

人类社会的变化规律来,这种规律类似于五行的相生相克。

除了相生相克的关系外,古人还发现五行之间有相制相化的关系,所谓相制,就是通过相生来制服克我之物,如金能克木,但木能生火以制金;火能克金,但金能生水以克火;水能克水,但火能生土以制水;土能克水,但水能生木以克土;木能克土,但土能生金以制木。这是一个克服与反克服的循环,是相互制约又相互依存的生物链。所谓相化,即通过相生之物来化解相克之物的矛盾,如金与木是一对矛盾,金能克木,但金又能生水,而水能生木,这样,就可以在某种意义上化解金与木的对立。这样,我克者,实为我生者之子,这样,我与我克者又存在一种间接的依存关系。

五行之间还可以派生出许多复杂的关系。比如水克火,火克金,置金于水火之间则相济;木克土,土克木,植木于水土之间则相资;火生于木而焚木,金生于土而锄土,木克土而养土,相生中有相克,相克中有相资。金虽受灾于火,但无火炼,金不能成器。因此,人们把金与火这对冤家关系又比为互相依存的夫妻。

中国人将五行的关系做众多的引申、发展,表现出对事物相互关系具有极为深刻的理解,这种理解具有朴素的辩证法的性质。另外,中国人总是力求将五行的关系运用到社会上去,用来处理人与人之间的关系,表现出浓厚的儒家道德意味,如:我们祖先将五行的相生与母子关系联系起来。相生关系中,生者为母,被生者为子,土生金,土是金之母,金是土之子。母亲既生子,也必得子养,故母行遇子行,则可得到儿子的扶助,水生木则木扶水,金生水则水扶金,土生金则金扶土,火生土则土扶火,木生火则火扶木。另外,五行中,凡相生也相抑,木生火,也抑火;火生土,也抑土;土生金,也抑金;金生水,也抑水。那就是说,子行遇母行则处于被抑的地位。

(二) 五行与阴阳关系

远古时,阴阳与五行是分开的,较早反映五行学说与阴阳思想合流,见之于《国语·郑语》:"夫和实生物,同则不继,以他平他谓之和。故能丰长而物归之。若以同裨同,尽乃弃矣。故先王以土与金、木、水、火杂,以成百物。"

　　阴阳与五行的关系,大体是:阴阳是五行的基础,五行的结构关系及行为方式是阴阳对立统一的进一步展开。清代思想家戴震说:"举阴阳则赅五行,阴阳各具五行也;举五行则赅阴阳,五行各有阴阳也。"① 这是关于阴阳与五行关系的一种表述,即阴阳各具五行,如天有风、热、湿、燥、寒五气,地有木、火、土、金、水五形,天和地各由五种事物组成,其相互关系也各遵循着生克制化的运动规律。反过来,五行中任何一行也可以分出阴阳来,比如,金,有阳金,也有阴金。以阴阳为基础的八卦——乾、坤、震、巽、坎、离、艮、兑,均可派属于五行——木:震(阳木)、巽(阴木),水:坎,金:乾(阳金)、兑(阴金),土:艮(阳土)、坤(阴土),火:离。阴阳五行家不仅按阴阳两分法,将天下万事万物分属阴阳两个方面,而且也按五行的分法,将天下万事万物划分为五个方面。如:

　　　　五体:肝、心、脾、肺、肾

　　　　五官:目、舌、口、鼻、耳

　　　　五志:怒、喜、忧、悲、恐

　　　　五应:生、长、化、收、藏

　　　　五帝:黄帝、颛顼、帝喾、尧、舜

　　　　五神:句芒、祝融、后土、蓐收、玄冥

　　　　五方:东、西、南、北、中

　　　　五虫:鳞、羽、倮、毛、介

　　　　五谷:麦、菽、稷、麻、黍

　　　　五音:角、宫、商、徵、羽

　　　　五味:酸、苦、甘、辛、咸

　　　　五色:青、赤、黄、白、黑

　　战国时期,阴阳五行家有一个重要的著作《月令》。《月令》将四时划出十二纪,阴阳五行家将"五行"与"十二纪"配合起来。例如,用五色配:春木,色青;夏火,色赤;秋金,色白;冬水,色黑;中央土,色黄。除此之外,我

---

① 《孟子字义疏证·天道》。

们的祖先还创造了特别的计数方式"十天干""十二地支",这些也参与了与五行的配合,从而使得这个宇宙图式特别复杂,然而也特别灵动。

(三) 阴阳五行说的意义

由《洪范》开启的五行说,在战国的阴阳五行家中得到发展,阴阳五行家将主要在《周易》中体现出来的"阴阳"思想与主要从《洪范》中表达的"五行"思想进行整合,以之来描述宇宙、社会、人生的运动图式和变化轨迹。这中间,诚然有巫术的成分,但也有科学的成分,最重要的,它表达了中国人一种哲学观,这种哲学观的基本点是:自然与人事的同一规律,即"天人合一"。这种哲学观不仅全面地影响到人们生活的方方面面,而且影响到人们的思维包括审美的思维。

从美学角度言之,它开辟了象征性的美学思维方式。阴阳、五行都是以具体的事物来做隐喻的,水、火、木、金、土,对于它们所象征的事物的某一种意义都有一种指示作用。这种方式好像猜谜,谜面是阴阳、五行,谜底是事物的意蕴,从谜面探视谜底,从现象探索本质。这种思维模式就本质来说,是"天人合一"。

天人合一作为一种哲学观如何实现为思维,以解决现实问题,阴阳五行提供了模式。这种模式主要立足于阴阳、五行的关系,阴阳、五行内部的关系,等等。

如此丰富的关系,构制宇宙、社会、人事运行模式,充满着迷幻的色彩,但并不是没有规律可循。在这里,严格的规律与灵动的变化实现完美统一,这种模式本身就极富美学意味。但更重要的还是它影响到中国艺术审美形式的建构。中国艺术是极讲究形式的,几乎所有的艺术都有它的形式法则,这些形式法则当其发展到成熟时,则成为程式。客观地说,程式有它的两面性,一方面,正是它保证了艺术之为艺术,另一方面也正是它妨碍了艺术的创新。于是在中国美学史上就有了程式与创新的矛盾。李清照曾批评苏轼破坏了词的程式,说是"非本色",非"当行",而苏轼并不是不懂词的本色,他之有意突破词的本色,打破词律,为的是更好地抒发情感。明代戏曲家汤显祖与宋璟关于《牡丹亭》的争论也是出于此。宋璟看重的是程式,认为汤显祖的《牡丹亭》有些语句破坏了词的声律,而汤说宁可拗折天下人的嗓子,也不愿让语曲句影响情感的表达。围绕艺术的模式问题,中国美学史上的论战从来没有停息过。

阴阳五行并不是僵化的模式,它的要义是为生命的有序发展建构一个具有开放性的游戏法则。虽然与阴阳五行对应性的艺术模式似少见,但是阴阳五行模式所体现的生命辩证法我们在任何成功的艺术作品中都可以品味得出来。

五行哲学的影响有积极的,也有消极的。消极的影响最突出的莫过于战国末期邹衍的"五德终始"说,此说,将王朝的更替,归结于五行的相生相克。此诚然是主观唯心的,没有一点科学根据,但是,它的相生相克说却与辩证法有相通之处,如能活用,则不无积极的意义。古人在运用五行哲学时,往往不局限于"五","五"实质代表多。重要的是"行"。"行"不是指材料,而是指运动。五行的运动模式是相生相克:木克土,土之子——金反克木;金克木,木之子——火反克金;火克金,金之子——水反克火;水克火,火之子——土反克水;土克水,水之子——木反克土。生克这对矛盾中,生是主导方面,正是因为这样,生克之中,一方面体现出生命的循环性,但另一方面也体现出生命的延续性、发展性。五行哲学对美学的影响,最重要的是形成一种"相生相克"的审美发生模式。这种模式的突出特点是具有生命意义的多重矛盾的组合。所谓"生命意义"的矛盾组合,就是说,这种矛盾具有推动生命意味产生与发展的意义。所谓"多重",就是说,在艺术中,不只是有一对这样的矛盾,而是有多对这样的矛盾。这多对矛盾有机地结合在一起,构成一个丰富而又灵动的生命系统。艺术,从本质上来看,就是这样一个生命系统。中国艺术创作特别善于构制这样的生命系统,从总体来看,中国艺术尚意,尚简,尚抽象。中国艺术家在运用各种艺术元素诸如虚实、黑白、刚柔、浓淡等时,灵活地运用五行哲学的相生相克原理,往往达到出神入化的审美效果。中国艺术最多辩证法。其中就有五行哲学。按相生相克模式,呈现在人们眼前的审美对象不是孤立的,不是静止的,它必有所来,也必有所去;必有所毁,也必有所成。回环往复,余味无穷。中国人喜欢的美,总是那样梦幻而又现实,抽象而又具象,确定而又不确定。虽然难以把握,但对象的气概、神韵扑面而来,感人肺腑,又让人浮想联翩,余味无穷。

二、邹衍的贡献

战国时代阴阳五行家中最有成就的是邹衍(约前 305—前 240)。他的思想,《史记》中有一个评价:"邹衍的之所言五德终始、天地广大,尽言天事,故曰'谈天'。"[①]

(一)"五德终始"说

邹衍的学说最重要的是"五德终始"说。五德是五行在天道、人事上的一种称呼。它按古史帝系分别以五种不同的德性来表达,根据五行生克之理,帝系替代。关于"五德终始"说,《吕氏春秋·应同篇》有一段比较完整的记载:

> 凡帝王者之将兴也,天必先见祥乎于民。黄帝之时,天先见大螾大蝼。黄帝曰:"土气胜。"土气胜,故其色尚黄,其事则土。及禹之时,天先见草木秋冬不杀。禹曰:"木气胜。"木气胜,故其色尚青,其事则木。及汤之时,天先见金刃生于水。汤曰:"金气胜。"金气胜,故其色尚白,其事则金。及文王之时,天先见火,赤乌衔丹书,集于周社。文王曰:"火气胜。"火气胜,故其色尚赤,其事则火。代火者必将水,天且先见水气胜。水气胜,故其色尚黑,其事则水。

邹衍将改朝换代与五行的生克联系起来。土德后木德,木德后金德,金德后火德。依次则为黄帝、禹、汤、周文王。秦始皇根据邹子之徒的建议,自称为水德,表示"秦变周"是完全合理的。邹衍的这一套说法当然是荒谬的,但它为统治阶级改朝换代找到了理论根据,故而一直受到历代统治者的重视。邹衍的"五德终始"说如果要说有什么意义,那就是天人合一了。

邹衍的"五德终始"说在董仲舒那里发展成"三统说",三统为黑、白、

---

① 裴骃《史记集解》引刘向《别录》。

赤三统。这种学说认为，凡是异姓受命而王，都必须改正朔，由于正朔的时间不同，物萌之时的颜色各异，与此"三正"相对应，就有了黑、白、赤三色。具体来说，黑统以寅月（一月）为正月，色尚黑；白统以丑月（十二月）为正月，色尚白；赤统以子月（十一月）为正月，色尚赤。因此，三统又称为"三统三正"。新王朝改制，除改正朔、易服色以外，车马、牺牲、冠礼、婚礼、丧礼等都要改。以"三统三正"来对应历史朝代，殷朝为正白统，建丑，色尚白；周朝为正赤统，建子，色尚赤……

凡此种种，建立了一个庞大的天人感应系统。由春秋战国的阴阳五行家到董仲舒，再由董仲舒到诸多的儒生，以阴阳五行学说为中心的天人感应论渗透到中国人生活的方方面面，大而言之到国家政权的更迭，小而言之到看相算命、看风水……中国人的审美方式也同样受它的影响，虽然找一个与阴阳五行说完全相对应的审美系统不是很容易，但中国的审美系统处处闪耀着它的光影却是显然的。

（二）"天下"说

邹衍的学说主要是讨论天道，但邹衍的贡献主要还是在地理上，他有一个说法："儒者所谓中国者，于天下乃八十一分居其一分耳。中国名曰赤县神州。赤县神州内自有九州，禹之序九州是也，不得为州数。中国外，如赤县神州者九，乃所谓九州也。于是有裨海环之，人民禽兽莫能相通者，如一区中者，乃为一州。如此者九，乃有'大瀛海'环其外，天地之际焉。"[1]邹衍的著作已佚，他的思想都见之于他人的转述。上段文字见诸司马迁的《史记》。这段记载谈到世界的划分问题，还是很有价值的，邹衍认为，儒者所谈的中国实际上只是整个世界的一小部分，名之曰赤县神州的陆地，实为九个岛，被大海分割。这些说法虽都是猜测，却是天才的猜测。它在一定程度上反映了世界的真实情况。

邹衍的"天下"的观念明显地具有世界性，它超出了儒家的"普天之下，莫非王土"的范围。

---

① 《史记·孟子荀卿列传》。

第四节 《管子》四篇中的美学思想

战国时,百家争鸣在齐国首都临淄出现一道奇观,那就是稷下学宫现象。[①] 齐国稷下学宫始为齐桓公所设,齐桓公设学宫的目的很明确,是为了招募人才。桓公之后,学宫坚持下来,齐宣王时达到鼎盛。据《史记·田敬仲完世家》:"宣王喜文学游说之士,自如驺衍、淳于髡、田骈、接予、慎到、环渊之徒七十六人,皆赐列第,为上大夫,不治而议论。是以齐稷下学士复盛,且数百千人。"聚集于稷下的各家人物都有,著名的儒家代表人物之一孟轲游于齐,另一代表人物荀子在稷下学宫"三为祭酒"。由于齐王为稷下先生提供优厚的待遇,当时的临淄,人才荟萃,每日稷门城下,论说辩难激烈,蔚为奇观。

稷下先生在学宫除了讲学论辩以外,也著书立说,据《汉书·艺文志》著录,宋钘著有《宋子》,田骈著有《田子》,环渊著有《环子》,接予著有《接子》,但这些书尽皆亡佚,比较完整地存世的只有《孟子》《荀子》等少数书。《管子》是稷下学者们的一部论文集,今本《管子》76篇系汉代刘向编定,但书中的文章当作于战国时期。此书虽托名管仲,实与管仲没有任何关系,当然不可能是管仲所作,这一点,朱熹明确指出过。[②]《管子》融汇诸家学说,思想相当庞杂。宋代叶适说:"管子非一人之笔,亦非一时之书。"[③]

我们现在要讨论的《管子》四篇,指的是《内业》、《心术》上篇、《心术》下篇和《白心》。这四篇文章一般认为属于黄老学说。

道家学说自老子之后有两条发展路线,一条路线以庄子为代表,主要关注人心灵层面,提倡"心斋""坐忘",以逍遥游为最高追求;另一条路线则以稷下道家人物为代表,主要关注社会问题,强调"主逸臣劳",虚无为

---

① 《史记·田敬仲完世家》引刘向《别录》云:"齐有稷门,城门也。谈说之期会于稷下也。"
② 《朱子语类》卷一百三十七。
③ 叶适:《习学记言》卷四十五。

本,无为而治。此派学说以黄帝、老子为依托,故称为黄老之学,实际上依托黄帝是假,真正的依托是老子的学说。《管子》四篇就属于这个系统,四篇作者不明,成书的年代,学者们一般认为在老子之后,荀子之前。

《管子》四篇中所包含的哲学思想许多通向美学,其中主要有:

一、"天""道"论

《管子》四篇中关于天与道的理论基本上沿袭《老子》。道,在《管子》看来,它"至大无外,至小无内"①。道不仅无限,而且无常态,无常形:"道之大如天,其广如地,其重如石,其轻如羽"②。道的功能亦不定,随用而用,随行而行,而且总是恰到好处,不多不少:"道者,一人用之,不闻有余;天下行之,不闻不足。"③

这样一种道,似乎是客观的,但道存在于人的心中,人必须"思之,思之,又重思之"才可得道,可见道又是主观的。有意思的是,《管子》将道看作"天"的时候,又明显地表现出重视"道"的客观性的一面。《庄子》说"天地有大美而不言",《管子·白心》也有类似的言论:

　　能者无名,从事无事。审量出入,而观物所载。孰能法无法乎?始无始乎? 终无终乎? 弱无弱乎? 故曰美哉弟弟!

　　天或维之,地或载之。天莫之维,则天以坠矣;地莫之载,则地以沉矣。夫天不坠,地不沉,夫或维而载之也夫,又况于人? 人有治之,辟之若夫雷鼓之动也。夫不能自摇者,夫或摇之,夫或者何? 若然者也。

既然大道、大理在天地,人就须"效夫天地之纪"④。这样,天人合一的理论就提出来了。

　　济于舟者和于水矣,义于人者祥其神矣。事有适而无适,若有适;

---

①　《管子·心术上》。

②　《管子·白心》。

③　《管子·白心》。

④　《管子·白心》。

艑解不可解,而后解。①

济舟做到与水"和",就能充分地运用水的浮力与流力,舟之行自然就轻快了,这就是"天人合一"。《管子》讲的天人合一,不只是精神上的,还有实践的意义。《管子》将这种天人合一的状态用"和""适"来表达,在中国古典美学中,"和境"即为美境,而"适"则体现为物我两忘的愉快,所以,这种"适"其实是"无适",无适之适当然是至适,是极美的境界了。

二、"精""气"论

《管子》四篇有许多关于"精""气"的议论。

> 凡物之精,此则为生。下生五谷,上为列星。流于天地之间,谓之鬼神;藏于胸中,谓之圣人。是故民气,杲乎如登于天,杳乎如入于渊,淖首如在于海,卒乎如在于己。

> 精也者,气之精者也。气,道乃生,生乃思,思乃知,知乃止矣。②

分析此上这些言论,我们可以得出这样的看法:其一,"精"是生命之源,"精"实际上就是道;其二,"精"是"气"中最为根本的东西,起着主宰作用的东西。这样,"道""气""精"实质上是相通的。"道"创造世界也可以表述为"精"创造世界,"气"创造世界。

在中国哲学后来的发展中,"精"这一概念没有得到重视,倒是"气"这一概念运用得很普遍。"气"一头连着生命,是生命的体现,另一头连着"道",是宇宙之本体。曹丕在《典论·论文》中提出"文以气为主"。这"气"主要指刚健旺盛的生命精神,与"道"关系倒是不大。"气"在魏晋南北朝派生出好些美学概念,最重要的是"气韵"。谢赫论画"六法"第一法即为"气韵生动"。"气"在宋明理学中得到高度重视。大理学家张载持气本体论,在理学中自成一派。南宋的朱熹大谈"气象",精神性的"气"体现为物质性的"象",这就具有"意象""境界"的意味了。

---

① 《管子·白心》。
② 《管子·内业》。

三、"神""形"论

《内业》关于"精""气"的论述密切地联系人的生命，它将"精""气"看作人心，同时，提出心之"形"，这样，就导出"神"与"形"的概念。我们且看《内业》的言论：

　　凡心之刑（形），自充自盈，自生自成。

　　心全于中，形全于外，不逢天灾，不遇人祸。

　　定心在中，耳目聪明，四肢坚固，可以为精舍。

　　精存自生，其外安荣，内藏以为泉原，浩然和平，以为气渊。渊之不涸，四体乃固；泉之不竭，九窍遂通。

这里说"精存自生"，意"精"在心内，"精"为"气渊"，"气"为人的精神，人有精神，表现于外则"安荣"。"安"，意态平和；"荣"，生气勃勃。

《内业》关于"精"与"形"关系的认识具有朴素的辩证法思想。它一方面强调"精"是"形"的主宰，说是"抟气如神，万物备存""正心在中，万物得度"；另一方面又说"四体既正，血气既静，一意抟心，耳目不淫，虽远若近"，"形不正，德不来"，"正形摄德，天仁地义，则淫然而自至。"说明"形"对"精"也有积极的作用。

作为人心之主宰，"精"又称为"神"。"精"与"形"的关系，也可以理解为"神"与"形"的关系。《内业》云："有神自在身，一往一来，莫之能思。"

这样，《内业》实际上提出了一对重要的哲学范畴——"形"和"神"。道家很重视"形""神"关系问题，司马谈在《论六家要旨》中介绍道家学说时说，"凡人所生者神也。……形神离则死"。形神这一对范畴后来普遍运用到艺术创作。魏晋南北朝时期的大画家顾恺之率先提出"传神写照"的理论，强调"神"对"形"的统帅作用，认为"神似"比"形似"更重要，为了突出"神似"甚至可以适当地牺牲"形似"。关于形似与神似的问题，以后不断有人提出来讨论，宋代大学者苏轼也发表了言论。这样，形似与神似的关系问题成为中国美学史上一大公案。

四、"和""平正"论

《内业》非常看重"和"。它说:"凡人之生也,天出其精,地出其形,合此以为人。和乃生,不和不生。"这就是说,人是天地和合的产物,和是生命之本。

《内业》同时又提出"平正"论,它说:"平生擅匈,论治在心,以此长寿。忿怒之失度,乃为之图。节其五欲,去其二凶。不喜不怒,平生擅匈。凡人之生也,必以平生,所以失之,必以喜怒忧患。"这里说的"平正",就是平和中正,它一方面说的是心态,另一方面说的是品格。

《内业》这里说的是养生之道,但也通向审美。审美虽然重情感,但情感须有理的调控,过度的激情、缺乏理性节制的激情并不是审美的情感。

谈到情感的陶冶,《内业》认为艺术有特殊重要的作用,它说:"是故止怒莫若诗,去忧莫若乐。"

这种观点非常深刻,与亚里士多德的悲剧"宣泄"说有异曲同工之妙。

《管子》的"和"论、"平正"论与"中"论相通。《管子·白心》篇云:

> 今夫来者,必道其道,无迁无衍,命乃长久。和以反中,形性相葆。一以无二,是谓知道。

"和"不是"二"而是"一",是化合,而不是混合。另外,"和"作为化合是有原则的合,这个原则是"中"。只有"和以反中",才能"形性相葆"。

五、"虚""静"论

关于"虚",《管子》从两个方面展开。

第一,"虚"是"道"的品质。这里又分为两点:其一,"虚"是"无形",《心术》上篇云:"天之道,虚其无形。"其二,"虚"是无限。"道在天地之间也,其大无外,其小无内,故曰不远而难极也。""道"虽然是"虚"的,但其作用却不是虚的,"虚无无形谓之道,化育万物谓之德"①。

---

① 《管子·心术上》。

第二,"虚"是"心"的品格。只有虚心,才能体道。人心要虚什么?《心术》上篇说,"虚其欲,神将入舍,扫除不洁,神乃留处"。欲在这里指的是过度的感性欲求,即老子说的"五音""五色""五味"之类,也指功名利禄。《管子》认为内心中这些追求多了,道就进不来了。

《管子》的"虚"论,也具有美学上的意义。对于审美者来说,审美的发生,必须以对物的功利价值有所超脱为前提。这种超脱可以理解成功利的暂时悬置。功利的暂时悬置也可以说是"虚其欲"。

《管子》中对"静"的论述,一般是与"虚"联系在一起的,它同样可以从两个方面来理解,一是"道"是"静"的。说道是"静"的,不是说"道"不动,而是强调四个方面。其一,"道"是不可言说的,《心术》上篇云:"道也者,动不见其形,施不见其德,万物皆以得,然莫知其极,故曰可以安而不可说也。"其二,"道"是永恒的,"天之道虚,地之道静,虚则不屈,静则不变,不变则无过。"① 这里,虚与静互训,说道"不变"不是说它不动,而是说它永恒。其三,"道"的运动是有规律的,"天曰虚,地曰静,乃不伐。洁其宫,开其门,去私毋言,神明若存。纷乎其若乱,静之而自治。"② 这里说道"自治"是说道有自身的规律,这规律的存在也可以说是"静",它与"乱"是相对立的。其四,"道"以静为宗。《白心》云:"建当立有,以靖为宗,以时为宝,以政为仪,和则能久。"这里的"靖"即"静"。道家尚静,将它看成"宝"。道家的虚无为本,无为而治,可以理解成以静为本,以静为治。

《管子》说的"静"另一个意思是讲体道的人心应是静的,《内业》中这方面的言论很多,如:

> 天主正,地主平,人主安静。
>
> 心静气理,道乃可止。
>
> 修心静音,道乃可得。
>
> 是故圣人与时变而不化,从物而不移,能正能静,然后能定。

---

① 《管子·心术上》。

② 《管子·心术上》。

中不静,心不治。

这些地方说的静,主要有四个意思:一是"虚",在道家,静与虚互训。虚的是欲,只有虚欲,才能体道。二是"因",因道。《内业》说"圣人与时变而不化,从物而不移"说的就是因道。《心术》上篇将这种因道,说成是"静因":"其应也,非所设也;其动也,非所取也。过在自用,罪在变化。是故有道之君,其处也,若无知;其应物也,若偶之,静因之道也。"三是"敬"。《内业》说:"严容畏敬,精将至定。"四是"静","静"是"精"入心的前提。《心术》上篇说:"宣则静矣,静则精,精则独立矣,独则明,明则神矣。神者至贵也。"这里说的"宣"指将自心中的杂念宣泄掉,杂念宣泄掉,心就静了,心静,则精气自来,精气一来,人就从种种世俗中超脱出来,心也就明亮,而心一明亮,则有神在身了。

值得我们注意的是,《管子》四篇不仅将"静"看成是得道的心理前提,而且将"静"与"阴"联系在一起:"人主者,立于阴,阴者静。故曰动则失位。阴则能制阳矣,静则能制动矣,故曰静乃自得。"道家哲学主阴,认为"阴"比"阳"更有力量,阴能制阳,柔能克刚,静能制动。这一哲学对中国美学影响至深,从总体上来看,中华民族的审美观明显地偏向阴柔,虽然由于儒家哲学的影响,中华美学中也有崇尚阳刚的一面,但多取理性的层面,而在情性上则更多地恋阴。这种审美现象我概括成"崇阳恋阴"。

六、"情""理"论

《管子》四篇也谈到了情与理,其基本思想是情、理两者不可分离,情理相合。《心术上》谈到道、德、义、礼的关系,其中谈到礼时说:

礼者,因人之情,缘义之理,而为之节文者也。故礼者,谓有理也,理也者,明分以谕义之意也。故礼出乎义,义出乎理,理因乎宜者也。

将礼建立在人情的基础上,这是黄老道家的重要贡献。既然礼"因人之情",那么,循礼也就有了人性的依据,这种说法与孔子对礼的理解有相通之处,孔子回答宰我为什么要实行三年之丧也是从人情上来说的。

礼的制定不只是因乎"情",也据乎"义"。情来自人性,义来自社会。

情通欲,义通理。然"理"要"因乎宜",何以做到宜? 那就要既因情,又尊义。将个体的需求与社会的利益兼顾起来,将人情与义理统一起来。

中国哲学,不管是儒家,还是道家,都看重情与理的统一,既反对唯情主义,也反对唯理主义。这种哲学从根本上决定了中国美学的品格——情理统一,温柔敦厚,中庸和谐。

第 七 章
《周易》的美学思想

　　《周易》在中国文化史上具有无可比拟的地位，为群经之首。据史载，中国夏、商、周三代曾出现过三种易书，夏为《连山易》、商为《归藏易》、周为《周易》。《连山易》《归藏易》均多失传。现存的《周易》由两个部分组成，一是《易经》，即"六十四卦"。六十四卦为八卦相重而成。八卦的作者，相传是庖牺氏。重卦为何人，先秦古籍未道及，司马迁《史记·周本纪》云："西伯（文王）……其囚羑里，盖益《易》之八卦为六十四卦。"关于八卦、六十四卦及卦、爻辞的作者是谁，说法很多，此不详述。

　　《周易》的另一部分为《易传》。《易传》由《文言》、《彖传》上下、《象传》上下、《系辞传》上下、《说卦传》和《杂卦传》组成，其中《系辞传》哲学味最浓，是阐释《易经》内蕴的最重要的著作。

　　关于《易传》的作者与产生的年代，众说纷纭，没有定论。司马迁说"孔子晚而喜《易》，序《彖》《系》《象》《说卦》《文言》"[1]，没有充足根据。早在宋代，欧阳修对此就质疑过。现在，学术界大多认为《易传》不可能是孔子所作。《易传》的作者究系何人，已不可考，看来也非一人所作，产生的年代大体上可定为战国，各篇有先有后。

---

① 　司马迁：《史记·孔子世家》。

《易传》向来被称为儒家典籍,不过,一直也有人指出它并非纯粹的儒家学说,而杂有道家、阴阳家的思想。当代学者陈鼓应教授经过细致、深入的研究,从阴阳说、道气说、刚柔说等诸多方面论证,说明《系辞传》明显受老子思想影响,并由此进一步论定《易传》非儒家典籍,乃道家系统之作。[①]陈先生大胆推翻旧说的勇气很可嘉,所论也具一定说服力。不过,按笔者的看法,断定《易传》纯系道家系统之作也有所偏颇。应该说《易传》是兼受道家、儒家的影响的。就宇宙本体论、认识论这方面而言,受道家思想影响较多;而就人生哲学、伦理学这方面而言,受儒家思想影响较多。

《易经》与《易传》对中国美学的影响巨大,由于《易传》与《易经》本已合成一书,且《易传》对《易经》的阐释又是基本上符合《易经》精神的,故而我们在这里论述《周易》对中国美学的影响就不区别《易经》与《易传》了。

第一节 "阴"与"阳"

阴阳是《周易》的一对基本范畴。从《周易》文本《易经》来看,八卦以及由八卦重叠而成的六十四卦均是由阴阳二爻构成的。阴阳二爻的基本含义是什么,关系到对《周易》基本意义的理解。

关于阴阳二爻基本含义的理解众说纷纭。有人说阴阳概念及其符号来自对太阳的认识,太阳高照,光辉灿烂,则谓之阳;太阳被遮蔽,大地晦暗,则谓之阴。有人说,阴阳二爻来自对太阳与月亮的观察,太阳为阳,月亮为阴。有人说,阴阳二爻分指天地,天浑然一体,故用"—"来代表,地分水陆两部分,故用"– –"来象征。此外,还有结绳说,说是上古社会人们为了生活的需要,用结绳的方法记数,阴阳二爻就是从中受到启发而产生的,结绳结一大结为阳爻,结两个小结为阴爻。今人高亨持筮具说,说是上古用竹竿作筮具,凡无结的竹竿即为阳爻,有两个节的竹竿即为阴爻。

---

① 参见陈鼓应:《老庄新论》,上海古籍出版社 1992 年版,第 255—286 页。

笔者认为，以上诸说都不是阴阳二爻最早的或者说基本的含义。据《系辞传》，古代庖牺氏做八卦，其形象资料的来源主要为两个方面："近取诸身"，"远取诸物"。"近取诸身"，取的是什么呢？人本身最重要的事实是分男女。有男女，才可能有子孙后代的繁衍。人类的生产有两种：一种是物质生活资料的生产，一种是人类自身的生产。人类自身的生产就是人的繁殖。不仅是人，就是动物也都把繁殖看得十分重要。人的生命有两种含义，一种是个体的生命，一种是种族的生命。人类往往把种族生命的保存看得比个体生命保存还要重要。而种族生命的保存和发展是以男女的区分、男女的存在为前提的。因此，笔者同意钱玄同、郭沫若等学者的看法，认为阴爻"－－"是女阴的象征，阳爻"—"是男根的象征。阴阳二爻可谓生命之密码。阴阳关系最基本的、最原始的意义是男女（夫妻）的关系。

男女关系，准确地说是夫妻关系，为何称为阴阳关系？这可能与伏羲造八卦的第二条启示——"远取诸物"有关系。"远取诸物"，"物"很多，最重要的物是什么呢？从时间观念来看，是昼夜交替，昼有太阳，夜有月亮。昼、太阳为阳，夜、月亮为阴。从空间观念来看，天与地是最重要的、最大的物。人就生活在天地之间这样的环境中。因此，阳又代表天，阴又代表地。此后，阴阳的含义越来越多，以至宇宙的一切无不可以分为阴阳这样对立的两方面。于是，阴阳成为宇宙万物对立关系的代名词。

不管怎样，男女应是阴阳最原始、最基本的含义，由此决定了《易传》对《易经》基本意义的阐释。在《易传》中，阴阳概念运用得很多。《说卦传》云"观变于阴阳而立卦"，说八卦、六十四卦是以阴阳的各种变化为基本建立起来的。《系辞上传》云："《易》有太极，是生两仪，两仪生四象，四象生八卦，八卦定吉凶，吉凶生大业。"太极是宇宙未分的混沌状态，相当于"气"，"两仪"即为阴阳，是太极初分的形态。就人类来说，有了男女，就意味着人的产生；就宇宙来说，有了天地，则意味着人的活动空间的诞生。《系辞上传》还说："一阴一阳之谓道。"人类社会、宇宙自然的根本规律就在这阴阳的相对、相交、相和的关系之中，而这种相对、相交、相和的最大意义

在于"生"。"天地绸缪,万物化醇,男女构精,万物化生。"① "天地不交,而万物不兴。"② "天地之大德曰生。"③ "生生之谓易。"④

就这样,整个《周易》就建立在阴阳相交、生命大化的基础上。整个《周易》的哲学可以说是生命的哲学。

青铜器上的龙凤合体纹

阴阳观念由人类社会向自然界移用,最重要的则有:阳为天,阴为地。于是,男(父)——天,女(母)——地的宇宙基本模式构成了。阴阳相交、相和则不仅是男女相交、相和,而且还是天地相交、相和。人类的生命观扩充到宇宙。在中国人看来,整个宇宙亦如人类一样,也都是有生命的,充满着蓬勃的生机。

在中国哲学史上,由《周易》奠定的这种宇宙模式及生命哲学,贯穿始终,渗透一切,成为中国人最基本的宇宙观、人生观。

它在中国美学和中国艺术上的重要意义就在于建立了以阴阳相交为特征的生命美学。

对于生命美的肯定、赞颂,中国的各个哲学流派都是一致的,只是肯定、赞颂的角度、侧重点不同。儒家肯定、赞颂的主要是生命力的阳刚的一面,

---

① 《周易·系辞下传》。

② 《周易·彖传》。

③ 《周易·系辞下传》。

④ 《周易·系辞上传》。

进取的一面，重在生命力之张扬、奋发。《易传》的"天行健,君子以自强不息"为历代儒家所推崇。道家则肯定、赞颂生命的阴柔的一面,重在生命力之保存。老子特别赞扬婴儿的美,提出要"复归于婴儿"。婴儿的生命力是旺盛的,不过,他的旺盛,在老子看来,不在于刚强,而在于柔弱。老子说:"坚强者死之徒,柔弱者生之徒。"老子主柔实质也还在于重生,老子的哲学也还是生命哲学。其实,生命本有坚强与柔弱、进取与保存、运动与静止两面,儒家与道家各执一面,表面看来是对立的,但在重生这个实质上,它们是一致的。中国的佛教——禅宗其实也是生命哲学。禅宗近于道家,但比之道家更追求生命的超脱、自由。禅宗的机锋、偈语活泼泼地,充满奇趣,在近似怪诞之中让人倍感生命之颖悟、透脱。与其说禅宗是看破红尘而遁入空门,还不如说禅宗是对人生烦恼的超越而进入自由。圣、仙、佛分别是儒家、道家、禅宗追求的最高境界,这三种境界都可以看作是生命的极致、美的极致。

在艺术的审美创作上,中国传统美学最为强调的是创作主体生命力之张扬,认为这是艺术成功之关键。这大致又可分为两个方面:一方面是强调创作者志向、品格、道德修养对创作的作用;另一方面是强调创作者情感、性灵、才气对创作的作用。儒家的"诗言志",将诗之美归属于志之美。王充提出"精诚由中,故其文语感动人深",文词之美同样来自于人的生命力之美。朱熹认为书札细事均与人的德性相关,要想写出好文章,首先是"洗涤心胸",袁中道将为文的主体心理条件归纳为"识、才、学、胆、趣"五条,可谓至论。

中国人对自然美的欣赏,重在自然美的生机。王维说观山水要"先看气象,后辨清浊,定宾主之朝揖,列群峰之威仪",将山水形之图画,"要见山之秀丽""显树之精神"。① 邵雍谈到赏花时有一段十分精彩的言论:"人不善赏花,只爱花之貌;人或善赏花,只爱花之妙。花貌在颜色,颜色人可效;花妙在精神,精神人莫造。"② 邵雍说的花之精神就是花的生命力,花的

① 王维:《山水论》。
② 邵雍:《善赏花吟》,见《伊川击壤集》卷十一。

美既在它的颜色,更在它的精神,中国古代的艺术家在观赏自然山水的时候特别喜欢将自然山水人格化,将山水自然之精神气概转换成人的精神气概,使自然之生命力与人的生命力融为一体。

《周易》的阴阳理论在艺术创作中更多地体现在形神、虚实、动静、明暗、刚柔的处理上。《易传》云:"阴阳不测之谓神。"《内经》也说:"阴阳者,天地之道也,万物之纲纪,变化之父母,生杀之本始,神明之府也。"① 阴阳的关系是变化无穷的,这种无穷难测的变化,《易传》称之为"神",《内经》称之为"神明"。这种理论对艺术创作的直接启示是:要想使艺术作品达到"神"的境界,就必须熟练、巧妙、富有创造性地处理艺术创作中所有对立的关系,诸如形神、虚实、明暗、动静、高低、大小、远近……

《周易》中的阴阳理论强调的不是相反事物的对立,而是相反事物的相交、相合。《周易》认为,阴阳相交是生命之源,新生命的产生不在于阴阳的对立,而在阴阳的交感、统一。因此,阴阳的相合不是量的增加,而是新质的产生,是创造。因此,阴阳相交、相合的规律就是创造的规律。艺术之美,从根本上讲,就来自于阴阳的交合。阴阳交合是艺术创造规律的总的概括,它的表现是多种多样、千变万化的。历代的画家、诗人在运用这规律时又多有自己的创造,有关这方面的心得体会在中国古代的文论、诗论、画论中屡见不鲜。如清代笪重光说:"山实,虚之以烟霭,山虚,实之以亭台。山形欲转,逆其势而后旋,树影欲高,低其余而自耸。"②——这是说的虚实、顺逆的处理。李渔谈戏曲,认为:"传奇无冷、热,只怕不合人情。如其离、合、悲、欢,皆为人情所必至,能使人哭,能使人笑,能使人怒发冲冠,能使人惊魂欲绝,即使鼓板不动,场上寂然,而观者叫绝之声,反能震天动地。是以人口代鼓乐,赞叹为战争,较之满场杀伐,钲鼓雷鸣,而人心不动,反欲掩耳避喧者为何如?岂非冷中之热,胜于热中之冷;俗中之雅,逊于雅中之俗哉?"③——这是说的热冷、雅俗的处理。

---

① 《黄帝内经·素问·阴阳应象》。

② 笪重光:《画筌》。

③ 李渔:《闲情偶寄·演习部·剂冷热》。

以上仅稍举数例,亦可见"阴阳不测之谓神"在艺术美的创造中发挥何等重要的作用!

第二节 "刚"与"柔"

阴阳在《周易》(主要是《易传》)中,经常与刚柔相连属。在《易传》作者看来,刚柔是阴阳的重要属性。在哲学领域内,阴阳概念比刚柔概念显得重要些,谈阴阳多,谈刚柔少,而在艺术领域内,刚柔概念的运用,则远比阴阳概念的运用普遍。可以说,刚柔是中国美学的一对重要范畴。

《周易》的文本《易经》倒是没有刚柔这对概念,不过,《易传》谈刚柔又确是建立在《易经》的基础之上的。是不是可以这样说,《易经》虽在文字上不用刚柔概念,但其内涵却是充满刚柔的意义的。《易传》只不过是符合实际地当然也是富有创造性地阐发了《易经》这一深刻的内涵。

我们把阴阳的最基本含义理解成男女,并且认为《周易》中的阴阳理论包含有古老的生殖崇拜的意义。与此相应,刚柔的最基本的最原始的含义也包含有生殖崇拜的意义。《系辞下传》说:"乾,阳物也;坤,阴物也。阴阳合德而刚柔有体。"这"阳物""阴物"即是指男女生殖器。当代学者王振复先生说:"阴阳合德即'阴阳合得',是指男女性交感,而刚、柔则指交感时的两种性状,所以阳刚、阴柔原指人之生命的原始。而且这种生命的原始在《易传》看来是美。"[1] 这种说法是深刻的,很有见地的。

从这种角度去看《周易》中的六十四卦,许多问题迎刃而解。《乾·文言》云:"乾乎,刚健中正,纯粹精也",这是对男性生命力的赞颂。坤卦六四爻辞:"括囊,无咎无誉。"分明含有对女性生殖器崇拜的色彩。坤卦上六爻辞:"龙战于野,其血玄黄",也可看作是对性交感的直接描绘。《系辞上传》云:"夫乾,其静也专,其动也直,是以大生焉;夫坤,其静也翕,其动也辟,是以广生焉。"这里对"乾""坤"的描绘也可以看作是对男女生殖器

---

[1] 王振复:《周易的美学智慧》,湖南出版社1992年版,第301页。

的描绘。

当然，《周易》中的刚柔也不只是具有性的意义，它也用来象征或概括天地、日月、昼夜、君臣、父子这些相对立的事物。而且，刚柔也与许多成组相对立的事物性质相连属，如动静、进退、贵贱、高低……刚为动、为进、为贵、为高；柔为静、为退、为贱、为低。《系辞》云："天尊地卑，乾坤定矣。卑高以陈，贵贱位矣。动静有常，刚柔断矣。"

刚柔在艺术领域中的最重要的意义在于它成为两大美学风格的代名词。这就是阳刚之美与阴柔之美。用现代美学的概念来说即是壮美与优美。一般来说，阳刚之美的作品，其境界雄浑宏阔，风骨遒劲，以气概胜，其取景多为大漠、高山、飞瀑、江海之类而内寓经国济世之志、悲歌慷慨之情。阴柔之美的作品，其境界轻灵纤巧飘逸含蓄，以神韵胜。其取景多杏花春雨、小桥流水之类而多抒一己私情：或闺阁儿女之缱绻，或超尘绝俗之潇洒，或复归自然之闲适。

《周易》不仅提出刚柔两个相对的概念，对它们的内涵作了一定的规定，而且提出刚柔应该各有自己的位置。要求"当位"，即刚要居刚位，柔应居柔位。从占筮角度言之，只有这样才吉祥。

对于刚、柔，《周易》所持的态度是不一样的。一方面，明显地表现出崇刚抑柔的思想。一卦之内，阴爻居于阳爻之上，这叫作"乘"，是不吉利的，反过来，阳爻居于阴爻之上，这叫作"承"，是吉利的。显然，刚柔关系是刚统柔，柔从刚。另一方面，《周易》对柔的"抑"并不带蔑视或轻视的色彩，在很大程度上还带有浓厚的爱恋的情感。乾卦是纯阳，《周易》诚然是以最大的热诚奉献礼赞；坤卦是纯阴，《周易》也是以极深的情感予以歌颂。乾是父，坤是母，对父亲，虽仰而观之，敬之，畏之，却难免有些疏远；对母亲，虽俯而视之，却亲之，爱之，毫无芥蒂。在《周易》中我们可以明显地感受到这种敬父恋母的情感意味。

《周易》这种崇刚恋柔的情感意味，在中国美学中影响深远。

中国美学传统向来推崇言志载道、富有进取气概的作品，认为这样的作品有"兴寄"，是为文之正统，而对于那些不重"兴寄"，只写个人儿女私情或只在文字上下功夫的作品则明确地表示出不满。这种传统主要为儒家所倡导，由于儒家在中国的正统地位，因而这种艺术观也一直被视为正统。中国文学史上几次大的复古运动，都是打着复古的旗号来批判绮靡阴柔的文风以重振阳刚派文学的领导地位的。

　　值得我们注意的是，尽管在文论上，重风骨，重言志，重阳刚的言论毫无疑问地占据正统地位，可是在创作实践上，这类作品未见得占上风。无论是数量上还是质量上，重神韵的阴柔派作品还是要略胜一筹，其所以如此，原因是多方面的。除了阴柔派作品更具审美价值，更切合文学言情的特性之外，是不是也与《周易》崇刚恋柔的思想影响有关呢？

　　《周易》的崇刚恋柔的思想后来分别为儒家、道家所继承，儒家重阳刚，道家重阴柔。不过，中国的知识分子向来是儒道互补，很少有纯粹的儒家和纯粹的道家，因此表现在艺术创作上，一个作家往往有两种类型的作品。欧阳修是个典型。在文学主张上，他大谈言志载道，而在具体创作实践上，他的许多作品并不是言志载道的。他的那些在文学史上享有盛名的散文、诗词基本上属于阴柔派的作品。范仲淹也是如此。同样，婉约派大家李清照，除了写有大量的婉约之作外，也还留下像"生当作人杰，死亦为鬼雄，至今思项羽，不肯过江东"这样典型的阳刚派之作。

　　一般来说，阳刚之美重言志，重风骨，重理，而阴柔之美重意趣，重神韵，重情。重理令人可敬，犹如对君父；重情令人可亲，犹如对妻女。人皆敬君父，人皆恋妻女，因此，在中国任何一位艺术家的笔下都会留下两类不同风格的作品，只不过有所偏重、有所擅长罢了。

　　在中国艺术史上，阳刚、阴柔从来就不是互相排斥的，二者都可以存在。如果说在北宋前，由于儒家正统地位的巨大影响，阴柔派作品还相对处于某种弱势的话，那么，自北宋后，阴柔派借助于禅宗、道家对艺术的广泛渗透，却显得越来越有实力了。"词"这样一种文体的出现，在一定程度上可以说是为了满足社会对阴柔美的需要。由于自孔子开始，中国的圣人、贤人已经将"诗言志"的传统确定下来了，诗歌已经被赋予"经夫妇、成孝敬、厚人伦、美教化、移风俗"的重要使命，诗的自由抒写情感的功能受到一定的限制。词的出现倒是为情感的自由抒发提供了广阔的天地。词就不必为"言志"的使命所束缚了。这样，相比之下，词中的阴柔派作品就比诗中的阴柔派作品多得多。

《周易》虽说分阴阳刚柔，对它们各自的位置、意义讲得清清楚楚，但是，《周易》强调的不是阴阳、刚柔之分，而是阴阳、刚柔之合。这一点同样在中国美学、艺术中产生深广的影响。中国美学向来视刚柔相济的和谐为最高理想。中国的艺术批评学总是以刚柔相济作为一条最高的审美标准。于是，中国的艺术家们也都自觉地去追求刚柔的统一，并不一味地去追求纯刚或纯柔，而总是或柔中寓刚或刚中寓柔。早在商周，其青铜器的纹饰就充满着刚柔相济的韵味。

周朝青铜器上的凤纹

晚清曾国藩对于阳刚之美和阴柔之美有重要阐述，他说："尝慕古文境之美者有八言，阳刚之美曰雄直怪丽，阴柔之美曰茹远洁适。"[1] 这样，阳刚之美和阴柔之美就分别开展为四种审美品性。对于这八种审美品性，曾国藩有八字赞扬：

"雄"，说是"划然轩昂，尽弃故常"，强调的是创新；"直"，说是"黄河千曲，其体仍直"，强调的是气势；"怪"，说是"奇趣横生，人骇鬼眩"，强调的是怪奇；"丽"，说是"青春大泽，万卉初葩"，强调的是青春。以上这四种风格都归属于阳刚。这就与一般只将阳刚理解为壮美、崇高区别开来了，

---

① 曾国藩：《类阚斋日记类钞》。

扩大了阳刚的范围。

"茹",说是"众义辐辏,吞多吐少",强调的是内敛;"远",说是"九天俯视,不界聚蚁",强调的是浑然;"洁",说是"冗意陈言,类字尽芟",强调的是简洁;"适",说是"心境两间,无营无待",强调的是亲和。以上四种风格,都归属于阴柔,这就将一般只将阴柔理解为优美、秀雅区别开来了,扩大了阴柔的范围。

刘熙载是我国清代卓越的艺术批评家,他的《艺概》一书,涉及文、诗、赋、词、曲、书法等艺术领域,有不少精辟的论断。他最为推崇的艺术审美理想就是刚柔相济,他不仅对书法要求"兼备阴阳"二气[1],而且提出其他艺术也应如此,比如词曲,就应该"壮语要有韵,秀语要有骨"[2]。在刚柔相济的认识上,刘熙载是集大成者。

第三节 "大"与"美"

《周易》中关于"美"这个概念的阐述,较为明确地表达出中正为美的思想。《周易》中共四处出现美这个概念,三处集中在乾卦与坤卦。

《周易·乾卦·象传》云:"乾元者,始而亨者也。利贞者,性情也。乾始能以美利利天下,不言所利,大矣哉!大哉乾乎!刚健中正,纯粹精也;六爻发挥,旁通情也;时乘六龙以御天也;云行雨施,天下平也。"这个地方的"美"与"利"连在一起,是做形容词用的,《周易正义》注:"能以美利利天下,解利也,谓能以生长美善之道利益天下也。"这里的"美",相当于"好"。美利,意谓好的利益。值得我们注意的是,"不言所利,大矣哉!""不言",有功而不居,类于老子说的"道","道"无为而无不为,美之至也。庄子说"天地有大美而不言",这"不言"的乾元,是天,无疑它大美。

---

① 刘熙载:《艺概·书概》。
② 刘熙载:《艺概·词曲概》。

《周易·乾卦·彖传》如下一段话也应引起我们注意：

> 大哉乾元，万物资始，乃统天。云行雨施，品物流形，大明终始，六位时成，时乘六龙以御天，乾道变化，各正性命，保合太和，乃利贞，首出庶物，万国咸宁。

这段话用了"大"这个概念。我们知道，在先秦，"大"有类似于美的意义。《孟子》云："充实之谓美，充实而有光辉之谓大。"孟子讲的"大"，重在"光辉"，相当于壮美。乾卦所歌颂的天就是壮美的。《周易·乾卦·象传》云："天行健，君子以自强不息。"综合乾卦的《彖传》与《象传》，乾天的美美在五点：(1) 万物资始，生命之根；(2) 品物流形，变化之本；(3) 大明终始，光明之源；(4) 保合太和，和谐之至；(5) 行健不息，活力之最。这五点可以看作中国古典美学有关壮美的基本定性。

乾是天的赞歌，坤是地的赞歌。那么，地有哪些值得赞美的呢？《周易·坤卦·彖传》说："至哉坤元，万物资生，乃顺承天。坤厚载物，德合无疆，含弘光大，品物咸亨。牝马地类，行地无疆，柔顺利贞……"又，《周易·坤卦·象传》云："地势坤，君子以厚德载物。"如果说，乾卦主要表达了一种壮美的理念的话，那么，坤卦则主要表达了一种优美的理念。坤卦有两处提到美：

> 阴虽有美，含之以从王事弗敢成也。地道也，妻道也，臣道也。地道无成而代有终也。①

> 君子黄中通理，正位居体，美在其中，而畅于四支，发于事业，美之至也。②

上引第一段话直接阐发六三爻辞："含章可贞；或从王事，无成有终。"第二段话是直接阐释六五爻"黄裳元吉"的，关于"黄裳元吉"，《坤卦·象传》的阐释是："黄裳元吉，文在中也。"

从以上的引语，我们看出：坤的美主要是一种含蓄之美、顺从之美、柔

---

① 《周易·坤卦·文言》。

② 《周易·坤卦·文言》。

性之美、敦厚之美、奉献之美。值得我们特别注意的是《周易》强调这种优美是"黄中通理,正位居体"。"黄中通理"的"黄"是大地的颜色。五行方位,地处于中。"理",据《周易尚氏学》:"《玉篇》:'理,文也。'坤为文,故曰理。黄中通理者,方由中发外,有文理可见也。"《周易》描绘大地的美为"黄裳",充满着一种温馨的情感意味。

《周易》看重中与正。中与正都是指位。中位指二爻位与五爻位;正指阴爻在阴位,阳爻在阳位。如果二爻位上恰好是阴爻,五爻位上恰好是阳爻,那就是又中又正,名曰中正。中正,在《周易》看来,既是吉祥的,又是美好的。中国儒家讲中庸之道,中,不能理解为空间的概念,它主要指做事要处于正确的立场,要取正确的方式,恰到好处。庸为常,常即为正。可见,坤卦讲的"黄中通理,正位居体"与儒家的中庸哲学是一致的。

如同乾卦基本上奠定中国古典美学中的壮美品格一样,坤卦基本上奠定了中国古典美学中的优美品格。

《周易》由乾卦与坤卦奠定的中国古典美学中的阳刚之美与阴柔之美也可以整合在一起。这种整合在《大畜卦·象传》中表述为"刚健笃实辉光"。"刚健"侧重于概括乾卦所体现的自强不息的精神,"笃实"侧重于概括坤卦所体现的厚德载物的精神。"辉光"则是两种美的外在形象。"刚健、笃实、辉光"可以看作《周易》的审美理想,也可以看作中华民族的审美理想。这种审美理想在儒家美学中得到更多的传承。刘勰在《文心雕龙·风骨》中说:"情与气偕,辞共体并。文明以健,圭璋乃骋。蔚彼风力,严此骨鲠,才锋峻立,符采克炳。"这种重"风骨"的美学思想与《周易》的审美理想有着明显的继承关系。

第四节 "变"与"通"

"变"是《周易》的灵魂。易名三义:变易、不易、简易,变易是核心。《周易》认为世界上万事万物都是发展变化的,没有什么永恒不变的东西。处于这个"变动不居,周流六虚,上下无常"的世界,人们行动的最高规则是

"唯变所适"①。

正如许多学者所指出的,《周易》充满辩证法。而它的辩证法,最突出地表现在"变易"的哲学观中。《周易》认为,宇宙万物变化的原因不在什么外力(如上帝、神),而在于事物之间的和事物内部的阴阳刚柔两种力的斗争,即所谓"刚柔相推,变在其中矣"。周易对事物变化过程的规律的认识符合辩证法的量变到质变的规律。伏羲六十四卦的排列次序将这一规律揭示得很充分。从坤地大卦☷开始到天风姤卦☰,卦的阴爻逐渐减少,但初爻仍然是阴爻,表明这一个过程还只是量变。到地雷复卦☷,则发生了根本性质的变化。初爻不再是阴爻,而是阳爻了。这是一个了不得的变化。用《说卦传》的说法,是"雷风相薄,水火相射"②,这是个关键时刻,阴阳双方的对立、斗争,十分激烈,已达到风雷激荡、天翻地覆的程度,事物的性质要发生根本性的变化了。《周易》这种量变到质变的观点既体现于整个六十四卦的排列次序之中,也体现于每一个卦之中,可以说无处不见。关于事物变化(质变)的条件,《周易》认为是"穷",即事物在自己原有性质所规定的范围内发展到了顶点,无法在旧有的轨道上再前进了。《系辞下传》说:"易,穷则变,变则通,通则久。""穷"就要"变"。这个"变"就不能在原有范围内朝着原有的方向变了,它必须突破原有的范围,在更高的层次上逆着原有的方向发生突变。《周易》的泰卦和否卦就最清楚地表明了这一观点。通常说的"否极泰来""物极必反"就出自《周易》。《周易》的这一思想又暗合辩证法否定之否定的规律。《周易》的这些关于变的观点对中国文化包括中国美学影响深远。

《周易》中的"象",不管是卦象还是爻象,既是物质性的概念,又是功能性的概念,主要还是功能性的概念。"象"的最大功能就是能变。《系辞上传》云:"刚柔相推而生变化……变化者,进退之象也。"这样,象与变不可分割地联系起来了。

---

① 《周易·系辞下传》。
② 据帛书《周易》。流行本在"水火"与"相射"之间有一"不"字,于义不合,恐是衍文

"变"既是空间性的,表现为物体位置的变异;又是时间性的,表现为时光的线性流程。《周易》谈变也同时兼备这样两种视角,空间的、时间的。《系辞上传》云:"法象莫大乎天地,变通莫大乎四时。"最大的象是天地,最大的变通应是春夏秋冬四时的更迭。这实际上是提出,我们观察事物应该有这样两种相交叉的视角:空间的——天地(自然、社会);时间的——四时(历史)。用我们今天的语言来说,就是要以整体的眼光、历史的眼光观察世界。这是《周易》对中国文化的珍贵奉献。

《周易》这样一种观察事物的方法对中国文化包括中国美学、中国艺术学影响很大。中国人的观察事物,既注重"囊括四海"的整体性,又注重"纵览古今"的历史感。南朝著名的文艺学家刘勰就以这样一种眼光,考察了唐、虞、商、周、汉、魏晋、宋、齐十个朝代两千多年的文学发展演变史,提出"文变染乎世情,兴废系乎时序"[①] 的著名理论。这"文变染乎世情"可以说是《周易》"法象莫大乎天地"的具体衍化,而"兴废系乎时序"则是"变通莫大乎四时"的灵活运用。一是着眼于社会("世情"),二是着眼于历史("时序"),合而为一则是变。后代学者考察文学艺术的演变莫不持这种观点。

刘勰在《文心雕龙》中设"通变"专章,主张以发展的观点来看待文学,对文学的继承革新提出了一套相当严密完整的看法。他说:"文律运周,日新其业。变则其久,通则不乏。"[②] 这里提到的"变"与"通",与《周易·系辞传》所谈的"变"与"通"有明显的继承关系。《系辞传》云:

> 刚柔者,立本者也;变通者,趣时者也。[③]
> 穷则变,变则通,通则久。[④]
> 变而通之以尽利。[⑤]

---

① 刘勰:《文心雕龙·时序》。
② 刘勰:《文心雕龙·通变》。
③ 《周易·系辞下传》。
④ 《周易·系辞上传》。
⑤ 《周易·系辞上传》。

参伍以变,错综其数,通其变,遂成天地之文。①

这里,《周易》提出了一个变革的模式,即:穷—变—通—久—利(或"文")。因穷而变,因变而通,因通而久,因久而得利,成文。在这个变革模式中,变与通是两个关键之处。而刘勰是第一个将"通变"运用于文学理论的批评家。他的"通变"文学观建立在对"常"与"变"的辩证理解的基础上。他说:"设文之体有常,变文之数无方……凡诗赋书记,名理相因,此有常之体也;文辞气力,通变则久,此无方之数也。名理有常,体必资于故实;通变无方,数必酌于新声;故能骋无穷之路,饮不竭之源。"② 这就是说,文章的体制、名称、规矩、法则之类是有一定规定的,相对来说,比较稳定,可以说是"有常";但是文章的内容、辞采、风格又是没有一定规定的,变化万端,可以说是"无方"。

正如《周易》强调"变"的前提是"穷"一样,任何一种文学风格、流派,如果发展到极端,走到穷途,就必须发生变化。这种变化在现象上好像是走向反面,表现出复古的倾向,而其实质乃是向更高的境界前进,呈现出否定之否定的螺旋式上升的进程。

在中国艺术史上,"复古"的口号多次打出,其实质各不一样,有些是真复旧,是创新的对立面;有些是假复旧,真创新。从总的潮流来看,"创新"的主张总是占据领导地位,不过,也应该指出,中国艺术史上的创新说大多与师古说相连属,刘勰如此,陆机亦如此。陆机说,"收百世之阙文,采千载之遗韵,谢朝华于已披,启夕秀于未振"③,这是讲创新;"普辞条与文律,良余膺之所服,练世情之常尤,识前修之所淑"④,这是讲师古。总的意思是:在为文的规律、方法上应该参考借鉴古人,而在立意、遣词等方面还宜自出心裁。纪昀说这叫作"美自我成,术由前授"⑤。

---

① 《周易·系辞上传》。
② 刘勰:《文心雕龙·通变》。
③ 陆机:《文赋》。
④ 陆机:《文赋》。
⑤ 转引自《文心雕龙注》下,范文澜注,人民文学出版社1978年版,第522页。

　　"师古"与"创新"可以做到统一,这种统一的前提是承认文章、诗歌、艺术都是随着时代的变化而变化的,变是根本规律。纪昀说得很坦率,他说:"三古以来,文章日变,其间有气运焉,有风尚焉。史莫善于班马,而班马不能为《尚书》《春秋》;诗莫善于李、杜,而李、杜不能为《三百篇》。此关乎气远者也。"①

　　刘勰根据文学的特性,对于文学通变的规律做了这样的概括:"凭情以会通,负气以适变。"②"情"是"通"的依据,"气"是"变"的根由。"情"和"气"属文学的内容方面。"情"是文学审美的重要特质,情最具个体特色,最为丰富,最为微妙,也最多变化。说文学"凭情以会通"是最为切合文学的实际的。一个作家当他的情感发生变化的时候,其作品的风格、意蕴乃至辞采必然相应地发生变化。

　　刘勰说文学变化的另一规律是"负气以适变"。"气"在中国哲学中含义非常丰富,有时它相当于"道",是指自然、社会的最基本的规律;有时它相当于"志",是指个人的理想、气质和个性。如果取前一种含义,则表示文学是社会时代精神的反映,时代精神变了,文学必然相应发生变化。如果取后一种含义,则表示文学是作家个人的政治、道德理想及个性、气质的反映,作家的政治、道德理想及个性、气质发生变化了,文学也自然会发生变化。

　　不管是哪种情况,都说明文学的变化是有着个体的和社会的原因的,是有规律可循的。《周易》的通变观直接启迪了刘勰。而刘勰又从文学的实际出发,建立起一套完整的文学通变理论。这一理论作为方法论在中国美学史上产生了极为深广的影响,成为中国传统的考察文学艺术的基本方法,一个独特的审美视角。

第五节　"神"与"几"

　　"神"是中国美学中的重要范畴,虽然不能说"神"这个概念是《周易》

---

① 纪昀:《爱鼎堂遗集序》。
② 刘勰:《文心雕龙·通变》。

最早提出的,但是可以说,没有哪一部著作比《周易》更早地赋予了"神"最丰富、最哲学化的内涵。

《周易》中谈"神"的地方很多,有少数几处是谈鬼神的,但大多数的地方不用来谈鬼神。细检"神"的用法,大致有这样四种:

第一,神知。这是《周易》中"神"的主要用法。诸如:

> 穷神知化。①
>
> 知几其神乎。②
>
> 神以知来,知以藏往。③
>
> 夫易,圣人之所以极深而研几也。唯深也,故能通天下之志;唯几也,故能成天下之务;唯神也,故不疾而速,不行而至。④

这些地方谈"神",总是与"知"相联系而且还与"几"相联系的。"几"是什么呢? 《系辞下传》说:"其知几乎? 几者,动之微,吉之先见者也。"就是说,"几"是事物变动的微妙而又关键之处,它是吉凶的先兆。《周易》非常强调、非常重视这个"几"。坤卦初六爻辞说:"履霜,坚冰至。"从微霜,就预见到坚冰将至。这微霜是坚冰将至的信号,它就是"几"。"几"因其微,常不易引人注目,但它极为重要,需要及时把握,因而它神奇绝妙。能"知几"自然就是知神了。

引申言之,"几"就是事物的内在规律、事物的本质。事物的内在规律相比事物的现象总是隐蔽的,难以把握的。然而认识事物的目的,就深层次而言,应是认识事物的本质、内在规律。《系辞下传》认为,《周易》的最大价值就在于它"彰往而察来,而微显阐幽"。它教人趋吉避凶的最大秘密也就在这里。

《周易》将"变"看作"神",这与它将"几"看作"神"是一致的。"几"作为事物隐微的关键,作为事物的内在的本质,不应该是僵死的、不动的、

---

① 《周易·系辞上传》。

② 《周易·系辞下传》。

③ 《周易·系辞上传》。

④ 《周易·系辞上传》。

不变的,而应是充满生机的、动态的、变化的,正是因为如此,"知几"最难。

第二,神妙。《易传》中谈妙的地方极少,与"神"联系起来的只有一处,即《说卦传》中所说:"神也者,妙万物而为言者也。"此处的"妙"作动词用,即"妙育万物"的意思。《韩注》云:"于此言'神'者,明八卦运动、变化,推移莫有使之然者。神则无物;妙万物而为言也,则雷疾风行,火炎水润,莫不自然相与为变化,故万物既成也。"这就是说,八卦所揭示的大自然的变化,诸如天地交感、雷疾风行、火炎水润、山泽通气……的变化,正是大自然得以生生不息、化育不已的原因。这种"妙成"万物的功能,就是"神"。显然,这里说的"神"也是功能性的,是神变的具体发挥。

第三,神用。《系辞上传》云:"是故阖户谓之坤,辟户谓之乾,一阖一辟谓之变,往来不穷谓之通,见乃谓之象,形乃谓之器,制而用之谓之法,利用出入,民咸用之谓之神。"这几句话把《周易》的奥秘及价值说得非常透彻。乾辟坤阖,乾刚坤柔,乾进坤退。就在这辟阖、刚柔、进退之中产生了变,这种变,往来不穷,上通下达。其可见之处叫作"象";其成形之处叫作"器";掌握它,利用它就叫作法。如果能够把"法"运用得十分纯熟、灵活,富有创造性,那就叫"神"了。

晚商青铜器象尊

第四,神思。《周易》之神既表现在实践活动中,也表现在思维活动中,如果说表现在实践活动中的神叫"神用",那么,表现在思维活动中的神就应叫作"神思"。《周易》中没有"神思"这个概念,但《系辞上传》中有这样

一段话,却通向神思:

> 易无思也,无为也,寂然不动,感而遂通天下之故,非天下之至神,
> 其孰能与于此。夫易,圣人之所以极深而研几也。唯深也,故能通天
> 下之志;唯几也,故能成天下之务;唯神也,故不疾而速,不行而至。

这段话的大意是:"易"所创造的世界,非冥思所得,亦非人为所致,而
是阴阳交感而成。如果不是天下最高的神奇,怎能做到如此? 所以,圣人
殚精竭虑,探索其奥妙极为深入,也极为仔细。只有深入,才能会通天下心
志;只有研几,才能成就天下事务。"易"如此神妙,犹如不用疾走也能快速
前进,不用动步就到达目的地了。这段话的确不是谈思维的,但它的一些
用词,如"无思""无为""寂然不动""不疾而速""不行而至"与刘勰在《文
心雕龙》中所描绘的"神思"是相通的。刘勰说,处于神思境界的作家,其
思维状态是:"寂然凝虑,思接千载;悄焉动容,视通万里。"[1] 陆机在《文赋》
中这样生动地描绘过神思:"其始也,皆收视反听,耽思傍讯,精骛八极,心
游万仞……观古今于须臾,抚四海于一瞬。"[2] 这些描绘与上面所引的谈《周
易》之神的文字,其内在精神是相通的。

《周易》谈"神"的地方很多,其用法也不尽一致,但有个含义却是基本
的,这就是《系辞下传》所说:"精义入神。""精义",事物精华之所在也,引
申言之,乃事物的最高境界、最佳状态。

"神"这个概念在中国哲学、中国美学中运用得很广泛。《周易》中关于
"神"的几种用法在中国的有关艺术创作、艺术欣赏的言论中可以明显地看
到它的影响。

比如,"知几其神"的用法,首先为顾恺之加以创造性的发挥。顾恺之
认为,画人物贵在传神,而传神的关键在于抓住最能揭示人物精神气概的
细节。《世说新语》说:

> 顾长康画人,或数年不点目睛。人问其故,顾曰:"四体妍蚩,本无

---

[1] 刘勰:《文心雕龙·神思》。

[2] 陆机:《文赋》。

关于妙处，传神写照，正在阿堵中。"

苏轼对顾恺之这种说法十分赞赏，并且又加以发挥，他认为不可机械地理解顾恺之的画眼睛，眼睛之妙在于传神，而传神的细节也不只在眼睛，"凡人意思，各有所在，或在眉目，或在鼻口"[1]。苏轼这种看法无疑是正确的。尽管顾恺之、苏轼在谈传神时没有用到《周易》"知几其神"的命题，但显然是跟这个命题相通的。顾恺之所重视的"眼睛"，苏轼所重视的人的意思所在（或"眉目"或"鼻口"），都是《周易》所说的"几"，找到这个"几"，刻意表现这个"几"，就能传神了。

《周易》中"神变""神思""神用"这几种意思在艺术思维中巧妙地统一起来，又最好地实现在艺术作品之中，梁朝萧子显说："属文之道，事出神思，感召无象，变化不穷，俱五声之音响，而出言异句，等万物之情状，而下笔殊形。"[2] 当然，在"神变""神思""神用"三种意思中，中国文论谈得最多、最精彩的还是神思。"神变""神用"的意思大多融合进神思。

"神"在中国美学中还经常作为一种最高的批评标准或者说作为艺术的一种最高境界来使用。唐代著名的书法家张怀瓘提出两个非常重要的概念：一个是"风神"，另一个是"神品"。这两个概念都用来评价艺术作品，都被视为艺术的最高境界。张怀瓘说："识书之道，以风神骨气者居上，妍美功用者居下。"[3] "风神"与"骨气"相连，显然是讲作品高超的品格，遒劲的骨力，不同凡俗的气概。张怀瓘认为"风神"在妍美之上，这一观点对后世影响很大，明代的胡应麟提出"兴象风神"说，对张怀瓘的"风神"说做了新的发挥。

第六节　"中"与"和"

"中"与"和"在《周易》中的地位仅次于"阴"与"阳"。

---

①　苏轼：《传神记》，见《苏东坡集·续集》卷十二。
②　萧子显：《南齐书·文学传论》。
③　《张怀瓘议书》，见《法书要录》卷四。

　　"中"在《易经》中首先是指中位。每卦六爻，二、五爻分居下卦、上卦之中，号称中位，按易理，阳爻居奇数（一、三、五）爻位，阴爻居偶数（二、四、六）爻位，谓之"正"。如果阳爻居第五爻位，阴爻居第二爻位，那就是又"中"又"正"，号称"中正"。"正"很重要，它强调的是阴阳各居其位，但"中"比"正"更重要。占筮得中位，即算"失正"，也往往是吉利的。比如乾卦第二爻位，阳爻居之，因是中位，仍然吉利，爻辞云："见龙在田，利见大人。"《文言传》评论此爻："论德而正中者也。"又如坤卦的第五爻位，是阳位，但阴爻居之，因是中位，也是吉利的，爻辞云："黄裳元吉"。黄是土之色，土在五行中也居中，因此，五行中的土、五色中的黄都是吉的象征。

　　《易经》中的"中"不只是具有巫术上的意义，还具有丰富的哲学含义。它是中华民族特有的观察一切事物的文化视角。

　　《周易》中的"中"与"三才"相联系。"三才"为天、地、人。在一卦之中，五、六两爻代表天，初、二两爻代表地，三、四两爻代表人。人居中。这种文化视角也许出自朴素的空间意识，的确，人在世界上是头顶青天，脚踩大地，位居天地之中间。不过，这种文化视角的内涵远远超出了这种素朴的空间意识，而成为一种以人为中心的主体意识。中国人在处理天人关系问题时，特别重视人的主体地位。革卦的《象传》云："顺乎天而应乎人。""顺"是人去顺，不是被动的，而是主动的，归宿还是人的需要，所以，"顺乎天"的目的还是要让"天""应乎人"。中国人就是以这样一种态度去处理一切事物的。《周易》尽管是占筮之作，谈天命并不多，更多的倒是谈人事。益卦九五爻辞云："有孚惠心，勿问元吉。"意思是说，只要处处以诚待人，处事公正，其实不必去占筮问吉凶的。不管面临何等艰难的局面，《周易》都鼓励人们去抗争，去奋斗，而且总是给人以希望，坚信"否极泰来"。"天行健，君子以自强不息。"这句最为充分体现人的主体意识的话可以看作是《周易》的灵魂。

　　《周易》的"中"在哲学上也指"中道"。"中道"不能简单地理解成居中之道，"中"不只是方位的概念。中道应理解成恰到好处。它的对立面是极端、片面、过分与不及。《周易》对于这点是很强调的，时时提及"物极"与

"不及"的害处，告诫人们要警惕。

《周易》中的"中"在伦理学上也有公正的意思。这点，儒家后来格外地大加发挥。方东美先生说："大抵孔子及其他儒家所谓'中'，都是指着大公无私的生命精神。"[①] 中国历代的圣贤皆以这种精神为立身之本。范仲淹的"先天下之忧而忧，后天下之乐而乐"，说到底也是这样一种精神。儒家从《周易》的"中"获得启发吸取营养，建立了"中庸"的人生哲学。这种哲学涵盖了"中道"与"公正"两方面的意义。

"中"在美学上的意义，主要在于两点：第一是时空意义上的以中为美的思想；第二是以"中道"为内涵，吸取"和"这一概念的意蕴，形成以中和为美的审美理想。

时空意义上的以中为美的思想，在中国的风俗、礼仪、艺术创作、欣赏趣味中处处可见。"中国"这一概念本身就很能说明问题。宋代著名学者石介云："天处乎上，地处乎下，居天地之中者曰中国。""中国"，何等响亮，何等壮美，何等自豪！中华民族以中为美的审美意识在这里不是表现得最为充分吗？在中国人的方位意识中，中最为崇高，五行中土居中，土也就被赋予最高的地位，与之相配的是人间之首——君王。中国古代的阴阳家邹衍提出九州说，冀州居中，相传女娲杀黑龙以济冀州。在中国人的心目中，凡与"中"相联系的字眼大都是美好的。《韩非子·扬权》云："事在四方，要在中央。"司马相如在《大人赋》中高歌："世有大人兮，在乎中州。"

以中为美的意识在建筑中表现得最为鲜明。故宫的建构就是最典型的纵向展开的对称性结构。中国的园林设计也讲究中，这"中"不是指地理位置居中，而是指整个布局的中心，它是一园的灵魂。这中，根据不同的情形，或为堂，或为楼，或为水面，或为山丘。园林内的其他建筑、景点，皆从此散开，又皆朝向此。

"中"在美学上的另一意义是与"和"这一概念相连，构成"中和"的审美理想。"和"在《周易》中通常是指阴阳交感所形成的和谐状态。阴阳和

---

① 方东美：《中国人生哲学概要》，问学出版社 1970 年版，第 57 页。

谐最基本的意义是男女关系的和谐,以此引申、扩展,则有人际关系的和谐、人天关系的和谐、人神关系的和谐等,在这诸多的和谐中,最具哲学意义的是人天关系的和谐。《乾卦·文言传》中有一段话,对此做了简洁的概括:

> 夫大人者与天地合其德,与日月合其明,与四时合其序,与鬼神合其吉凶。先天而天弗违,后天而奉天时。

这里说的"与天地合其德""与日月合其明""与四时合其序"都可以理解成人与天和或者说人与自然的统一。中国哲学的基本命题"天人合一"最早比较全面的表述即出于此。

"和"可以说是《周易》的主旋律,这旋律宏大、雄壮,不仅洋溢动人心魄的魅力,而且充满明媚欢快的情趣。咸卦的爻辞配合爻象是那样生动、细腻地描绘一对青年男女从以脚指头试情到热烈地拥抱亲吻的全过程,千载而下,仍令人忍俊不禁。再看中孚卦九二爻辞:"鸣鹤在阴,其子和之,我有好爵,吾与尔靡之。"画面何等鲜明,情感何等奔放,音韵何等铿锵!真是一首绝妙的抒情诗。难怪后世圣人高唱"和为贵"。其实,和何止贵,和也美。

"和",作为一种美学观,在中国美学史上有它的特殊重要的地位。"和"从一个哲学概念发展成一种最具中国特色的美学观,是经过许多学者、艺术家富有创造性的阐释完成的。其间,有一些概念如"同""平""冲""中"引进来了,它们或与"和"相对照以区别,或与"和"相融合以丰富。具体来说,有这样几种情况:

第一,"和"与"同"相区别,以确定"和"是多样统一、相反相成的整体美学观。《左传》记载有晏子与齐侯讨论"和""同"的文字,非常重要。

> 公曰:"和与同异乎?"对曰:"异。和如羹焉。水火醯醢盐梅以烹鱼肉,燀之以薪。……先王之济五味,和五声也,以平其心,成其政也。声亦如味,一气、二体、三类、四物、五声、六律、七音、八风、九歌,以相成也。清浊、小大、短长、疾徐、哀乐、刚柔、迟速、高下、出入、周疏,以相济也……"[①]

---

① 《左传·昭公二十年》。

这里提出"和"与"同"有重要区别,"同"是同一事物量的增加,而"和"是多样统一,因不同事物融合而造成新质出现。"和"的状态是"如羹"焉,它像羹汁那样融合,那样浑沌,那样整一,那样美妙。"和"的构成规律是"相成"和"相济"。"相成"是不同质的渗入;"相济"是相反质的组合,前者使"和"的内涵更丰富,后者则经常产生奇特的效果。它不仅使质的对立更鲜明、更强烈、更具活力,而且是新质得以产生的根本原因或者说动力。早在春秋战国时期,我国对"和"就有如此深刻的认识是非常了不起的。在那个时代,世界上没有哪个哲学家提出过如此丰富的关于"和"的见解。

第二,"和"与"平"相连属,建构成一种关于审美境界的学说。《国语·周语》首创此说。《周语》云:"夫政象乐,乐从和,和从平。声以和乐,律以平声。……物得其常曰乐极,极之所集曰声,声应相保曰和,细大不逾曰平。"这里说的"平"与"和"是指一种平和、适度,比较地缺乏起伏的艺术境界。与这种艺术境界相对应的审美心境也应是宁静、平和的。阮籍加以发挥,他说:"乐者,使人精神平和衰气不入,天地交泰,远物来集,故谓之乐也。"[1] 嵇康也认为"平和"的音乐能"使心与理相顺,气与声相应,合乎会通,以济其美"[2]。"性絜静以端理,含至德之和平,诚可以感荡心志而发泄幽情矣。"[3] 这种"平和"的音乐美学观,与儒家的"温柔敦厚"的诗教相配合,对中华民族的审美心理产生过深远的影响。相比于西方民族的审美趣味,中华民族的审美趣味的确是要宁静得多,恬淡得多,平和得多。

第三,"和"与"冲"相连属,发展成一种虚静恬淡的审美观。"冲",虚也。《老子》云:"道冲,而用之或不盈,渊兮似万物之宗。""冲",《说文》均作"盅","盅,器虚也"[4]。"冲和"即虚静融和。唐太宗谈书法,说:"夫字以神为精魄,神若不和,则字无态度也……所资心副相参用,神气冲和为妙。今比重明轻,用指腕不如锋芒,用锋芒不如冲和之气,自然手腕轻虚,则锋

① 阮籍:《乐论》。
② 嵇康:《声无哀乐论》。
③ 嵇康:《琴赋》。
④ 许慎:《说文解字》。

含沉静。夫心合于气，气合于心。神心之用也，心必静而已矣。"①"冲和"审美观主要为道家审美观。尽管"冲和"这一概念在中国美学史上并没有稳定下来，成为一个范畴，但它的影响很大，中国的文人画，其美学风格就是冲和。冲和比平和丰富，实际上，平和的内涵已包括在冲和之中。

第四，"和"与"中"相连属，发展成最能体现儒家思想的审美观，通常，人们就称这种审美观为"中和"。儒家经典《中庸》云："喜怒哀乐之未发谓之中，发而皆中节谓之和，中也者，天下之大本也，和也者，天下之达道也。致中和，天地位焉，万物育焉。"这里说的"中"与"和"皆源自《周易》，但已有新的阐释。这段文章的最大意义是第一次提出"中和"这一哲学的也是美学的范畴。后世儒家都十分推崇"中和"，"中和"之美几成为最能体现中华民族文化精神之美。由于儒家在中国文化史上一直居于正统的地位，"中和"这一美学范畴比"冲和"影响要大，地位要高。根据相沿成习的看法，"中"是不偏不倚的中庸之中，它包含有适中、恰当的含义，核心的东西还是儒家所推崇的"礼"。礼才是衡量"中"的标准。"和"是融和。"中"与"和"合在一起，"中"就成了"和"的灵魂、统帅。正是有了"中"，"和"才具有崇高的意味，才见出伟大的堂皇。不过，"和"也不是可有可无的，没有"和"，"中"就成了僵死的教条，就没有了生命。《乾卦·象传》云："乾道变化，各正性命，保合太和，乃利贞。""太和"，大和也。这"太和"，可以说是生命之源。

第七节 "象"与"意"

意象是中国美学的中心范畴。从某种意义上讲，中国美学是意象体系。中国美学的许多重要范畴，如"比兴""兴象""形神""气韵""神韵""意境"都建构在"意象"的骨架上。

"意象"的基本要素是"象"与"意"。"象"包括物象、心象，二者相互

① 《唐太宗指意》。

联系。心象是物象的反映，物象是心象的基础。"意"包括"理"与"心"。"理"指物理，是客观事物的规律；"心"指心理，包括思想与情感。"意"与"象"的关系既体现出事物现象与本质的关系，又体现出主体与客体的关系。

《周易》在意象理论上的重要贡献，在于它最早提出"意"与"象"的概念，并且构筑了意象理论的雏形。具体来说，《周易》提出了两个重要的命题，其一是"观物取象"，其二是"立象以尽意"。

"观物取象"见自《系辞传》的两段话：

> 古者包牺氏之王天下也，仰则观象于天，俯则观法于地。观鸟兽之文与地之宜，近取诸身，远取诸物，于是始作八卦。[1]

> 圣人有以见天下之赜，而拟诸其形容，象其物宜，是故谓之象。[2]

这两段话的本意是说明《周易》中的"象"的来源。它告诉我们，易象并不是圣人头脑中自生的，而是从客观的物质世界获得各种信息，然后加以创造的。具体来说，它一是靠观察：观天象，观地象，观鸟兽之象；二是靠选取：近取诸身，远取诸物。在此基础上"拟诸其形容"，使所创之卦象生动，形象，内涵丰富，并且"象其物宜"。这样一个制作过程，体现了从物象到心象再到形象（卦象）的流水作业，是反映论与创造论的统一，是完全切合艺术创作规律的。郑板桥谈画竹的艺术创作过程："江馆清秋，晨起看竹，烟光、日影、露气，皆浮动于疏枝密叶之间，胸中勃勃，遂有画意。其实胸中之竹，并不是眼中之竹也。因而磨墨展纸，落笔倏作变相，手中之竹又不是胸中之竹也。"[3] 这个从"眼中之竹"到"胸中之竹"再到"手中之竹"的全过程与《系辞传》说的圣人创作八卦的过程是一致的。

《周易》的"观物取象"说不仅为中国自己的艺术反映论与艺术创造论奠定了基础，而且，它所提出的特殊的观察事物的方式为建立中华民族特有的审美视角构制了一个模式。

《周易》所提出的观察事物的方式是上"仰"下"俯"，"近取""远取"。

---

① 《周易·系辞下传》。
② 《周易·系辞上传》。
③ 《郑板桥集·题画》。

这是一个立体的环道的流动的观察法。这种观察法既是空间的又是时间的。从空间来看，它是上下左右的圆观，可谓"周流六虚"，从时间来看，它体现为由上到下、由近到远、由此及彼的流动过程。这种观察方法与中国人特有的环道思维是一致的。

《周易》提出的这种观察事物的方式是中国画论中"三远"法的最早源头。郭熙论"三远"法：

> 山有三远：自山下而仰山巅，谓之高远，自山前而窥山后，谓之深远，自近山而望远山，谓之平远。①

《易传》说的"仰观""俯察""近取""远取"虽不能等同于"三远"法，但基本精神是一致的，都是一种"周流六虚"的环道观察法。这种观察法有一个内核，就是将空间取象转变成时间流程。实质是以时间的流动来显示空间的转换，把空间时间化了。这是中国人特有的观察方式和思维方式。中国人的历史感很强，大概与这种观察方式、思维方式有关，因为历史就是流动的、变化的、发展的。

《周易》的"观物取象"说也不只是阐明了象的来源、取象的方式，还提出了观取得来的象经过创造性加工后所应具有的品格——像物。《系辞传》云："象其物宜"，又云："象也者，像也"。一般认为，这是说易象具有模仿功能、再现功能。单就字面上来看，的确如此。不过就易象的实际功能来看，易象更多地并不像物而是示意。如果要说"像"，易象并不重在像物的表象，而是像物的实质。所谓"象其物宜"，应该说不是指易象的模仿性，而是指易象的象征性。易象的基本功能是象征功能。比如明夷卦䷣，上为坤，坤为地，下为离，离为火，为日，这个符号的含义是太阳为大地掩盖，象征美好的事物受到打击。

因此，《周易》的"观物取象"以及"象者，像也"，其实主要并不通向模仿，而是通向象征。这一点，对中国艺术的品格影响也是极为深远的。不能说中国艺术不重模仿，不重再现，但中国艺术的意味更多的不在模仿，不

---

① 郭熙：《林泉高致·山川训》。

在再现,而在象征,在表现。中国艺术其实是象征主义艺术。这从中国的绘画、雕塑乃至诗歌、小说皆可看出。

这种情况的形成与《周易》的另一种理论——"立象以尽意"不无关系。《系辞上传》云:

> 子曰:"书不尽言,言不尽意。"然则圣人之意,其不可见乎? 子曰:"圣人立象以尽意,设卦以尽情伪,系辞焉以尽其言,变而通之以尽利,鼓之舞之以尽神。"

这里说书(文字)不能尽言,言不能尽意,象倒比文字、语言优越,可以尽意,因此"圣人立象以尽意,设卦以尽情伪"。《系辞传》的本意只是强调易象丰富的象征功能,但实际上揭示了一条很重要的美学规律:形象大于概念(概念的表现形式即为语言文字)。

用概念(言)来表达思想(意)和用形象(象)来表达思想(意)的确是有一些区别的。概念比形象简洁、明确,在对某些复杂的问题进行思考时便于迅速地抓住事物的本质,促使思维迅速地向前推进。但是概念的这种优越性是以舍弃客观世界诸多的丰富性为代价的。像"红"这个概念就难以表示客观世界实有的多种多样的红。《易传》说"书不尽言,言不尽意",正是从这个意义说的。实际上,不要说大千世界很难用语言文字反映,就是人的细微复杂的思想情感也难以充分表达。形象的好处就是以近乎生活本身的状态让人去领悟其中所包含的丰富的意义。它的缺点是芜杂,事物的内在性质往往隐晦难明;它的优点在于内涵丰富、真实。艺术是用形象反映世界的,科学是用概念反映世界的,它们都可以做到"真",但艺术的"真"与科学的"真"是不同的形态。《周易》的"言不尽意""立象以尽意"的理论接触到科学地反映世界与艺术地反映世界的某些重要区别。

《系辞下传》相当深入地探讨了卦象尽意的规律。它说:"其称名也小,其取类也大,其旨远,其辞文,其言曲而中,其事肆而隐。"意思是说:《易经》的六十四卦,每卦标举的名称虽然很小,但它所概括的同类事物却很多,它的用意是深远的。它的卦爻辞很有文采,话语曲折却极为中肯,它无所不谈,涉事极多,却又隐晦。这段话移到说艺术很适合。艺术形象很像卦象,它也是"称名"小,"取类"大。每一形象都具有一定的代表性、概括性,成就高的艺术形象就是典型形象。以小见大,以个别见出一般,正是艺术形象的本质特征。其次,艺术形象也是"其旨远,其辞文"的。"其旨远",它的内涵深邃、丰富,在隐晦、含蓄之中给欣赏者留下了一个广阔的再创造的天地。"其辞文",它的外部形象应是鲜明的、生动的,富有极大的感官诱惑力。这样的艺术形象当然就是美的形象。

《周易》对易象特征的揭示对文艺家们具有很大的启发性,刘勰在《文心雕龙》中就用类似《系辞下传》的话来阐释艺术的特征:"观夫兴之托喻,婉而成章,称名也小,取类也大。"① 司马迁在称赞《离骚》之美时也这样说:"其文约,其辞微,其志洁,其行廉,其称文小而其指极大,举类迩而见义远。"②

在中国美学中,"以象尽意"的命题至少与以下几个理论有渊源关系:

第一,关于"兴"的理论。"兴"在中国美学中是个很重要的范畴。有关"兴"的解释很多,各种理解都不相矛盾,只是侧重点不同。"兴"的基本意义是"因物喻志"③。"兴"有形象。这形象有两个作用:其一是议论、抒情的发端,"先言他物以引起所咏之词也"④。其二是"志""意""理""义"等寄寓所在,"兴者,托事于物"⑤,"兴者,诗之情"⑥,"取义曰兴"⑦,说的都是"兴"这一功能,也许为了更好地表述"兴"这两个方面的功能,有人又创造了"兴象"与"兴寄"这样两个概念。"兴象"重在揭示"兴"的"象"的特点;"兴寄"重在强调"兴"的寄托的作用。"立象以尽意"与"兴"的两个功能是紧密相连的,也可以说,"兴"的理论正是从"立象以尽意"的命题发展而来的。闻一多先生说:"《易》中的象与《诗》中的兴……本是一回事,所以

① 刘勰:《文心雕龙·比兴》。
② 司马迁:《史记·屈原贾生列传》。
③ 钟嵘:《诗品·序》。
④ 朱熹:《诗集传》卷一。
⑤ 陈奂:《诗毛氏传疏》。
⑥ 郝敬:《毛诗原解》。
⑦ 刘熙载:《艺概·诗概》。

后世批评家也称诗中的兴为'兴象'。"①

　　第二，关于"含蓄"的理论。《易传》在谈到易"立象以尽意"时已经比较明确地谈到易象表意的含蓄性，比如"其言曲而中，其事肆而隐"②。这种说法同样给予后世的文艺批评家以启发。刘勰明确提出文章可以有"隐"与"秀"两种风格。"隐也者，文外之重旨者也；秀也者，篇中之独拔者也。"关于"隐"，刘勰还做了这样生动而具体的描述："夫隐之为体，义生文外，秘响旁通，伏采潜发，譬爻象之变互体，川渎之韫珠玉也。故互体变爻而化成四象；珠玉潜水，而澜表方圆，始正而末奇，内明而外润，使玩之者无穷，味之者不厌矣。"③刘勰明确地以易象为依据来谈"隐"，可见《周易》对他建构这一理论的重要影响。刘勰之后，中国的文艺批评家、艺术家、诗人谈"隐"、谈"含蓄"的言论越来越多，把"含蓄"作为艺术美的一条重要标准而提到非常高的地位。比如宋代学者张表臣说："篇章以含蓄天成为上。"④宋代大词人姜夔说："语贵含蓄。"⑤明代学者陆时雍极为推崇杜甫的诗，而重要的理由则是"少陵七言律蕴藉最深，有余地，有余情，情中有景，景外含情，一咏三讽，味之不尽。"⑥

　　第三，"得意忘象"说。《周易》提出"立象以尽意"，把"象"的功能归之于"尽意"。"象"是手段，"意"才是目的，这一理论进一步发展，则出现了"得意忘言"说和"得意忘象"说。"得意忘言"说最早是庄子提出来的。庄子说："筌者所以在鱼，得鱼而忘筌；蹄者所以在兔，得兔而忘蹄；言者所以在意，得意而忘言。"⑦以庄子的"得意忘言"说为"跳板"，魏晋时期的天才哲学家王弼提出了"得意忘象"的重要命题。他在阐释《周易》的意象理论时说：

---

① 《闻一多全集》甲集，湖北人民出版社1993年版，第118—119页。
② 《周易·系辞下传》。
③ 刘勰：《文心雕龙·隐秀》。
④ 张表臣：《珊瑚钩诗话》。
⑤ 姜夔：《白石道人诗说》。
⑥ 陆时雍：《诗镜总论》。
⑦ 《庄子·外物》。

　　夫象者，出意者也；言者，明象者也。尽意莫若象，尽象莫若言。
言生于象，故可寻言以观象；象生于意，故可寻象以观意，意以象尽，象
以言著，故言者所以明象，得象而忘言；象者，所以存意，得意而忘象。①
　　王弼将"言""象""意"排了一个次序。认为"言"生于"象"，"象"生
于"意"。所以，寻言是为了观象，观象是为了得意。言—象—意，这是一
个系列，前者均是后者的工具，后者均是前者的目的。目的是重要的，工具
只是为目的而存在，目的达到了，工具也就不必要了。正是因为如此，得象
可以忘言，而得意又可以忘象。意是最终目的，是最重要的。钱锺书先生说：
"易之有象，取譬明理也，'所以喻道，而非道也'（《淮南子·说山训》）。求
道之能喻而理之能明，初不拘泥于某象，变其象也可；及道之既喻而理之既
明，亦不恋着于象，舍象也可。到岸舍筏，见月忽指，获鱼兔而弃筌蹄，胥
得意忘言之谓也。"② "得意忘象"说是中国传统美学中一个独特的命题，它
与中国美学中以形写神、形神兼备、重在传神的理论是配套的。西方也有
自己的意象理论，但中国的意象理论显然是与之不同的。中国的意象理论
非常明确地强调"意"的主导地位，由这一理论又派生出"气韵"说、"神韵"
说，都是重意的。
　　第四，"意境"理论。意境是中国美学的最高范畴。最早提出"意境"
这一概念的是唐代的诗人王昌龄（他在《诗格》中首次运用"意境"这一概
念），但作为一种理论体系，集大成者应是王国维。但王国维不只用"意境"
这一术语，还用"境界"这一概念。意境理论的形成，有众多说法，有人认
为主要是道家学说影响所致，也有人认为应溯源佛教教义，也还有人认为
与儒家思想有渊源关系。笔者认为，意境理论的形成不止一个源头，道、佛、
儒等各家学说对意境理论的形成都有作用，除此以外，《周易》的影响亦不
容忽视。《周易》的意象理论至少可以说是意境理论的源头之一，说得高一
些，《周易》的"意象"说是意境理论的基础，因为意境的基本要素及主要特

---

① 王弼：《周易略例·明象》。
② 钱锺书：《管锥编》第一册，中华书局 1979 年版，第 12 页。

点均可从"意象"说中找到某种依据。

第八节 "文"与"化"

文明（civilization）在西方是与城市的出现密切相关的，词根 civil 是市民的意思。而中国文化中的"文明"却另有来源。据《周易》贲卦的《彖传》："贲，亨，柔来而文刚，故亨。分刚上而文柔，故小利有攸往。刚柔交错，天文也；文明以止，人文也。观乎天文，以察时变；观乎人文，以化成天下。"这是中国文化中最早出现的"文明"概念。细察贲卦的卦象，它是由艮卦与离卦构成的。上艮下离。艮为山，离为火。这就是"山下有火"的来历。山下有火，何等壮观的景象！在古代的中国人看来，这就是最早的文明。它至少可以说明这样几点：首先，在古代的中国人看来，文明与使用火有关系。生活在中国土地上的原始人是地球上最早使用火的部族之一。火的使用，是人类进化史上极其重要的事件。它一方面使人能熟食，有利于人体的发育、完善，不仅使人的肉体更强壮，而且使人的脑力更发达；另一方面，它广泛使用于生产活动，也就大大推进了生产力的发展。火与太阳相联系，太阳是最伟大的火球。不仅如此，它还是人类世界最为伟大的光明。如果说高悬天空的最为伟大的火球——太阳是天上最为美丽的文饰（天文），那么，山下有火，即人类依傍高山大河，燃起熊熊篝火，或烧烤肉食或火耕大地，那就是最美丽的人文了。两种景象都是感性的、美丽的，而且连成一体，体现出中国最古老的哲学观念——天人合一。这种对文明的理解，不是很明显地体现出审美的意味吗？

从"山下有火"的图景到"文明以止"的赞语。我们联想到的是中华民族最早的火崇拜、太阳崇拜以及农耕文化、饮食文化的源头。中华民族最早的审美活动及审美观念就产生在这个过程之中。文，在中华文化中，从最高义讲，是文化、文明的简称，它代表时代先进的生产力与生活方式。"文"与"野"是对立的概念。野即为野蛮、落后。儒家从孔子始，总是将自己看作先进文化的代表者、维护者，以"文在兹"的身份批判"野"。春秋时代，天下大乱,礼崩乐坏,只有鲁国比较多地保留了一些周礼,故而处于野蛮之地的吴国派公子季札来鲁国观礼乐。吴公子季札观乐时,不断地发出赞美声。这是"野"对"文"的臣服。周公制的礼乐是不是先进文化,那是另一个可以讨论的问题。但孔子讲"郁郁乎文哉,吾从周",绝不是标榜落后,主张倒退,在他看来,周公的制礼作乐,就是先进的文化,是现代社会应该坚持的文化。

"文"也是与武相对立的概念。儒家崇文,反对乱用武力。孟子处的时代,较之孔子,更为动乱,中原大地,群雄割据,战火不息。孟子深感战乱给人民带来的巨大灾难,对战争深恶痛绝。他主张统一中国,统一的方式,不是凭武力的霸道,而是凭德治的王道。儒家是真诚的人道主义者,"太平盛世"是儒家最高的社会理想,实现太平盛世的唯一道路,则是"为政以德"。以德治国,也就是以善治国,以"文"治国。中华美学的审美意识,就深深地扎根在这种"文"的土地上。

"文"也解释成"文饰"。《周易》的贲卦就是讲文饰的卦。文饰有正反两义,正面来讲,它是文明化,即文化(作动词)。这无疑很好;从反面来讲,它有虚假义。这就不行。《象传》释贲卦,说:"山下有火,贲,君子以明庶政,无敢折狱。""明庶政"是讲治国以文,如程颐所说:"君子观山下有火,明照之象,以修明其庶政,成文明之治。"[1] 贲在这里,取的是正面义。所谓"无敢折狱"要求治狱光明正大,公平合理,反对文饰,即弄虚作假。

贲的正反两义都可用在审美上。中华美学讲审美,一方面也主张文化(动词),即使善的内容具有美的形式。"言之无文,行而不远。"[2] 话既要说得对,又要说得好,文采斐然。这样,才会有说服力,才会有大的影响。刘勰云:"圣贤书辞,总称文章。非采而何。夫水性虚而沦漪结。木体实而花萼振。文附质也。虎豹无文,则鞟同犬羊。犀兕有皮,而色质丹漆,质待文也。"[3] 一方面是"文附质";另一方面是"质待文"。缺一不可。中国的艺术

---

① 　程颐:《周易程氏传》。
② 　《左传·襄公二十五年》。
③ 　刘勰:《文心雕龙·情采》。

特别注重形式的美化。形式的美化最后走向程式化。程式化是艺术形式规范化的体现,它标志着此门艺术的成熟。它的副作用是给艺术的发展、创新带来一些禁锢。为发展艺术,为创新,优秀的艺术家又不得不在尊重原有程式的前提下,力求突破程式局限,或创造成新的程式。这种创造被誉为"戴着镣铐跳舞"。中国艺术就在这种对待程式的双重态度中发展着,前进着。中国的各种传统艺术都有程式化了的形式美法则。人们可以在一定程度上突破它,但不能完全抛弃它。完全抛弃,它就不是传统意义上的中国艺术了。这是中国传统艺术的本质特点所在。从某种意义上讲,中国的传统艺术就是高度程式化的艺术。这是中华美学的重要特点之一。这种特点的来源,不能不归之于中华文化的重"文"。

中华美学也接受贲卦的反面义,反对虚假,庄子讲"不精不诚,不能动人"。不过,中华美学注重真,主要在内在方面。艺术形象的创造,重神似。这成为中华美学的重要传统之一。中华美学讲的真,又往往通向宇宙的本体——"道"。艺术创作重在体现出"道"的意味来。南朝的宗炳认为山水画的一大作用可以让人"观道"。纯粹客观的道是不存在的,道离不开艺术家的理解,为了让画体现出道的意味来,画家不能不对他所画的对象进行改造。清代大画家石涛说:"山川使予代山川而言也,山川脱胎于予也,予脱胎于山川也。搜尽奇峰打草稿也。山川与予神遇而迹化也,所以终归之于大涤也。"[1] 石涛说的"山川"与"予"的关系,是个相互作用的关系。在艺术创作中,两者互相"脱胎"然最终还是归之于"予"(大涤子)的创造。所以中国艺术的真实其实是艺术家所理解的合于"道"的真实,是客观事物在艺术家头脑中的反映及艺术家关于宇宙本体的观念、审美观念、艺术观念共同创造的真实。这种创造也可以说是"文"。

《周易》贲卦的《象传》说:"观乎天文,以察时变;观乎人文,以化成天下。"这话也是很有意义的。从天的景象(文)可以观察时令、气象等种种自然界的变化,这种观察不仅是各种自然知识的来源,而且是处理社会各

---

[1] 《石涛画语录·山川章》。

种事件的根据。中国人将天神秘化,认为它也有"命",即为"天命"。天命难知,但可知。孔子就讲过"五十知天命"。天命在古代的中国人看来,是神圣的,伟大的,不可违抗的,人只有顺从天命才能获得成功。古代的中国人看重天命,但不轻视人心。《周易》中的革卦讲到汤武革命,其《象传》说:"天地革而四时成,汤武革命,顺乎天而应乎人"。这"顺乎天"是讲顺乎天命,"应乎人"是讲"顺应民心"。表面上看,天命是第一位的,摆在最前面;实际上,天命也是人的一种理解,人总是站在有利于自己的立场上来解释天命的。因此,天命实质是人命。中国人总是将自然的变化与社会的变化统一起来理解社会的进程,并且认为,这就是文明。综合"天文"与"人文"来谈"文明",可说是中华民族对文明理解的独特贡献。

这种理解,第一,它体现出中国哲学天人合一的基本精神。天文,可以理解成自然规律的征象,这个征象是不能忽视的,我们要通过这个征象(文)认识自然的规律,作为我们行事的重要根据。人文,可以理解成社会现实的状况,它是社会内在各种矛盾及矛盾方力量对比的体现,它诚然是我们行事的重要依据。只有将"天文"与"人文"结合起来,制订合理的行动方案,我们才能取得胜利,也才能"化成天下"。

第二,它具有浓郁的审美色彩。这不仅因为整个理论的表述是借助于感性的景象来完成的,具有浓厚的诗情画意;而且,它明确地提出最富有中国美学特点的"化"这一概念。在汉语,"文"既与"明"连缀成"文明";也与"化"连缀成"文化"。文明与文化含义是相通的,只是前者表静态的存在,后者表动态的过程。

汉语语汇,经常用到"化"字。大体有两种情况,一是"化"表事物的演变,它与"变"字联缀成"变化",如《庄子》中讲的"化蝶"。邵雍谈变化,说:"性应雨而化者,走之性也;应风而化者,飞之性也……"① 一连说了十多个"化"。在他看来,宇宙的最高秘密就在这"化"之中。"化"有个过程,这个过程往往是细微的,不为人觉察的,而且是自然而然的,合乎规律的。

① 邵雍:《皇极经世·观物内篇》卷五。

从审美心理上来讲，"化"的动态过程本具有审美的意义。二是"化"表事物演变的结果。"化"意味着完全地彻底地变了。中国人讲对立的事物统一的关系，一般用"和"来表示，"和"的极致是"化"，或者说"化"是"和"的本质。《左传》记晏子对齐侯说"和"。晏子说："和如羹焉。"这如羹的和，其原料都是化了的。"化"所体现的和谐，与古希腊哲学讲的和谐有所不同，它不是那种部分与部分或部分与整体的和谐，而是你中有我我中有你的交感和谐。在中国哲学看来，这种交感和谐才是真正的和谐。《周易》讲的阴阳和谐不仅是阴阳相应，而且是阴阳相交。处于六十四卦中间位置的咸卦，专论交感。《彖传》说："咸，感也。柔上而刚下，二气感应以相与。止而说，男下女，是以亨。利贞。取女吉也。天地感而万物化生，圣人感人心而天下和平，观其所感，而天地万物之情可见矣。"咸卦强调的就是这种交感。交感，有两个基本点：一是这种活动都是在感性的活动中进行的，它是具体的、实际的，可感的。二是对立因素的互相作用，融合为一。交感的结果是"万物化生"，说明"化生"是以"交感"为前提的。交感的两重义，都具有浓郁的审美意味。首先，审美就是一种感性和活动；其次，审美所追求的最高境界也就是交感所要达到的和谐境界。这种和谐境界，《周易》说是"太和"。《周易本义》释"太和"为"阴阳会合，冲和之气"。"会合"即交感，"冲和"即为化合。

在中国美学中，情景关系很重要，情景统一是实现审美的必然要求，情景统一就是和谐，而且必然是交感和谐。王夫之说："含情而能达，会景而生心，体物而得神，则自有灵通之句，参化工之妙。"[①] "会景""体物"是情对景的交感，"生心""得神"是景对情的交感。最后达"化工之妙"。这"化工之妙"就在于情与景的融合达到了两者无间的地步，即"情中景，景中情"。王夫之提出"情语"与"景语"两个特殊的概念。情语并不是单独言情，而是情中有景；景语也不只是言景，而是景中有情。他说："不能作景语，又何能作情语邪？""以写景之心理言情，则身心独喻之微，轻安拈

---

① 王夫之：《姜斋诗话》卷一。

出。"① 不独景与情是化而为一的，审美中，情与理、形与神、文与质的关系也都如此。

王夫之提出交感和谐所创造的境界为"化工"。这"化工"的境界，明代的李贽曾做过深入的分析。他说："《拜月》《西厢》，化工也；《琵琶》，画工也。夫所谓画工者，以其能夺天地之化工，而其孰知天地之无工乎？今夫天之所生，地之所长，百卉俱在，人见而爱之矣，至觅其工，了不可得，岂其智固不能得之欤！要知造化无工，虽有神圣，亦不能识知化工之所在，而其能得之？由此观之，画工虽巧，已落二义矣。"② 这里，李贽比较了"画工"与"化工"两种境界。"画工"已达到夺天地之化工的高度，应该说也是很了不得的了，但是，"画工"毕竟只是对自然的模仿，天地是化工，它不是化工。艺术要求的"化工"，不是对天地的模仿，而是与造化同一。天地是化工，它也是化工。化工之境也就是自然之境。化工之境，我们通常称之为"化境"。

说到"化"，我们还要注意到它与生命的关系。《周易》云："生生之谓易。""天地之大德曰生。"这"生"又如何来呢？它是阴阳大化的产物。上面谈到咸卦时，已引用"天地交感而万物化生"语。在中国文化看来，政治也好，伦理也好，教育也好，要达到真正的成功，都需要化，号称教化。只有教化，才能深入人心，并在心田生根。这种化，是生命之化，恰如杜甫诗云："好雨知时节，当春乃发生。随风潜入夜，润物细无声。"这种滋润生命的雨，在中国，称之为"化雨"。"化生"的观念直接进入中华美学，使得中华审美意识处处充满生意盎然的化机。

---

① 王夫之：《姜斋诗语》卷一。
② 李贽：《焚书杂说》卷三。

第 八 章

《尚书》的美学思想

在中国古代经典中,《尚书》的地位可能无以匹敌。

中华民族的诸多理念包括政治理念、哲学理念、自然理念、科学理念、美学观念、艺术理念,均可以从这里找到源头。先秦诸子著作中引《尚书》多达两百多次,其中重要的著作有《论语》《墨子》《左传》《孟子》《荀子》《礼记》《国语》《韩非子》《吕氏春秋》等,堪谓百家之通学。中国学术后来以儒家为尊,儒家将《尚书》立为自己的经典,并奉为"五经"之首。《尚书》的地位就显得特别显赫了。

《尚书》其实不是一部专著,它是尧舜禹时代直至周代一部政治文献集。后经人编成《虞书》《夏书》《商书》《周书》四编。《尚书》内容分"序"和"书"。"书"的作者应是当时周室或诸侯国的史官,"序"一度被认为是孔子所作,整个书的编辑修订工作也被认为是孔子完成的。虽然后世对于这些说法有质疑,但并没有能够做出定论。

《尚书》的命运颇为传奇。先秦,它在社会上流行,许多学者读过它。秦始皇焚书坑儒后,此书一度绝迹。至西汉汉惠帝时,有一位年过九旬的读书人名伏生,凭记忆,记出二十九篇,流行于社会。此《尚书》称为"伏生本",又因伏生本用当时流行的隶书记录下来,故又称之为"今文尚书"。汉武帝时,又有人在孔子故居的墙壁中发现一部《尚书》,四十五篇,其中

有二十九篇与伏生本相同。此《尚书》被称为"孔壁本",因为它用的是六国文字记录的,故又称之为"古文尚书"。两种《尚书》先后立于学宫,成为国家意识形态。清代著名经学家皮锡瑞说:"两汉经学有今古文之分,以《尚书》为最先,亦以《尚书》为最纠纷难辨。"①有关今古文《尚书》的研究、传承,形成相对立的两大学派,它们在中国文化发展史上产生了重要影响。

第一节 数度文化

中华文化一直重视数度之学,自一至十,每一位数均可以拓展出一片文化的天地,仅《周易》文化,自一至九的数度文化就有:一为太极,二为阴阳,三为八卦,四为四象,五为五行,六为少阴,七为少阳,八为老阴,九为老阳。而在《尚书》中,我们也找到它的数度文化,数度文化集中在《洪范》之中。

《洪范》是《尚书》中最具哲学味的文献。此文是周武王对箕子的一个访问,其中提出诸多的数度案例,如"五行""五事""八政""五纪""三德""五福""六极"等。这些数度案例中,最重要的是"五",其次是"三""六""八",它们在中国美学史上均具有审美模式的意义。

一、"五"

"五"首先组成"五行",关于"五行",在本篇第六章第三节有比较详细的介绍,此从略。

《洪范》对"五"这个数显然有着特殊的兴趣,在说了"五行"后,又说了"五事""五纪""五福"。

> 五事:一曰貌,二曰言,三曰视,四曰听,五曰思。貌曰恭,言曰从,
> 视曰明,听曰聪,思曰睿。

---

① 皮锡瑞:《经学通论》,中华书局 1954 年版,第 47 页。

五纪：一曰岁，二曰月，三曰日，四曰星辰，五曰历数。

五福：一曰寿，二曰富，三曰康宁，四曰攸好德，五曰考终命。

在春秋后期，"五"这个数字受到普遍的重视。在《周易》中，"五"被视为"天数"。《河图》《洛书》这些据说蕴含着天机的神秘的图形中，其数学关系均是"五"[1]。

"五"总是被运用在概括吉祥、幸福的事情上面，因而成为中华民族的吉祥数字，进而成为中华民族的一种审美模式。这种模式有几个特点：

（1）它是有中心的。中心为一，周围为四。

（2）如果将五派分成五种物质，最多的也常能为人所接受的是中央为土。五行说中，土为中心。这种对土的重视，反映了中华民族以农业为本的观念，农业为本的观念，是中华民族一切观念的基础。

（3）土为黄色，故中华民族在色彩上崇尚黄色。以黄为尊，以黄为贵。《逸周书》对于祭坛所用的土色有这样的记载：

其壤东责（青）土、南赤土、西白土、北骊土、中央垒以黄土。将建诸侯，凿取其方一面之土，苞以黄土，直以白茅，以为土封，故曰受则土于周室。[2]

"壝"，是围绕祭坛的一圈低墙，它是用土筑成的。"壝"的颜色是有讲究的：东，青；南，赤；西，白；北，骊（黑）；中，黄。这种程式与后代流行的"五行"说完全一致。周朝取分封制，被封的诸侯，根据其所分封的方位，凿取一块土。这土的颜色与自己受封的方位颜色一致，具体是：封于东方，取青色土；封于南方，取赤色土；封于西方，取白色土；封于北方，取黑色土。然后，包上黄土，覆盖上白茅。这就是"土封"礼仪。这种以"土封"为标志

---

① 《河图》中的数学关系表述为：其一，六居下，为水，方位为北；其二，七居上，为火，方位为南；其三，八居左，为木，方位为东；其四，九居右，为金，方位为西；其五，十居中，为土，方位为中。《洛书》中的数学关系表述为：纵横九宫，横三行为：四、九、二；三、五、七；八、一、六；纵三行（自右至左）为：二、七、六；九、五、一；四、三、八。不管是纵向、横向还是斜向，三数相加均是十五，为五的三倍。

② 《逸周书·作洛解》。

的分封制称为"列土而封"。列土而封是朝廷一项重要制度。值得我们注意的是,这种"土封"礼仪具有象征性:"黄土"代表中央政权。诸侯所取颜色土,根据自己政权所在的方位来决定。让自己的颜色土用黄土包裹,意味着自己所得全为中央所赐;白茅本是贡品,又白茅有圣洁之意,外面覆盖上白茅,意味着对朝廷赤诚。"土封"的象征性,一方面乃是礼仪的体现;另一方面也是审美的体现。

(4)中华民族将诸多具有审美意义的艺术法则用"五"来概括,如"五采""五音""五色""五味""五钟"等。

(5)五是调和天地人伦、创美立善的主要模式。先秦诸多古籍都有这类的论述,如《管子》云:

> 昔黄帝以其缓急作五声,以政五钟。令其五钟,一曰青钟大音,二曰赤钟重心,三曰黄钟洒光,四曰景钟昧其明,五曰黑钟隐其常。五声既调,然后作立五行以正天时,五官以正人位。人与天调,然后天地之美生。①

管子说,当年黄帝根据时间的缓急而做出五声,用五钟来表示,这就是青钟、赤钟、黄钟、景钟、黑钟。有意思的是,"五声既调,立五行以正天时,五官以正人位"。天时——自然运动的节律,人位——人在社会上的地位。就这样,借助五声,实现了"人与天调",创造了"天地之美"!

二、"三"

"三",这个数在《尚书》中也得到重视。《尚书·洪范》中有"三德"的说法:

> 三德:一曰正直,二曰刚克,三曰柔克。

"三"这个数字,在先秦的诸多古籍中受到重视,最突出的当然是《易经》。《易经》的八卦就是由三爻组成的。按《周易》哲学,一生二,二生三,三生万物。

---

① 《管子·五行》。

曾经有过"一分为二"与"一分为三"的讨论。应该说,两种说法都对。"一分为二",更多地立足于空间;而"一分为三"则更多地立足于时间。中华民族的时空概念,应该说是更多地注重时间的,即使看待空间也多据时间的立场,往往化空间为时间。

"三"在中华美学中具有模式的意义。一是思维模式。美学思维多是自觉不自觉地"一分为三",如刚柔问题:一刚,二柔,三刚柔相济。二是创作模式。艺术构图多分为三块,不是上中下,就是左中右;艺术观念,也多立足于三分。郭熙有"三远"(高远、深远、平远)之说;韩纯全有"三病"(板、刻、结)之论。

说"三"是中华美学的模式之一,并不是说其他数字模式就不存在,或者说不如"三"好,只是想说明,"三"模式在中华民族的思维中有着特殊的意义,不是其他数字模式所能替代的。

《洪范》中,还有"六""八"这样的数,它们于中华民族的思维也具有模式的意义,只是不如"五""三"重要。一般来说,中国的数度文化,奇数如"一""三""五""七",更具发展的意味;而偶数如"二""四""六""八",更具有完善的意味。

第二节　礼乐文化

《尚书》最早比较系统地阐述中国的礼乐文化。从《尚书》的记载来看,中国的礼乐文化开始于尧舜时代。关于尧,《尚书·尧典》这样说:

> 帝尧曰放勋,钦明文思安安,允恭克让,光被四表,格于上下。克明俊德,以亲九族。九族既睦,平章百姓。百姓昭明,协和万邦。黎民于变时雍。

这里,没有具体说到礼乐,只是概括地说到尧的治国方略和为人风度:"文思安安"。"文",在中国传统文化中,它是文明的概称,包括礼,也包括乐。尧死后,庙号为文祖。《尚书正义》云:"文祖,天也;天为文,万物之祖也,故曰文祖。"由此可见,文,虽由人做,却是效天的佳绩。文的最重要的

成果就是"和"。一是和九族("亲九族"),二是和百姓("平章百姓"),三是和万邦("协和万邦")。

礼乐文化在《舜典》中得到了比较充分的阐述。礼乐文化中,主导面为礼,礼主要为政治思想、宗教礼仪、国家行政、社会道德诸方面;由于礼的实现具有一定的形式和程序要求,因而也具有一定的审美意义。乐主要为艺术,在先秦社会,艺术以乐舞为主体,诗为基础,总称为乐,它的功能除了彰明礼之外,还有审美。相比于礼的主要功能为政治,乐的主要功能可以说是审美。礼与乐的统一,就是政治与审美的统一。礼以等级区分为基础,最终实现为对君主、对国家的理性上的服从。乐以全民共乐为基础,最终实现为人与人之间情感上的和谐。

《舜典》有一段文字描绘舜帝命夔导演一场乐舞的情景:

> 帝曰:"夔,命汝典乐,教胄子。直而温,宽而栗,刚而无虐,简而无傲。诗言志,歌永言,声依永,律和声。八音克谐,无相夺伦,神人以和。"
>
> 夔曰:"於!予击石拊石,百兽率舞。"

这段文字包含有一些重要观点:

(一) 乐教

文中强调指出让夔"典乐"的目的,是教"胄子"。"胄子"为长子。当时已经建立了宗法制。按宗法制,由嫡长子继承国或家的权力。因此,此种教育实质是统治者的培养,关乎政权。旨在培养国家政权接班人的教育中,有一项为乐教。

乐教在这里不是音乐欣赏,也不是音乐人才培养,而是塑造人格。什么样的人格? 就是:"直而温,宽而栗,刚而无虐,简而无傲";"直而温"——正直而温和;"宽而栗"——宽宏而庄重;"刚而无虐"——刚决而不虐人;"简而无傲"——简单而不傲慢。

这四句话,概括了做统治者所应有的人格,包括两个方面。刚性的方面:正直有原则,庄重有自尊,刚毅有决断,威严有力量;柔性方面:温和有热度,宽宏有度量,仁爱有怜悯,简单有纯真。前者重在治人,后者重在爱人。能治人必能爱人,能爱人才能治人。只有两者统一才能做一个优秀的统治

曾侯乙甬钟（战国早期）

者。乐教的灵魂就是这种教育。

（二）乐德

怎样的乐才是能达到乐教目的的乐，这涉及乐德。乐德的德不是指乐的品德而是指乐的规范。这里，提出三点具体要求：

1. "诗言志"

诗是乐之本，它的功能是"言志"，"志"指怀抱。按周礼的要求，作为未来统治者的年轻人，应具有志，无疑是家国之志。"诗言志"，在《左传》中有新的表述：

> 言以足志，文以足言。不言，谁知其志？言之无文，行而不远。①

《左传》肯定"诗言志"，然而在如何言的问题上，它推进了一步，提出"文"——文饰。强调以优美的语言表达志。言若无文采，这"志"就行不远，影响有限。

汉代的《毛诗序》发展了先秦的言志观，提出："诗者，志之所之也，在

———————————

① 《左传·襄公二十五年》。

心为志,发言为诗。"虽然此句似乎没有多少新意,但是,它提出的"诗有六艺"说特别是"六艺"中的"风"说,极大地丰富了"诗言志"的"志"。

2."声依永,律和声,八音克谐"

这是讲"乐"的声调与音律。中国古代讲的"声"为五声:宫商角徵羽。"依永者,谓五声依附长言而为之其声"①。"律"为六律。古代有十二乐律,阴六为吕,阳六为律。六律指黄钟、太蔟、姑洗、蕤宾、夷则、无射。"八音"指八种乐器:金、石、丝、竹、匏、土、革、木。它们一齐演奏而又做到高度和谐。

3."神人以和"

这是乐所达到最高境界。"神人以和"即为天人之和。

(三) 乐象

乐象即是"击石拊石,百兽率舞"。各种乐器包括石磬这样的打击乐器都参与了,舞者均装扮成兽的模样,因此为"百兽率舞"。这乐舞既充满着原始的野蛮与神秘,又洋溢着人文的堂皇与壮丽。

关于古代乐舞的盛况,《尚书·益稷》也有所描述。基本观点同于《舜典》,只是乐象更为绚丽,更为震撼:

> 夔曰:"戛击鸣球、搏拊、琴、瑟,以咏。"祖考来格,虞宾在位,群后德让。下管鼗鼓,合止柷敔,笙镛之间,鸟兽跄跄,《箫韶》九成,凤凰来仪。
>
> 夔曰:"於! 予击石拊石,百兽率舞,庶尹允谐。"
>
> 帝庸作歌。曰:"敕天之命,惟时惟几。"乃歌曰:"股肱喜哉,元首起哉,百工熙哉!"

乐舞的场面,极为震撼! 乐舞最后,舜帝亲自作歌演唱,他的歌中的"股肱喜哉,元首起哉,百工熙哉",将乐舞和谐君臣百姓的审美效应揭示出来了。

---

① 孔颖达:《十三经注疏·尚书正义》。

第三节 山川文化

《尚书》的内容大量地涉及自然山川,虽然直接涉及审美欣赏的言论没有,但都与审美相关,可以说,这些论述中都潜藏着自然审美的种子。

一、自然记异

《尚书》中正面描绘自然景象的句子很少,有的,要么是灾,要么是异。

如《尧典》说到洪水:

> 汤汤洪水方割,荡荡怀山襄陵。

形象壮观,但这是记灾。另,《高宗肜日》有"飞雉升鼎耳而雊",形象奇美,但这是记异。

二、祭祀山川

《舜典》云:

> 肆类于上帝,禋于六宗,望于山川,遍于群神。……岁二月,东巡守,至于岱宗,柴。望秩于山川。……五月南巡守,至于南岳,如岱礼。八月西巡守,至于西岳,如初。十有一月朔巡守,至于北岳,如西礼。

这里说到"望于山川",指祭山川之名,并不亲自去。而巡守则会去名山。这里,说到舜亲自去祭拜的名山有岱宗——泰山、南岳——衡山、西岳——华山、北岳——恒山。

祭"四岳"是中华民族最高的祭仪,始自舜帝,最早的记录在《尚书》。司马迁在《史记》中用到了这一史实,并补充了祭中岳。

中国古代有"封禅"说,《史记》借管仲的话,说:"古者封泰山禅梁父者七十二家,而夷吾所记者十有二焉。昔无怀氏封泰山……炎帝封泰山……黄帝封泰山……"① 这可能只是传说,而秦始皇首次封泰山、禅梁父山应是

---

① 司马迁:《史记·封禅书》。

事实。

中国远古视大山大川为神灵，故而崇拜，因崇拜而祭祀。山川审美是山川脱出神灵意义后的产物，不过，尽管山川审美是脱出神灵审美的产物，但脱出不是脱尽，因此，即使是文明高度昌盛的今天，对大山大川的审美仍然保留有一定的神灵崇拜的色彩。

三、天象为则

在古人，最神秘的莫过于天象了，天象中，星象又是最为神秘的。因此，古人极为崇拜天象。古人崇拜天象，一是将天象当作神来崇拜，这种崇拜产生祭祀；二是将天象当作社会法则来崇拜，这种崇拜产生准科学或科学。

《尚书》中，属于后一种崇拜的有两件事实：

（一）观天制历

《尧典》载：

> 乃命羲和，钦若昊天，历象日月星辰，敬授人时。分命羲仲，宅嵎夷，曰旸谷。寅宾出日，平秩东作，日中，星鸟，以殷仲春……申命羲叔，宅南交，平秩南讹，敬致日永，星火，以正仲夏……分命和仲，宅西，曰昧谷。寅饯纳日，平秩西成。宵中，星虚，以殷仲秋。……申命和叔，宅朔方，曰幽都，平在朔易。日短，星昴，以正仲冬。

尧的时代已有观天象制历的行为了。具体承担这一使命的是羲氏、和氏两位大臣，他们是颛顼时代主持祭天事务的大臣重黎的后代。马融说："羲氏掌天官，和氏掌地官，四子掌四时。"[①] 陶寺考古发现了尧时代的观天台，如此可以认定《尚书》这一记载是可信的了。观天象是一重大工程，不是一两人能完成的，除了羲氏、和氏外，还有羲仲等若干人在配合工作。羲仲给安排住在嵎夷的地方，此地名旸谷，羲仲的工作是清晨恭敬地观察日出，以测定太阳东升的时间。羲叔给安排住在南方交趾，测定太阳向南运行的情况。和仲给安排住在西部的昧谷，恭敬地送别落日，测定太阳西落的时间。

———————————

① 孔颖达：《十三经注疏·尚书正义》。

和叔给安排居住在北方的幽都，测定太阳向北运行的情况。正是基于这种对于天象的观察，在尧的时代，就制定出了星历，确定了一年366日，并确定了闰月的加法。

（二）观星定政

《舜典》载：

> 正月上日，受终于文祖，在璇玑玉衡，以齐七政。

这话是说舜即位的事，正月吉日，舜接受尧（"文祖"）的传位。"正璇玑玉衡"有几种解释：一种解释为"璇，美玉，玑衡，玉者，正天文之器，可旋转者"[①]；一种解释是，"璇玑玉衡"，即北斗七星。"玉衡"是杓，"璇玑"是魁。《尔雅·释诂》释"在"，"察也"。按这种解释，舜帝即位后，观察北斗七星，确定七项政事。这实际上是以北斗七星作为决定国家政事的一种指导。

四、改造山川

《尚书》诸多篇章记载了大禹治水的故事。这中间反映出人与自然的关系。自然并不完全适合于人的生存与发展，为了人的生存与发展，人必须对自然进行改造。大禹治水就是一场改造自然的运动。

大禹之前，有大禹的父亲鲧治水，因为没有很好地认识自然的规律，治水所采取的措施不得当，因而失败。大禹继承了父亲治水的事业，然而他所采取的治水措施则完全不同。大禹治水的主要经验，就是尊重自然规律，具体来说，就是"随山浚川……随山刊木，奠高山大川"[②]。

这里，两个字十分重要。一是"随"。随，随顺意。水之流与山之势直接相关。水总是依傍着山而流，山坡的朝向决定了水的流向，山脚之高低决定了水的流速。充分利用山势治水，不能不说是最有效的办法，因为这是科学的。二是"奠"，奠，定也，正也。定是奠的结果，而之所以能定，是

---

① 孔颖达：《十三经注疏·尚书正义》。
② 《尚书·禹贡》。

因为正。而所谓正，就是正确地利用客观规律。在治水上，奠，指的是为水导出一条最合适的河道来。而要能做到这样，必须细致地观察水流经处的地理状况，并做出科学的研究，只有以正确的地理知识为基础，这人工河道才能说得上"奠"。

五、自然财富

《禹贡》篇详尽地叙述大禹治水之后中国大地九州的地理状况，这种介绍，立足于自然的资源意义。自然作为资源，最重要的是土地资源，因此，首先介绍土地的状况。比如，兖州的介绍："桑土既蚕，是降丘宅土。厥土惟中下，厥土黑坟，厥草惟繇，厥木惟条。"意思是，这个地方适合种桑树，百姓已经养蚕了；于是人们从山上搬到平地，建起了家园。这个地方土质又黑又肥，草长得茂盛，树也长得好。

这种描述主要是介绍资源，但有形象，有情感，含有审美的意味。

六、国土意识

《禹贡》对自然资源的介绍，既立足于人民的利益，更立足于国家的利益。它将治理后的国土分成"五服"：甸服、侯服、绥服、要服、荒服。这五服，大约都以五百里为一区划，不同的服，对王室进贡物不同。五服的划定，无异于宣布中央政权的最高权威，宣布统一国家的存在。

《禹贡》自豪地说："九州攸同，四隩既宅，九山刊旅，九川涤源，九泽既陂，四海会同。""四海"，按《尔雅·释地》："九夷八狄七戎六蛮，谓之四海。"

中华民族的山川观念无论是资源观念还是审美观念都具有深厚的国家意识。

七、家园意识

《汤诰》是商汤打败夏桀后，颁布的告示，大意是说夏桀无道，"灭德作威"，故而伐夏，"将天命明威"。现夏已灭，希望天下臣民与我同心同德，

建设好国家。其中有两句涉及建设家园：

> 上天孚佑下民，罪人黜伏，天命弗僭，贲若草木，兆民允殖。

意思是，上天信任并保佑百姓，罪恶的人已经逃跑屈服了，天命一点也不差。现在天下灿然像草木一样繁荣，广大人民从此可以乐生了。文中"贲若草木"既是直写环境，也是比喻家园。

《尚书》原有《明居》一篇，只存"咎单作《明居》"一句序文，正文已佚。曾运乾在《尚书正读》一书中解释曰："马（融）云，咎单为汤司空。《王制》云：司空执度，度地居民，山川阻泽，时四时，量地远近，兴事任力。又云：凡居民量地以制邑，度地以居民，地邑民居，必参相得也。无旷土，无游民，食节事时，民咸安其居，是司空明居之法。"① 这段文字，虽然是曾运乾所作，但介绍的是《明居》的思想，如果他的介绍比较接近原文，那么，商朝已经有安居的思想了。

八、自然评价

《尚书》对于自然的评价，不是美还是不美，而是对百姓有利还是有害。有利为好，有害为凶。《洪范》云："庶征，曰雨，曰旸，曰燠，曰寒，曰风，曰时五者来备，各以其叙，庶草蕃庑。一极备，凶，一极无，凶。"这里说，自然界的天气通常有雨、旸、燠、寒、风等现象，如果五者兼备并且按照岁时而发生，那么，就草木茂盛，万物兴旺，对百姓有利。如果其中某种天气过多，或者某种天气过少，那就于百姓有害，那就是凶。

《洪范》在谈了上引一段话之后，还说了这样一段话：

> 日月之行，则有冬有夏。月之从星，则以风雨。

有冬有夏，有春有秋，有风有雨，随顺岁时，应有当有，应生当生。这就是好天气。

《洪范》其实认为，对于天气好坏的判断，兼有直接与间接两种标准，直接标准，对人利还是不利；间接标准，正常还是不正常。正常，合律；不正

---

① 曾运乾：《尚书正读》，中华书局 1984 年版，第 94 页。

常,悖律。这种兼双的评判,是真与善的统一,自然生态与人的利益的统一。
评判中,属于人的利益的一面,主要为经济功利,审美依附于功利,并且是
暗含的。

九、自然比德

《洪范》中也有自然比德的言论,如:

> 曰休征:曰肃,时雨若;曰乂,时旸若;曰晰,时燠若;曰谋,时寒若;
> 曰圣,时风若。曰咎征:曰狂,恒雨若;曰僭,恒旸若;曰豫,恒燠若……

"休征"即好的征兆是什么呢? 君王能敬,就像及时雨;君王有治国的
能力,就像及时晴;君王明智,就像及时温暖;君王善谋,就像及时寒冷;君
王明理,就像及时风。"咎征"即坏的征兆是什么呢? 君王狂妄,好像久雨;
君王办事错乱,好像久晴;君王贪图安逸,好像久暖……

自然比德在先秦是一种比较普遍的自然观,由于孔子有"知者乐水,仁
者乐山"的言论,受到儒家的重视,成为先秦主流的自然审美说,而且引导
出儒家诗学的"比兴"理论。

《尚书》没有系统的自然审美观,但它的自然观中寓含有自然审美观的
潜能。事实是,中国古代的自然审美观从来就没有独立过。原始宗教的山
川崇拜以及农业生产对自然的依赖观念是自然审美的重要源头,而这,在
《尚书》中多有体现。

第四节 德 政 文 化

作为自尧至周的政治文献合集,《尚书》的主题是德政。几乎每一篇都
在谈德。《尚书》论德,虽然与审美没有直接的关系,但是,德是中国古代审
美的主要源头。中华民族对于美的理解,从来就是将德包含于其内,而且,
视德为美的灵魂。

《尚书》论德,涉及的方面很多,主要有:

960 中華美學全史 第三卷

一、德与天

在《尚书》中，天，不是山川自然，而是上帝。它是人类命运的决定者，同时也是真善美的集一体者。《尚书》讲德，多与天联系起来：

（一）有德乃是天命

《皋陶谟》云："天工，人其代之。天叙有典，敕我五典五惇哉……天秩有礼，自我五礼有庸哉……天命有德，五服五章哉！"此文说，"天工"即天的工作，人可以代替之。人代天工是非常重要的观点，天人合一哲学的精髓就在此。人合天，目的是人代天。天做得多好，人也可以做得多好。这种主体意识难能可贵。这个地方讲的"天工"，指德。表述德，它用了"典""秩"这样的近义词。"典"，经典；"秩"，秩序。这两者都为人所要遵循的礼制。"五服""五章"也是礼制。礼制核心是德。"天命有德"，将德归之于天命，德的权威性就不容置疑了。

（二）天伐坏德之人

《皋陶谟》云："天讨有罪，五刑五用哉。"有罪之人即坏德之人，这种人会遭到上天的惩罚。说这样的话，当然是为国家建立法治张目，但更重要的是为改朝换代找到理由。"夏先后方懋厥德，罔有天灾。……于其子孙弗率，皇天降灾。"① 夏朝的开国之君是好德的，故而没有天灾，夏的后代不以祖先为表率，坏了德，上天就降灾了。于是，商汤伐夏，云"致天之罚"；周武王伐商，同样云："商罪贯盈，天命诛之。"②

（三）天佑有德之人

与"天伐有罪"相反，天佑有德。商朝大臣伊尹教导国君太甲云："非天私我有商，惟天佑于一德。非商求于下民，惟民归于一德。"③ 伊尹生怕太甲自认为做国君理所当然，明确地说，不是上天对商有什么偏爱，天只不过是佑助有纯一品德的人。商朝政权稳定，也并非商求助下民的结果，而是

---

① 《尚书·伊训》。
② 《尚书·泰誓上》。
③ 《尚书·咸有一德》。

商民自然地归附有着纯一品德的人。总之,这"一德"是最重要的。"咸有一德,克享天心,受天明命。"①

(四)天德来自民德

《皋陶谟》云:"天聪明,自我民聪明;天明畏,自我民明威,达于上下,敬哉有土。"这话是说,天的聪明,来自我人民的聪明;天的赏罚分明,来自我人民的是非善恶。《泰誓上》更明白地说:"民之所欲,天必从之。"在天人关系上,《尚书》既将天说成绝对权威,又将这种绝对权威归之于人。于是,天命本于人心。天人合一,说起来,似是人合天;但根本上,是天合人,只是这人指的是德。

(五)人祸重于天灾

《太甲中》:

> 王拜手稽首,曰:"予小子不明于德,自底不类。……天作孽,犹可违;自作孽,不可逭……"伊尹拜手稽首,曰:"修厥身,允德协于下,惟明后。……"

这里的"王"为商王太甲。据《史记·殷本纪》,商王太甲即位后三年,坏礼败德,残忍无道,于是,辅国大臣伊尹将他放逐到桐宫守丧,伊尹代理国事。三年后,太甲改过自新,伊尹又将太甲迎回国都,交还政权。太甲面对伊尹跪拜叩首,说:"我不明德,糊涂啊,做得不好。天造成的灾祸,还可以违避;自己造成的灾祸,躲也躲不掉啊!"伊尹跪拜叩首,说:"注重自身修养,用诚信的品德协同上下,这才是英明的君王。"

"天作孽,犹可违;自作孽,不可逭"这话是耐人寻味的。此话有三层意思:其一,天灾与人祸,谁最可怕?是人祸。"可违"与"不可逭",不宜从后果的严重性来理解,而应从后果的责任性来理解。天灾,人无须负责,人祸,人必须负责。天灾是客观的,不以人的意志为转移,人可以坦然接受,无须追责;人祸是主观的,是可以避免而没能避免的,人不可以坦然接受,必须追责。其二,人祸是"人自作孽"。人为什么会自作孽?是贪欲,贪欲坏

---

① 《尚书·咸有一德》。

德。其三,怎样让人不"自作孽"? 就是修德。如此说来,修德重于名义上的尊天。

以上在德与天的关系上的一系列观点揭示了中国哲学天人合一说的精神内核。中国人的尊天、顺天,具有两重意义:其一,含有遵循客观规律的意义,因此它具有一定的科学性。其二,含有重视主体根本利益的意义。中国古代的尊天、顺天的实质往往不是科学上的,而是人文上的。人文上的归结为德。于是,尊天就成了尊德,顺天就成了顺德。中国哲学的天人合一的合,一方面是人合天,另一方面是天合人,客体的天与主体的人互相认可归为一体。这种天人合一,认识论的意义虽有,但不多,主体论的意义往往超过了认识论的意义。

中国这种天人合一哲学成为中国美学的哲学基础。中国人谈的审美既不持客观论的立场,将审美视为认识,也不持主观论的立场,将审美看作一场梦遇,而是持主客观统一的立场,将审美看作为主体与客体一场愉快的邂逅,如王夫之所说"内极才情,外周物理"①,"含情而能达,会景而生心"②。即使是想象,也认为"空中楼阁如虚有者,而础皆贴地,户尽通天"③。中国艺术创作中的主体与客体关系也充分体现出中国哲学天人合一论的意义。石涛说画山水:"山川使予代山川而言也,山川脱胎于予也。予脱胎于山川也。搜尽奇峰打草稿也。山川与予神遇而迹化也,所以终归之于大涤也。"④

二、德与君

《尚书》实为一部君王的教科书,教的内容主题是做有德之君。而作为君,德的集中体现是正确处理与民的关系。民供养君、服从君是天经地义之事,这点《尚书》是充分肯定的,但是民之供养君、服从君不是没有前提的,而是有前提的,前提是君应是有德之人,这有德即能做到爱民。关于德

① 王夫之:《姜斋诗话》卷二。
② 王夫之:《姜斋诗话》卷二。
③ 王夫之:《古诗评选》卷五。
④ 石涛:《画语录》。

与君的关系,《尚书》有这样几方面的论述:

（一）德与治国

德的重要性,在于它是治国之本。《太甲下》有句"德惟治,否德乱"。《梓材》一篇为周公对康叔的劝勉。此篇有句:"皇天既付中国民越厥疆土于先王,肆王惟德用,和怿先后迷民,用怿先王受命。"意思是上天将中国的臣民及疆土付于先王,今王惟有施行德政,方能和谐百姓,教导迷民,完成先王托付的使命。

一句话,对于君来说,德的最大意义在于保住社稷,治好国家。

（二）德与善政。

对于君主来说,德主要为善政。善政集中体现在对待百姓的态度上,要高度认识百姓于国家的重要意义。《五子之歌》云:"民惟邦本,本固邦宁。"民是国家政权的基础。民之重要性在这个八大字中充分体现出来了。

善待人民,实质是看重国家政权,同时也是尊奉天命。《泰誓中》云:"惟天惠民,惟辟奉天"。要明白"可爱非君,可畏非民"①。君与民的关系是一种不可分割的关系:"众非元后,何戴? 后非众,罔与守邦?"②

善政主要体现为养民。《大禹谟》:"禹曰:'於,帝念哉! 德惟善政,政在养民。水火金木土谷惟修,正德利用厚生惟和。'""德惟善政,政在养民"八个字概括了君主的全部工作。而展开则主要为两个方面:一是将百姓活命的六种物质,作为工作的重点。这六种物质是水、火、金、木、土、谷。二是将三种观念作为工作的指导思想,这就是正德、利用和厚生,三事配合,以和为原则。

（三）德与修心

《尚书》将修德归之于修心。《大禹谟》:"帝曰:'来,禹! ……人心惟危,道心惟微,惟精惟一,允执厥中。'"这是舜对大禹说的话,它提出两种心:一是人心,一是道心。人心惟危,道心惟微。为何呢? 这说的人心是自

---

① 《尚书·大禹谟》。

② 《尚书·大禹谟》。

然之心。人的自然之心是动物性的，未经过德的修治，不懂得人伦大义，也就不懂得仁爱谦让，故而野蛮，这种野蛮，是很可怕的。道心是人文之心，它是人从外部一点点注进去的，道心的获得需要修治，这个工作漫长而且艰巨，因而"道心惟微"。要做到什么程度才算好呢？这里提出"精""一"二字，"精"重在诚，而"一"重在和。诸多的思虑整合成一个以德为统帅的灵动的整体，就是"惟精惟一"，而在行动中准确地把握好各个方面的关系，不偏不倚，而执守中正之道。

修心，首先是君主的事，但也是全国臣民的事，都以德为修心的原则，就可能达到全国臣民一心。这就叫作"同德"，《泰誓上》："同力度德，同德度义。受有臣亿万，惟亿万心，予有臣三千，惟一心。"

《尚书》的德政思想不独是历代帝王治国的指导思想，还成为中华民族最可宝贵的精神财富。德政文化广泛而又深入地影响着中国文化的方方面面。它对于中华美学的影响主要在于它是中华美学中关于美的评判的重要指导思想。美在善，是全球美学共同的，但在中华美学，还进一步到美在德，德在爱民。不是抽象的人，而是人中的主体部分——民，成为中华美学关注的重点。儒家美学可以归结为德政美学。经儒家重新解释过的民歌集《诗经》成为治国之参考。而《诗经》也就成为德政美学的标本。汉代民歌继承《诗经》传统，诞生了《汉乐府》，至唐，白居易又创《新乐府》，虽然其后未有新的乐府标本出来，但这种以民生为关注重点的文学一直得以传承。

第 九 章
《春秋》"三传"的美学思想

　　《春秋》本为鲁国的一部史书,它记载的是鲁隐公元年(公元前722年)至鲁哀公十四年(公元前481年)的历史,共242年,它以鲁国的历史为主,兼及他国。这部书,长期以来被认为是孔子所作,最早提出此说的是孟子,《庄子》也这样说。西汉司马迁著《史记》,则采纳此说。20世纪初,在疑古思潮的影响下,有学者怀疑此事,认为《春秋》不可能是孔子所著。不过,大多数学者认为,孔子虽然没有著《春秋》,但修订过《春秋》。孔子是否著作过或修订过《春秋》,要想获取结论,目前还不可能。虽然如此,《春秋》的思想体系归属于孔子所创始的儒家,却是不争之事实。

　　《春秋》记事过于简单,242年的历史,仅1.6万字就打发了,实在让人感到遗憾。于是,就出现了对它解释的三部著作——《左传》、《公羊传》(以下简称《公羊传》)、《春秋穀梁传》(以下简称《穀梁传》)。这三部书均产生于战国时期,它们的思想体系基本上一致,但侧重点不同,就对史事补充来说,以《左传》为优,而就对《春秋》中的思想予以阐发来说,以《公羊传》和《穀梁传》为优。

　　《春秋》"三传"中保存了一些重要的美学资料,而通过对这些资料的分析,我们发现,其中,《春秋》"三传"中有着重要的美学思想,这些思想从某种意义上可以看作是儒家美学思想之源。

第一节　"春秋笔法"

古往今来，人们常以"春秋笔法"称赞《春秋》的文字，这春秋笔法，有诸多内涵。

一、方式：直笔

直笔，讲究一语中的，直截得当。这主要用于对人物事件性质的看法上。为此，用词就不能不讲究，像死，"天子曰崩，诸侯曰薨，大夫曰卒，士曰不禄"①。"君死乎位曰灭"②。像打仗，战败了，用"溃"。"溃者何，下叛上也。"③

这种讲究用词虽然出于政治上的考虑，但对中国的美学的影响深远，当政治上的考虑转化为美学上的考虑时它就不再是政治性的，而是美学性的了。中国文学史上，推敲词句的佳话很多，绝大多数的推敲属于美学性的。

二、方式：曲笔

（一）"微言大义"

这方面，《公羊传》在"三传"中是最突出的。《春秋》中的每一个字的使用都是有讲究的，而且包含褒贬。如《公羊传·隐公元年》中有一段：

（经）夏，五月，郑伯克段于鄢。

（传）克之者何？杀之也。杀之则曷为谓之克？大郑伯之恶也。曷为大郑伯之恶？母欲立之，已杀之，如勿与而已矣。

这段话关键词是"克"。"经"说"郑伯克段于鄢"，"传"解释，这"克"是"杀"的意思。为什么不用"杀"而用"克"？这是为了强调郑伯的罪恶。

---

① 《春秋公羊传·隐公三年》。
② 《春秋公羊传·庄公二十六年》。
③ 《春秋公羊传·僖公四年》。

郑伯的母亲喜欢小儿子共叔段,想立他为国君,郑伯是在位的国君,你不给予他就可以了,何苦要制造阴谋杀掉他呢?这足见郑伯的狠毒。"克",字面上为中性,不用负面的"杀",用这中性的"克",含有深意,这深意涉及对郑伯的评价,让人深思。此可谓"微言大义"。

(二) 隐而显

《公羊传》喜欢用"隐"来说《春秋》的笔法。隐的原因很多,有些涉及礼制,有些涉及避讳,有些涉及对人的态度。《公羊传·隐公十年》一段文字涉及隐:

> (经) 夏,翚帅师会齐人、郑人伐宋。
>
> (传) 此公子翚也,何以不称公子?贬。曷为贬?隐之罪人也。故终隐之篇贬也。
>
> (经) 六月,壬戌,公败师于管。辛未,取郜。辛巳,取防。
>
> (传) 取邑不日,此何以日?一月而再取也。何言乎一月而再取?甚之也。内大恶讳,此其言甚之何?《春秋》录内而略外,于外大恶书,小恶不书;于内大恶讳,小恶书。

这段文章,说两件事,前面一件事是鲁国公子翚率兵攻打宋国。翚,鲁国大夫、鲁隐公异母弟,此人品行恶劣。隐公、桓公两朝国王当政时,他都干过不少坏事。此处,"经"有意不称他为"公子"。《公羊传》则明确地说明,这样做是为了"贬",而且说,《春秋》整篇对于此人都是贬的。

是贬,而不明说是贬,这是隐。

后一件事,"经"说鲁隐公六月壬戌 (初七) 这天在营地打败了宋国军队,辛未 (十六日) 这天取得了郜邑这座城市,辛巳 (廿六日) 取得了防邑这座城市。

"传"说:夺取城邑一般不记日子,这次为什么记?因为一月内夺取了两座城市。为什么说一月内夺取两座城市,要记下日子?因为太过分了。

——原来,这记不记日子有史家的态度!真是隐笔了!

"传"接着说,对于鲁国来说,大恶事是要隐讳的。这次鲁国侵略宋国的事,是做得过分了,故要隐讳。《春秋》记事的原则:鲁国的事详细记录,而外国的事从略。对于外国,大恶事记录,小恶事不记录。对于鲁国,大恶事隐讳,小恶事记录。

如此,说明隐是主观的,有利益考虑。这利益是国家荣誉。

《春秋》避讳讲究很多。除了考虑事主的品德外,还考虑到他的影响力。比如,《公羊传·僖公十年》说到晋文公、齐桓公的事,《公羊传》认为,《春秋》给晋文公避讳,不给齐桓公避讳,并不是基于二位君主的德性,而是基于他们在位时间的短长,"桓公之享国也长,美见乎天下,故不为之讳本恶也。文公之享国也短,美未见乎天下,故为之讳本恶也"①。这逻辑似乎有些不一般。齐桓公是春秋五霸之一,影响很大,仅仅因为他影响大,就可以尽情地揭他的短,掀他的烂货吗?

《春秋》以及"三传"的隐笔,总的来说,坚持它所认为的真善美三者统一的立场。首先,坚持真假清楚的原则,隐由于不得已。隐不是隐去真实,而是埋下真实,保存真实。其次,坚持善恶分明的原则,隐不仅是为了保存真实,而且是为了张扬礼制与道德。懂得《春秋》专门的用语法则,就会明白隐笔中所包含的扬善惩恶的立场。最后,坚持妙语诱人的原则。不直说而曲说,不明说而隐说,不重说而轻说,不正说而反说,这些说法的方式都带有一定的美学追求。

隐,既尊重了客观事实与客观价值,又坚持了主观立场,维护自认为该维护的利益。

《左传·成公十四年》对《春秋》的曲笔有一个概括:

微而显,志而晦,婉而成章,尽而不污,惩恶而劝善。

"微而显,志而晦",这就是上面我们说到过的曲笔、隐笔。

这"婉而成章",见出《春秋》的美学风格。这风格,就是柔、温。柔,不以力胜,而以韵胜;温,以情胜,而不以理胜。虽然如此,柔中见刚,情中寓理。这是中国美学最为推崇的风格。《诗经》就是这种风格,名之为"温柔敦厚"。"尽而不污",事实说清楚,但不累赘;道理说透彻,但不肤

---

① 《春秋公羊传·僖公十年》。

浅。这就是简洁，中国美学推崇简洁。"惩恶而劝善"，这是目的。目的决定一切。

《春秋》这种表述方式，对中国美学影响深远。《毛诗序》首倡"比兴"，强调诗的真意在言外，刘勰《文心雕龙》设"隐秀"章，强调"文之英蕤，有秀有隐"，陈子昂讲"兴寄"，宋欧阳修等重"含蓄"。这些，不仅是一种表述方式，还是一种审美方式，进而影响到为人处世，成为中国人认为美的言行风度。

三、核心：正名

《春秋》笔法的实质是准确，而准确在于"正名"。

《左传·桓公六年》讲到了为人命名的讲究：

> 公问名于申繻。对曰："名有五，有信，有义，有象，有假，有类。以名生为信，以德命为义，以类命为象，取于物为假，取于父为类。不以国，不以官，不以山川，不以隐疾，不以畜牲，不以器币……是以大物不可以命。"

这段文字说"名"有五种：信、义、象、假、类。用出生的情况命名为信，以祥瑞的字眼命名为"义"，以相类的字眼命名为"象"，以万物的名称命名为"假"（借），用与父亲有关的字眼命名为"类"。命名有诸多忌讳：不能用国命名，不能用山川命名，不能用疾病命名，不能用牲畜命名，不能用器物钱币命名……不能用大事物来命名。

虽然为人取名意义是重要的，但《春秋》强调正名，最大的意义还是给乱臣贼子正名。这种正名实质是定罪名。罪名一经定下，天下认同，故而使"乱臣贼子惧"。

整篇《春秋》主题就是正名，而正名的依据就是礼。因此，正名实质是尚礼。面对礼崩乐坏的局面，孔子著或修订《春秋》的目的是复礼。

中国文化深受《春秋》"正名"论的影响，重视名分，这种重视，其意义正负均有。它在艺术的影响主要见于艺术品评。

第二节 "大一统"论

据《孝经钩命诀》,"孔子曰:'《春秋》属商,《孝经》属参。'"商是子夏,参是曾参。此话意思,孔子说,《春秋》传授给子夏,《孝经》传授给曾参。子夏在传授《春秋》的过程中,看中了齐国人公羊高,就着意将此书传授给了公羊高。《春秋公羊传注疏》徐彦疏引戴宏序云:"子夏传与公羊高,高传与其子平,平传与其子地,地传与其子敢,敢传与其子寿。至汉景帝时,寿乃与齐人胡毋子都著于竹帛。"① 由战国齐人公羊高首传的春秋学在西汉汉武帝时,被置于学宫,为"五经"博士之一。公羊学是今文经学之一,在西汉,执牛耳者有胡毋生和董仲舒。班固《汉书儒林传》云:"胡毋生,字子都,齐人也,治《公羊春秋》,为景帝博士,与董仲舒同业。仲舒著书称其德。年老归教于齐,齐之言《春秋》者宗事之。"

《公羊传》的文体为问答式,大体是以"经"即《春秋》投问,自作答。《公羊传》重论理,主要是根据《春秋》所记的事本身以及《春秋》所用记事的"词",阐述儒家的思想。

《公羊传》的最重要的哲学思想主要是"大一统"论。

在中国,"大一统"有四层意思:

一、国之一统

国家,在周,有三个层次,最高层次为宗周,即中央政权;中间层次为诸侯国;诸侯国下还有由卿统治的具有一定独立性的政权,如鲁国仲孙氏、叔孙氏、季孙氏。《公羊传》最为重视的是宗周,而宗周的性质是"大一统"。

《公羊传·隐公元年》:

(经)元年,春,王正月。

(传)元年者何?君之始年也。春者何?岁之始也。王者孰谓?谓

---

① 转引自王维堤、唐书文撰:《春秋公羊译注》,上海古籍出版社 1997 年版,第 7 页。

文王也。曷为先言王而后言正月？王正月也。何言乎王正月，大一统也。

《春秋》开卷一句话："元年，春，王正月。"貌似说时间，很平常。而《公羊传》的解释极不平常，此句设五问，做五答。元年什么意思？——国君即位的那年。春是何意？——一年的开始。王指谁？——指周文王。为什么先说王后说正月？——这是文王即位的那个正月。为什么要说"王正月"？——因为天下系于一统。这里的关键词是两个，一是周文王，他建立了周国；二是大一统，周国是大一统的国家。

二、礼之一统

当时的中原人民坚持着夏夷之别，夏为华夏族，夷又称戎、蛮、狄，为少数民族。周王朝虽然强调夏与夷有分别，但更强调夏与夷有融合，事实是以大禹为首的夏族就来自西羌族。《公羊传》对于夷，是区别对待的。《公羊传·昭公十六年》有这样一段：

> （经）楚子诱戎曼子，杀之。

> （传）楚子何以不名？夷狄相诱，君子不疾也。曷为不疾？若不疾乃疾之也。

这话的意思是，《春秋》云：楚平王（楚子，楚王为子爵位）引诱戎曼国之君——戎曼子将其杀掉了。戎曼，是西戎的一支，生活在今河南临汝西南地区。《左传》《穀梁传》作"戎蛮"。这里，让人迷惑的是作为西戎一支建的国，为什么也称之为"子"呢？是周王朝封戎曼之君为子爵，还是著《春秋》的孔子称戎曼为"子"呢？如若是前者，戎曼国实是周的属国，如果是后者，这戎曼一定有不俗的表现，比如懂礼，因而让孔子给予他"子"的尊称。何休的《解诂》说："戎曼称子者，入昭公见王道太平，百蛮贡职，夷狄皆进其爵。"[1] 从何休的解释看，这戎曼的子爵位还是周王封的，之所以受封，是因为向周王朝"贡职"。

《传》对于《经》的解释是：对楚子，为何不说出他的名字？因为夷狄相

---

[1] 刘尚慈译注：《春秋公羊传译注》下，中华书局 2010 年版，第 541 页。

互诱骗，君子对其行为没有感到痛恨。为什么不痛恨呢？这不痛恨其实是表面上的，好像不痛恨，其实是痛恨的。这里，值得注意的是，《传》将楚也列在夷狄之列了。事实上，楚在中原地区的诸侯国看来，与夷狄也差不多，属于南蛮之列，虽然它也封了"子"的爵位。作为讲礼的孔子来说，诱骗的行为是非礼的，因此，实际上痛恨这种行为，只是打心眼里看不起楚，表面上不说罢了。

在《公羊传》看来，夷夏之别不在民族，而在文化。像楚这样的诸侯国原本是夷，因为了接受周礼而成为了夏。吴也如此，《公羊传·定公四年》有这样一条：

> （经）庚辰，吴入楚。

> （传）吴何以不称子？反夷狄也。其反夷狄奈何？君舍于君室，大夫舍于大夫室，盖妻楚王之母也。

《春秋》云："庚辰，吴入楚"。《公羊传》云：为什么称吴不称吴子（吴本为子爵级别的诸侯国）？因为它返回到夷狄水平了。他返回夷狄，这怎么说呢？因为吴攻入楚国都城后，吴君住进楚王宫里，大夫住进大夫的家里，这大概是淫楚王之母了。此处，"盖"字的运用，盖，大盖，不做肯定，用词极为讲究。

如此违反礼教的行为，即使原本是华夏族，也成为夷狄了（当然，也可以反过来，本为夷狄，但遵循礼制，也就成为华夏族了）。

所以，夷夏之别，别不在族上，而是在文化上。夷，违礼；夏，遵礼。

三、天下之一统

天下的概念，在中国古代是比较模糊的。有的地方，天下即国家，而有的地方，天下大于国家，似乎相当于宇宙。它既有空间义，也有时间义。天下一统，统在何处？在中国古代，是比较模糊的。有的地方，统在国权上；有的地方，统在人性上；还有的地方统在生命——生态上。

《公羊传》提出的"大一统"观，《礼记》的"天下为公"观、《周易》《庄子》的"天地"观、宋儒张载的"为万世开太平"观，都予以了呼应。

大一统,是中华民族最重要的观念,体现出中华民族维护国家统一、世界和平、天下为公、宇宙和谐的博大胸怀。

四、以中国为中心

在国家的问题上,《公羊传》一方面淡化夷夏的对立,如前面所说,将夷夏之间本为族群之间的矛盾转化为文化上的矛盾,以文化的融合成就夷夏的融合,另一方面又坚持着中原以华夏族为主体的国家——"中国"与少数民族国家对立。这在对待楚国的立场上最为明显:

《公羊传·僖公四年》说到楚大夫代表楚与中原大国结盟的事。《公羊传》对此次结盟评价很高。它认为:

> 其言盟于师,盟于召陵何?师在召陵也。师在召陵,则曷为再言盟?喜服楚也。何言喜服楚?楚有王者则后服,无王者则先叛,夷狄也,而亟病中国。南夷与北狄交,中国不绝若线。桓公救中国,而攘夷狄,卒怙荆,以此为王者之事也。

这次,楚与中原诸侯国结盟,在《春秋》经文中用了两个盟字:"盟于师,盟于召陵"。这在《公羊传》看来是不一般的,它的重要意义是"服楚"——让楚国服帖了。这事是可喜的,故说"喜服楚"。楚之所以服,是因为楚"有王者",所谓有王者,就是承认中原文化的正统地位。中原文化的实质在"夏",此"夏"不是指夏朝,而是指夏文化,夏文化泛指中原文化,实指当时的周文化。楚国以前不承认中原文化的"王者"地位,所以"叛"——叛离夏,而叛离夏,就成了"夷狄"。从这话可以清晰地看出《公羊传》的思想——以夏文化为正统。服膺夏,就成为夏;叛离夏,就成为夷。

说到这,《公羊传》强调齐桓公所做的贡献,在南夷、北狄交替侵犯中原的情况下,是齐桓公率领中原诸侯,打败了夷狄,服帖了楚国。齐桓公的事业是王者的事业。

中国美学精神之源在华夏。而华夏本义不只是指称中华民族、中国,而且还指称美。众所周知,"华"即"花",而花,人类均视为美的代表。"夏",还是太阳之称呼,引申则为光明、壮美。另,"夏"也与音乐相联系,《周礼·春官·钟师》载有《九夏》之乐。郑玄曰:"乐歌大者称夏。""华""夏"二词,就指称美来说,"华"重在色彩绚丽,"夏"重在形象壮观。二者结合,即就是美之至了。而中国人认为中华民族这个族群是最爱美也最懂美的人,而中国这块大地是众美荟萃之地。中国,人美,山河美,天地美!《左传·定公十年》:"夷不乱华"。孔颖达疏:"中国有礼仪之大,故称夏;有服章之美,谓之华。"①"华夏"就这样成了中国的另一称呼。

第三节　家国情怀

《春秋》有一个基本情怀,就是家国情怀。家国情怀中有两要素:家和国。家由家庭可以扩展到家族乃至民族;国则有周室、诸侯国、祖先生活的诸侯国、曾经服务的诸侯国、现在服务的诸族国。对于女子来说,有娘家的诸侯国,夫家的诸侯国,等等。

虽然具体情况具体分析,《春秋》的基本原则则是国家为上,但情况有别。

一、国与国:同尊周室

《穀梁传·庄公二十七年》载:

(经)夏六月,公会齐侯、宋公、陈侯、郑伯同盟于幽。

(传)同者,同也,同尊周也。

这里说的"同尊周",就是共同拥戴周王室。周才是我们共同的国。

二、原籍国与任职国:以义为则

周朝分封天下诸侯七十一国,加上诸多未得分封但据一方称王的夷狄,散布在中国大地上的各种诸侯国多达百数,虽然后来,逐渐被吞灭,但到东周,仍有七个强大的诸侯国。由于国家更迭严重,百姓们的归属感就变得

---

① 宗福邦等:《古训汇纂》,商务印书馆2003年版,第1933页。

难以确定。这本糊涂账严重地影响了士大夫们的忠诚意识,作为弄潮的风云人物,他们到底该怎样处置自己的忠诚呢? 这事在楚国大夫伍子胥身上体现得尖锐而且复杂。伍子胥为地地道道的楚人,祖宗数代均是楚国大臣。然而到伍子胥父亲这一代出了大事情,昏聩无道的楚平王杀了完全无辜且忠心耿耿的伍子胥的父亲和伍子胥的哥哥。伍子胥逃到吴国,受到吴王阖闾的重用。对于这种"背叛"祖籍之诸侯国的行为,《春秋》没有批评,这就是说,《春秋》的立场是:诸侯国不是祖国,祖国是周朝,故而伍子胥的叛楚并不是叛国。

吴王阖闾深知伍子胥强烈的复仇欲望,于是,提出为他兴师伐楚,伍子胥却说:"臣闻之,君不为匹夫兴师,且事君犹事父也,亏君之父,复父之仇,臣弗为也。"[1] 于是此事就搁了下来。

晚商青铜器大禾人面鼎

《公羊传·定公四年》对此事也有记载,对伍子胥回应吴王阖闾的话记录得更完整:"伍子胥复曰:'诸侯不为匹夫兴师。且臣闻之,事君犹事父也,亏君之义,复父之仇。'"随后,《公羊传》对伍子胥"事君犹事父也"加以

---

[1] 《春秋穀梁传·定公四年》。

评论：

> 父不受诛，子复仇可也；父受诛，子复仇，推刃之道也。①

这话是说，父亲罪不当诛杀，儿子为父复仇是可以的；而如果父亲罪当诛杀，儿子复仇，就会走上冤冤相报无休止的道路（"推刃之道"）。

从原则上看，《公羊传》的评论是正确的，但是用于伍子胥则不很得当。

后来楚国攻蔡国，蔡国向吴求救。这个时候，伍子胥这样说："蔡非有罪，楚无道也。君若有忧中国之心，则若此时可矣。"②伍子胥这样说，是不是为自己报私仇找个理由呢？《春秋》"三传"并没有这样说，就是说，《春秋》"三传"认为吴伐楚是义举。蔡是中原国家，故称中国，楚是夷狄之国。助中原国家，伐夷狄国家，道义上立得住，更何况"蔡非有罪"。

这场战争，楚国暂时被灭掉了，伍子胥掘了楚平王之墓，并鞭了楚平王之尸，可谓加倍地复了仇。耐人寻味的是，《春秋》"三传"对此事均做了回避。而此事，《淮南子》《吴越春秋》做了详细的记载。

看来，在这件事情上的评价上，《春秋》有些矛盾。一方面，它不认可伍子胥的复仇，另一方面又给予这复仇以原宥。

《春秋》评人论事的最高原则是"义"，以"义"为上，《春秋》看来，伍子胥复仇，虽有瑕疵，但于父子之义上站得住。

三、国家与国君：国家为上

《左传·襄公二十五年》说了一段晏子的故事。晏子所效力的齐庄公被贼臣崔武子杀死，晏子悲痛不已，然而当他手下人问他是不是也去死。晏子明确地表示不去死。他的道理是：

> 君民者，岂以陵民？社稷是主。臣君者，岂为其口实，社稷是养。故君为社稷死，则死之；为社稷亡，则亡之。若为己死，而为己亡，非其私昵，谁敢任之？

---

① 《春秋公羊传·定公四年》。
② 《春秋穀梁传·定公四年》。

晏子对于他为官于齐,有一个正确的看法:就与民的关系来看,他是统治者,这种统治是"陵民"? 他认为不是的。他是以社稷即国家代表的身份去统治百姓的;就与君的关系来看,他是被统治者。那么,他是君王养着的吗? 不是的。他是社稷即国家养着的。晏子强调的是国家而不是国君。下面,他说到死与逃亡。如果国君为国家而死,那么,我可以跟着去死;如果国君为国家而逃亡,我可以跟着逃亡。然而如果国君是为自己而死为自己而逃亡,我怎能为他而死为他而逃亡呢?

显然,晏子认为,国家与国君两者比较,国家为上。国家为上,而不是国君为上,是先秦时期很重要的国家观念。

四、国与家:国为上

《公羊传·庄公十九年》有这样一个故事:

鲁国大夫、也是鲁庄公的庶弟公子结奉命送鲁国的随嫁女,出了国境,在鄄邑遇上了齐国和宋国的军队。一打听,吓了一跳,这支联军竟然是去攻打鲁国的,鲁国国君一点也不知道,根本没有做任何军事准备,这个时候向鲁国君主报告是来不及了。公子结当机立断,假称奉鲁庄公的旨意,要与齐、宋结盟。齐桓公、宋桓公正好在部队,于是,这盟约缔结了,齐、宋联军返回。鲁国的危机解除了! 关于这件事,《公羊传》是这样评论的:

> 大夫受命不受辞,出竟有可以安社稷、利国家者,则专之可也。

"受命",接受使命;"受辞",接受可以说的话语。关于"不受辞",《仪礼·聘礼》说:"辞无常,孙而说。"郑玄注:"孙,顺也。大夫使,受命不受辞,辞必顺且说。"贾公彦疏:"受命谓君命聘于邻国,不受君主对答之辞。必不受辞者,以其口及则言辞无定准,以辞无常,故不受之也。"[①]

"大夫受命不受辞",意思是,大夫只是接受君命办事,应对的场合,你来我往,说什么不说什么,君主是不会交代的,使者只能顺着说,千万随便说,更不能自作主张。"大夫受命不受辞"这是礼。礼是不能违背的。

---

① 郑玄注,贾公彦疏:《仪礼注疏》。

　　然而，出了国境，遇上"可以安社稷、利国家"这样的大事，这礼就让路了，大夫可以根据情况，独自处理。

　　这是典型的国家利益至上的行为。当然，这会有一定的风险。但为了国家，大夫必须这样做。

　　虽然国家利益至上，但并不是国家利益唯一。《春秋》对于家的利益也给予足够的重视。家庭问题，既有利益问题，也有情感问题，往往突出地表现为情感问题，然情感背后，涉及三种利益，一是个人的利益，二是家庭或家族的利益，三是国家或社会的利益。处理家庭中诸利益的冲突，《春秋》的基本原则是平衡。

　　《春秋》开篇为《隐公十年》，首句为"元年春，王正月"。这"王正月"，一般是新王即位的时间。这次《春秋》没有指明是哪一位国君即位。这在《春秋》，不是小事，它隐含着作者的一种态度——对一事实不完全认可。而"三传"均挑明是隐公即位。隐公即位，为什么不写明？《公羊传》说这是为了"成公意也"——隐公的意愿。隐公的什么意愿？——隐公想在将来合适的时候，将君位让给弟弟桓公。

　　隐公这样做，涉及大量的伦理与礼制的问题，集中为家庭伦理与国家礼制的冲突与统一。

　　《春秋》"三传"于此，展开评论。其中，《穀梁传》的评论是最为充分的：

　　　　善则其不正焉，何也？《春秋》贵义不贵惠，信道而不信邪。孝子扬父之美，不扬父之恶。先君之欲与桓，非正也，邪也。虽然，既胜其邪心以与隐矣。已探其先君之邪志而遂以与桓，则是成父之恶也。兄弟，天伦也；为子受之父，为诸侯受之君。已废天伦而忘君父，以行小惠，曰小道也。若隐者，可谓轻千乘之国，蹈道则未也。①

　　这段文章，涉及三个人物：隐公、隐公之父惠公、隐公之异母弟桓公，围绕着一个问题：鲁国君位由谁来即位。因为三人出自同一家庭，既涉及天伦之情，又涉及社会伦理，更重要的是，涉及国家礼制。《穀梁传》从事情

———————

① 《春秋穀梁传·隐公元年》。

的缘由说起,其评论可以分为三个层次:

第一层次:鲁惠公因为爱桓公之生母而想将君位传给桓公,"非正也,邪也"。于国家礼制,此为不正,为邪,但于天伦之情可以理解,也可以肯定。

第二层次:鲁隐公顾及父亲的意愿,考虑以后让位桓公,这于亲情是可以理解的,但于社会伦理、国家礼制不妥。《榖梁传》云:"孝子扬父之美,不扬父之恶"。隐公想将君位传给桓公,是"成父之恶"了。

第三层次(总结):两种身份——孝子、忠臣。作为子,受之父,应尽孝;作为诸侯,为臣,要尽忠。前者之道为"小道",后者之道为"大道"。隐公"轻千乘之国,蹈道则未也"!

《公羊传·隐公元年》说的第二事是"郑伯克段于鄢"。"三传"对它均有详细的记载与评论。《左传》侧重于叙事,《公羊传》《榖梁传》则分别以国家礼制的立场和社会伦理的立场做评论。且看《榖梁传》的评论:

> 克者何?能也。能杀也。何以不言杀?见段之有徒众也。段,郑伯弟也。何以知其为弟也?杀世子母弟,目君;以其目君,知其为弟也。段,弟也而弗谓弟,公子也而弗谓公子,贬之也;段失子弟之道矣。贱段而甚郑伯也。何甚乎郑伯?甚郑伯之处心积虑成于杀也。于鄢,远也,犹曰取之其母之怀中而杀之云尔,甚之也。然则郑伯者宜奈何?缓追逸贼,亲亲之道也。①

这个故事中有三个人物:郑国国君郑伯,郑伯弟共叔段,他们共同的母亲武姜。三人之间的关系涉及家庭伦理和国家礼制。事由为武姜偏爱小儿子共叔段,不喜欢郑伯。这在一般家庭中很正常,不值得大惊小怪。然而,因为这是在国君的家里,矛盾涉及国君的位置,就演化出了一场谋位与平叛的斗争。共叔段在武姜的支持下,起兵反叛。"三传"均认为他的所为一是"失子弟之道",二是"失君臣之道",价值完全是负面的,不需过多论述。

问题是郑伯。

首先,如何看他与母亲武姜、弟弟共叔段的关系?关系有二:家庭中的

---

① 《春秋榖梁传·隐公元年》。

关系：母子关系和兄弟关系，国家中关系，均为君臣关系。处理这两种关系，涉及两种规则：一是国家礼制，二是社会伦理。

从国家礼制言，郑伯杀了叛贼共叔段，囚禁了支持共叔段叛乱的母亲，完全是正义的。从社会伦理言，就有些复杂：一方面，郑伯可以说是孝子、好兄长，因为他听从了母亲的建议，让共叔段去把守"京"这个地方。另一方面，他又是陷母亲、弟弟于不忠不义的人物。郑伯明明知道母亲罪恶用心，也明明知道弟弟共叔段在京违反礼制的行为，然而，他不去制止。这实际上是放纵武姜、共叔段反叛的野心，其目的是有充足的理由去收拾母亲和弟弟，可谓"处心积虑成于杀也"。在有些人看来，郑伯够阴险的了。

国家礼制与社会伦理产生了矛盾。能够找到平衡点吗？《穀梁传》认为可以。

就处理他与弟弟的矛盾来说，他可以"缓追逸贼"。所谓"缓追逸贼"，一方面，仍然在追，显示出国法之威严；另一方面，追而不获，又见出亲情之脉脉。这可以说，不难，然而如何处理与母亲的矛盾，就有些困难了。母亲犯的是叛国罪。对于犯叛国罪的母亲，还能不能保持母子关系，维系母子情分？《左传》提出了一个办法，就是让郑伯与母亲在地道里相见。也就是说，在地面上，母亲是叛国贼，不容母子之情存在；而在地面下，母亲还是母亲，容许母子之情的存在。郑伯照这主意做了，在地道中，母子相见，尽叙亲情，"遂为母子如初"。

《左传》在肯定国家礼制的前提下总是不忘兼顾亲情，尤其父母与儿女之情。在论及郑伯与母亲的和好，引《诗经》语："孝子不匮，永锡尔类"。

五、夫家国与娘家国：夫家国为上

《春秋》"三传"中多处说到"妇人既嫁不逾竟，逾竟非礼也"[1]。所谓"妇人既嫁不逾竟"，就是女子出嫁后，就不能随便离开夫家的国境，回娘家的国。

---

[1] 《春秋穀梁传·庄公五年》，《春秋穀梁传·庄公十五年》。

中华民族倡导家国情怀。家国情怀是家庭情怀与国家情怀的统一,但核心是国家情怀,国家利益至上。中华民族文化有着强烈的家国情怀,这种情怀对于中国的审美观产生深远的影响,以致成为中华民族主要的美学精神。当孟子在说"充实之谓美,充实而有光辉之谓大"时,他的心中是有这种情怀的;当《毛诗序》作者在说诗的教化,强调"言天下之事,形四方之风",他心中同样是有这种情怀的;当陈子昂"卓立千古,横制颓波","念天地之悠悠,独怆然而涕下",他心中是有这种情怀的。

第四节　以礼为本

周重礼,尽管到东周,孔子说"礼崩乐坏",礼在政治生活中的地位还是很高的。孔子著《春秋》,用意就是"复礼"。《春秋》"三传"从开篇到结束,可以说篇篇在讲礼。礼实际上是《春秋》评价一切是非的唯一标准。

一、礼之崇:天经地义

关于礼的性质与地位,《左传·昭公二十五年》有一经典的论述:

> 子大叔见赵简子,简子问揖让、周旋之礼焉。对曰:"是仪也,非礼也。"简子曰:"敢问何谓礼?"对曰:"吉也闻诸先大夫子产曰:'夫礼,天之经也,地之义也,民之行也。'天地之经,而民实则之。则天之明,因地之性,生其六气,用其五行,气为五味,发为五色,章为五声,是故为礼以奉之……协于天地之性,是以长久。"简子曰:"甚矣,礼之大也。"

这里说礼是"天之经,地之义",强调它的至高无上的地位。接着,说它是"民之行也"——人民行为的法则。再接着,论述礼以"天之明"为则,因"地之性"而生。具体从"六气"入手展开。"六气"为阴阳、风雨、晦明,六气为自然界变化及规律的统称,由对"六气"的认识,到对"五行"的认识,再到对"五味""五色""五声"等,这些统为对宇宙的总体把握,下面再具体到社会的践行,最后落实到人类死生、社会发展等,归结为"协于天地

之性"，即天人合一。

难怪赵简子听了这一番宏论后，赞叹道："礼之大也。"

礼虽是对宇宙规律的概括，但它并不是科学的概括，而是基于社会管理需要而预设的认识，礼必须落实在人类社会生活上，而落实在生活中，它所要求的就是："明贵贱，辨等列，顺少长，习威仪也。"①

二、礼之质：贵义重仁

关于礼，在《春秋》中多以"正"来代替，"正"即合礼，"不正"则为背礼。《春秋穀梁传·隐公元年》云：

> 《春秋》成人之美，不成人之恶……《春秋》贵义而不贵惠，信道而不信邪。

"成人之美"即为"仁"。义是仁的延展或者是仁的应用。因此，礼的实质为仁义。

仁义的核心是爱人民，这种爱既有原则性的规定，但更多的是一种爱的情怀。《左传·庄公十一年》载：宋国发大洪水，鲁国拜臧文仲去安慰。宋闵公认为"天降之灾，又以为君忧，拜命之辱"，就是说，天降灾难，全是他不敬天造成的。臧文仲认为宋闵公这种态度很合礼的要求，与"禹、汤罪己"是一致的，而与"桀纣罪人"，大不相同。宋国国君有这种态度，宋国一定会兴旺起来。他继而说：

> 且列国有凶，称孤，礼也。言惧而名礼，其庶乎！②

这话的意思是，不仅宋国有灾难，而且列国也有灾难，宋国国君在这个时候，自称"孤"，这是合乎礼的啊！原来，国君平时称"寡人"，遇到国家有凶，就改称"孤"，这是春秋时代国际礼节。宋国国君言语中有所戒恐，忧国忧民，这是很合礼制的。宋国应该兴盛起来。

这样一件事，《韩诗外传》也有所记载，并将孔子拉了进来。传云："宋

---

① 《左传·隐公五年》。
② 《左传·庄公十一年》。

大水,鲁人吊之,曰:'天降淫雨,害于粢盛,延及君地,以忧执政,使臣敬吊。'宋人应之曰:'寡人不仁,斋戒不修,使民不时,天加以灾,又遗君忧,拜命之辱。'孔子闻之曰:'宋国其庶几矣!'"①

《春秋》中谈的仁义,有些地方,重在仁义精神,并一定有仁义的实质。如《穀梁传·昭公八年》说到鲁国的一场以狩猎为形式的军事演习,说:"以习射于射宫,射而中,田不得禽,则得禽,田得禽,而射不中,则不得禽,是以知古之贵仁义而贱勇力也。"意思是在射宫中习射,如果射中了,即使在田野上习射没有射中,也算得禽。然而在射宫习射如果没有射中,那就不算在田野上射中了禽兽。《穀梁传》说这种规定,体现出自古以来重视仁义而轻贱勇武的传统。

虽然《春秋》所言的礼未必是真仁、真义,周朝开国君臣所制订的仁义,也未必都称得上"爱人",但他们这种初衷是值得肯定的。《春秋》所记述的以仁为本质的礼,也有诸多被后世嘲笑,要么是不合时宜,要么近于虚伪,但总的来说,正面的意义大于负面的意义。

礼的仁本质,让礼成为善,也让礼成为社会审美的核心。

三、以礼抑奢

《穀梁传·庄公二十四年》:

(经)二十有四年春,王三月,刻桓公桷。

(传)礼,天子之桷,斫之砻之,加密石焉;诸侯之桷,斫之砻之;大夫,斫之;士,斫本。刻桷,非正也。夫人所以崇宗庙也,取非礼与非正而加之宗庙,以饰夫人,非正也。刻桓宫桷,丹桓宫楹,斥言桓宫,以恶庄也。

这里说到宗庙的装饰。意思是,天子的宗庙,椽子可以精加工,椽子可砍削,打磨,抛光;诸侯宗庙的椽子,只可以砍削,打磨,不能抛光;大夫宗庙的椽子,只砍削,不打磨;士人宗庙的椽子只能砍削椽子的头,不能伤椽

---

① 《韩诗外传·卷三》。

子的身。雕刻鲁桓公庙的椽子，将柱子漆成朱红色，逾礼了。《春秋》记载此事，批评装修此宫的鲁庄公。

礼的运用，着眼于国家社稷的千秋江山，它在许多方面，对统治者有所约束。

第五节　以美成礼

礼，作为古代文明的总概括，不是科学的，而主要是政治的、伦理的，但是它能通向审美，主要是礼的构成及践行中有一些审美的因素，正是这些审美因素最终成就了礼。

一、礼与情

礼，从其质性上言，它是理性的，但它的基础却是人类精神生活的全部，包括情感。《左传·昭公二十五年》云："民有好恶，喜怒、哀乐，生于六气，是故审则宜类，以制六志。"所谓"审"，在这里指的礼作为理性，对于情感的调节，即所谓"以制六志"。"六志"在这里，为"好恶""喜怒""哀乐"。

《春秋》以礼为人伦社会之本，必然反对感性用事，感情用事。但是，它并不一概排斥情，像父母与子女、兄弟姐妹之间的天伦之情，它给予肯定，并给予一定的位置。人的行事，不能没有情，但又不能唯情。最高的指导而是礼——理。

在当时的社会，复仇之事，多由私家承当。但这里也是有"礼"管着的。就上段所说的为父报仇来说，第一，有情——血亲之情可据。第二，它有义主管，就是说，为父报仇还得合乎正义。若父罪不当诛而诛，为父报仇于义为得当；若父罪当诛，为父报仇于义为不当。显然，义高于情。情基于个体的恩怨，于父子关系来说，此情为自然之情；但义基于社会伦理，关涉的利益不是一人、一家，乃为全社会。此义可为人文之理。人文之理高于自然之情。

在为父复仇上，礼的两种规定，有三个方面的意义：一是肯定并支持

人的血亲之情,二是肯定并支持社会正义,三是出于稳定社会大局的考虑。这于情、于义、于理的三得当,便是礼的要义。

有情,就有审美,而情与理的统一,才是审美的极致。因此,《春秋》主张的情义理三者的统一,通向审美。

二、礼与物

礼与物是密切联系在一起的,不同级别的人据有不同的物,违背礼据有物,是要受到谴责的。

《春秋·定公八年》有句:"盗窃宝玉、大弓。"《公羊传》云:"盗者孰谓? 阳虎也。阳虎者,曷为者也? 季氏之宰也。季氏之宰则微者也,恶乎得国宝而窃之? 阳虎专季氏,季氏专鲁国。……宝者何? 璋判白,弓绣质,龟青纯。"[1] 《穀梁传》云:"宝玉者,封圭也。大弓者,武王之戎弓也。周公受赐藏之鲁,非其所以与人而与人,谓之亡,非其所取而取之,谓之盗。"[2]

宝玉、大弓失盗之所以上了《春秋》,是因为这宝玉、大弓不是一般之物,而是显示国家权力的礼之物。按《公羊传》的说法,"宝"为半白色的玉璋、绣花的大弓、青色的玉龟;按《穀梁传》的说法,"宝"为周王赐给鲁公的玉圭、周武王用过的戎弓。这些宝物是鲁国不凡地位与身份的象征,鲁,本是周公的封地。周公,周武王的弟弟,长时期在朝廷辅佐周王,功盖天下。

无疑,这宝物只能为鲁王室收藏,而现在它失盗了。盗贼为阳虎,阳虎是季氏的家臣,季氏是鲁国的大夫。《公羊传》说"阳虎专季氏,季氏专鲁国",这"专"都是违背礼制的,现在阳虎盗藏了宝玉、大弓,就更是罪不容赦。

这段经文及两段传文,让我们认识到,在中国古代珠玉珍宝的特殊价值。珠玉珍宝的价值来自三个方面:一是它本身的物质价值,二是它作为礼器的精神价值,三是它作为艺术的美学价值。

---

① 《春秋公羊传·定公八年》。

② 《春秋穀梁传·定公八年》。

三、礼与仪

"礼"不是"仪",但礼不能没有仪。相对于礼的内容实质来说,仪是礼的形式。

《左传·昭公二十五年》云:

夫礼,天之经也,地之义也,民之行也。天地之经,而民实则之。则天之明,因地之性,生其六气,用其五行,气为五味,发为五色,章为五声。淫则昏乱,民失其性,是故为礼以奉之。为六畜、五牲、三牺,以奉五味;为九文、六采、五章,以奉五色;为九歌、八风、七音、六律,以奉五声。

作为"天之经、地之义"的礼,不是理论形态的,而是物质形态的,它有具体的形象,展现为九文、六采、五章等。这些就是仪,凡礼必以仪显现之。

《左传》这段文字是从大的方面说礼仪,具体的礼仪非常多。如《穀梁传·僖公三十一年》说到祭礼中"牲"的打扮:"免牲者,为之缁衣熏裳,有司玄端,奉送至于南郊,免牛亦然。""免牲"免除杀牲,此也是一种礼,牲其实就是牛,在祭日确定前称牛,在祭日确定后称牲。免牲的牛要穿上黑色上衣,赤黄色的下衣,主持其事的人即"玄端",要穿上黑色的祭服,负责将牲送到南郊。郊祭用到的牛要经过挑选的,《穀梁传·哀公元年》说:"鼷鼠食郊牛角",这牛是不能用的,"改卜牛"——换一头牛。

《穀梁传·昭公八年》记载鲁国的一场军事演习:

秋,蒐于红。正也。因蒐狩以习用武事,礼之大者也。艾兰以为防,置旃以为辕门,以葛覆质以为桌,流旁握,御击者不得入。车轨尘,马候蹄,掩禽旅,御者不失其驰,然后射者能中。过防弗逐,不从奔之道也。面伤不献,不成禽不献。

这场以狩猎为形式的军事演习,被称为"礼之大者也",作为"礼之大"不只在其意义,还在它的形式。首先是场地,以兰草为界限,以彩旗为辕门,葛布覆盖箭。辕门的宽度刚好可以过一辆车。车轴如果碰着辕门,就不能进入了。车须循轨而行,车轮不能越出车辙。一车四马,步伐整齐,追逐禽兽。驾车的要驾好车,保持方向不变,这样,射击手才能击中鸟。禽兽越过了拦防,就不能追杀了。这与作战时不追杀逃跑的敌人一样。面部受伤的禽兽不献给天子,幼禽幼兽也不能献。

这样一场军事演习就好像艺术表演了。礼的注重形式,让礼与艺结缘,而直接进入审美的领域。

四、礼与美

一般来说,仪是服务于礼的,多余的仪要去掉,但是,也有例外。《穀梁传·定公二年》:

> (经)冬十月,新作雉门及两观。

> (传)言新,有旧也。作,为也,有加其度也。此不正,其以尊者亲之,何也?虽不正也,于美犹可也。

事由要追溯到夏季五月,鲁国的宫殿失火了,火自两观始,两观,指雉门两旁的观楼,楼盖在土台上,因而比较地高,可供观景,也悬法令在上面,让民观看。雉门,宫殿门之一。鲁国宫殿有三重门:库门、雉门、路门。经文云:"雉门及两观灾"。《穀梁传》解释:"先言雉门,尊尊也。"下面,经文说"秋,楚人伐吴",再往下,就是"冬十月,新作雉门及两观"。对于这件事,《穀梁传》的解释是:说它新,因为它确有些旧了。这次重修,增加了雉门和两观的尺度。这种做法,不合礼制。为何没有批评呢?因为新作的雉门、两观雄奇壮观,比原来的雉门、两观美多了!于礼不可,只要"于美可",也行。

美的特殊地位论,足以见出当时社会对美的热爱。事实上,统治者为了自己的享受,任意破坏礼制,助长了社会的奢华之风,客观上推动了建筑艺术以及其他与生活相关艺术的发展。

第六节 礼乐彬彬

谈到礼,人们总会联想到乐。中华民族律身、治国的基本原则是礼乐二字。乐并不源于礼,它是人类本性所必然生发的一种自娱自乐的方式。

不守，虽然具有一定的独立性，但只要与礼联系起来，礼与乐就互相作用，互相成就。

一、礼乐互用

(一) 礼为乐魂

礼乐二者，在古代，无疑礼居于主导面。礼对乐进行全面的改造，这种改造，一是在内容上让乐具有礼的意义。礼的意义主要是仁与义，乐的内容虽然不一定直接表现仁与义，但要有利于仁与义的弘扬。二是在形式上要接受礼的约束、规范。

《左传·隐公五年》：

> 九月，考仲子之宫，将万焉。公问羽数于众仲。对曰："天子用八，诸侯用六，大夫四，士二，夫舞，所以节八音而行八风，故自八以下。"公从之。

仲子，鲁惠公夫人，鲁桓公之母。鲁隐公为她建了一庙，名之曰"仲子之宫"，"考"，古时宗庙宫室建成必举行祭祀，此曰"考"。"万"，舞名，包括文舞与武舞。这段文章是在说万舞的种种礼制上的规定。

首先，确定，万舞不是用于娱乐的舞，而是用于宗庙祭祀的舞蹈，也就是说，它是一种以礼为灵魂的舞蹈。

正是因为这样，万舞就有诸多的礼制上的讲究。这里，着重讲"羽数"，即执羽毛 (舞蹈的道具) 的人数。规定是：天人用八佾，一佾八人，八佾就是六十四人；诸侯用六佾，六佾就是四十八人；士用二佾，二佾就是一十六人。

舞的作用，这里说"节八音而行八风"——协调八种乐音 (金、石、丝、竹、匏、土、革、木八种材料所做成的乐器之音) 而畅达八方之风 (按《吕氏春秋·有始览》：东北曰炎风，东方曰滔风，东南曰熏风，南方曰巨风，西南曰凄风，西方曰飂风，西北曰厉风，北方曰寒风)，即表现四面八方民间风情。

这种表现民间风情的音乐，一方面显示君主对于百姓的关心与爱护，另一方面也体现国民对国家的忠诚与国家一统的形势。这，正是礼所需要的。

从这看，礼成了乐魂，而乐成了礼之体。

(二) 乐以安德

乐不是消极的、被动性地服从、服务于礼,除了它自身具有的娱情悦性的意义外,它还有推动礼的实行,成就礼的品位的重要意义。

《左传·襄公十一年》云:

> 乐以安德,义以处之,礼以行之,信以守之,仁以励之,而后可以
> 殿邦国、同福禄、来远人,所谓乐也。

青铜乐器:兴钟

首先,"德"需要"安"吗?需要安。德虽然符合社会的利益,但不一定符合个人的利益;虽然符合统治者的利益,但不一定符合百姓的利益。人在服从德的过程中,大脑中必然有一场事关利益的交锋,这场交锋是理性的。理性的清醒,让人更痛苦。然而,如果德借助乐来推行,就好多了。乐,具有情感性、愉悦性,在情感的愉悦中,人们情不自禁地接受了德的熏陶,并自觉地接受了德的指导,这就是"安德"。

值得我们注意的是这段话的背景:

> 晋侯以乐之半赐魏绛,曰:"子教寡人和诸戎狄以正诸华,八年之
> 中,九合诸侯,如乐之和,无所不谐,请与子乐之。"[1]

---

[1] 《左传·襄公十一年》。

晋侯将半支乐队赐给魏绛,说:"您教我与诸戎狄媾和以整顿中原诸国,八年中,九次会合诸侯,好像乐的和谐,没有地方不协调。现赐乐队给你,我们一起来享受吧。"

如此一说,这乐的作用就不只是安德,而是安国了。

二、采诗察政

周朝就有采诗制度,让官员去民间搜集民歌,以了解民情。各诸侯国同样如此。《左传·襄公十四年》对此有记载:

> 天生民而立之君,使司牧之。勿使失性。有君而为之贰,使师保之,勿使过度。……自王以下各有父兄子弟补察其政。瞽为诗,工诵箴谏,大夫规诲,商旅于市,百工献艺。故《夏书》曰:"遒人以木铎徇于路,官师相规,工执艺事以谏。"

周朝有民主政治的传统,君主要虚心地听取臣下的意见,而且还需要通过各种方式了解民情民意。这里说的"瞽为诗,工诵箴谏"就是民间的声音。"瞽为诗",在《国语·周语》中为"瞽献曲",意思是,乡间盲乐师,他们唱的民歌值得官府收集,因为这里有百姓的声音。"工"在这里,指乐工,也就是民间歌手,他们的歌曲中也可能有箴谏之语。

中国古代诗乐舞一体,采诗即采乐。《诗经》作为中国儒家的经典,就是采诗的产物。

第七节　审美标准

《春秋》"三传"很少专门谈审美,多是在谈别的问题上涉及审美。但我们可以据此认识到《春秋》"三传"的审美观。其中,主要有:

一、"顺"

《左传·昭公元年》有一段关于两位男人的审美评价:

> 郑徐吾犯之妹美,公孙楚聘之矣,公孙黑又使强委禽焉。犯惧,告

子产。子产曰:"是国无政,非子之患也。唯所欲与。"犯请于二子,请使女择焉。皆许之。子皙盛饰入,布币而出。子南戎服入,左右射,超乘而出。女自房观之,曰:"子皙信美矣,抑子南,夫也。夫夫妇妇,所谓顺也。"

郑国徐吾犯有一个漂亮的妹妹,公孙楚已经聘定为妻,而公孙黑又强行下聘礼。徐吾犯害怕了,请教子产。子产出了一个主意,让女子自己选择,公孙楚、公孙黑同意了。相亲这一天,子皙(公孙黑)打扮华丽,带着礼品(玉帛禽鸟之类)进来了,将礼品放下,然后出去了。接着,另一位相亲者子南(公孙楚)穿着戎装,左右开弓,一跃登车而来。那位漂亮的女子在自家的房间观看,说:"子皙的确漂亮,不过,还是子南适合作丈夫。这就是所谓的'顺'"。

什么是"顺"?顺,不是顺从某人,而是顺从法则。人的性别是自然的,因此人的性别的差别是自然差别。从自然法则言,男人有男人的标准,女人有女人的标准。男女相亲,女的要找一个真正的男子汉,男人要找一个真正的女人,即所谓"夫夫妇妇"。子皙,靠着盛饰打扮自己,子南则尽显男人的英武本色。因此,子南宜于做夫君。

"顺"是《左传》提出的一个重要的审美评判标准。

顺,实质是真。真,在中国有诸多表述。老子的"自然"即为真。其他,还有"性""本"等等。

在西方美学史,关于美,有诸多的评判标准,其中有"适宜"。适宜,要看对谁而言,是对审美者,还是对被审美者。就被审美者而言,自然物可以说无不美,因为它们的形体完全适应了自然环境的需要,英国 18 世纪的学者博克说:"猪就应该是非常美的,因为它鼻子尖,鼻端软骨很坚韧,一双小眼睛陷下去,这些和头部构造都是很适宜于掘土拔草根。"①

美在顺,与美在德的说法是完全不同的。美在顺,强调的是美自身的

---

① 北京大学哲学系美学教研室编:《西方美学家论美和美感》,商务印书馆 1980 年版,第 120 页。

性质；美在德，强调的是美依附的性质。

二、相反相成

《左传·襄公二十九年》有一段关于吴国公子季札观乐的记载。季札在观乐的过程中不停地赞叹"美哉"，并且对这种美的形态做了一些分析。从大量的描述中，我们发现了一个规律，大凡美的形态，多不是单一的构成，而是两种相反因素的构成，它们相反，但又相成，从而见出一种生命的活力。

> 吴公子札来聘，……请观于周乐。使工为之歌《周南》《召南》，曰："美哉，始基之矣。犹未也，然勤而不怨矣。"为之歌《邶》《鄘》《卫》，曰："美哉，渊乎！忧而不困者也。……"为之歌《王》，曰："美哉！思而不惧，其周之东乎？"……为之歌《豳》，曰："美哉！荡乎！乐而不淫，其周公之东乎？"……为之歌《魏》，曰："美哉！沨沨乎！大而婉，险而易行，以德辅此，则明主也。……"为之歌《小雅》，曰："美哉！思而不贰，怨而不言，其周德之衰乎？犹有先王之遗民焉。"为之歌《大雅》，曰："广哉！熙熙乎！曲而有直体，其文王之德乎？"为之歌《颂》，曰："至矣哉！直而不倨，曲而不屈，迩而不逼，远而不携，迁而不淫，哀而不愁，乐而不荒，用而不匮，广而不宣，施而不费，取而不贪，处而不底，行而不流，五声和，八风平，节有度，守有序，盛德之所同也。"

这段话，虽然主题是称赞乐的美，但是，称赞的词汇除了一两处外，其他均是用"某而不某"的句式表达对事物性质的一个表述。

《周南》《召南》：勤而不怨

《邶》《鄘》《卫》：忧而不困

《王》：思而不惧

《豳》：乐而不淫

《魏》：大而婉，险而易

《小雅》：思而不贰，怨而不言

《大雅》：曲而有直体

《颂》：直而不倨，曲而不屈，迩而不逼，远而不携，迁而不淫，哀而不愁，乐而不荒，用而不匮，广而不宣，施而不费，取而不贪，处而不底，行而不流

如此多的"某而不某"的句式，简直如长江大河滔滔不绝，不只说明《左传》对这种句式运用得很熟练，还说明《左传》对这种句式所表述的意义极为重视。"某而不某"，从思维意义说，这是一种辩证思维，它深刻地揭示世界上一种可以表述为"对立统一"的现象及性质的存在。世界存在，有多种形态：同一存在，对立存在，对立而统一的存在。三种存在中，无疑只有对立统一的存在是宇宙本质性的存在。只有对立统一的存在，才有生命，才有春花秋月，才有鸟语花香，才有男女怀春，才有无穷无尽的美妙，无穷无尽的希望、梦想。因为对立统一才是美的本质。《左传》所说的"某而不某"，既适用于它所评价的乐曲，也适用于其他对象，在这种评价真实地揭示了对象的本真之后，这对象的美就顿时得到彰显，而欣赏者也收获着满心的欢喜、愉悦。

三、"如羹"之"和"

关于美，《左传》还有一段"和与同异"的言论。

事情的起因是齐侯在遄台与大臣晏子的一段对话。齐王说臣子梁丘据与他观点一致，"唯据与我和夫"。意思是，唯有大臣梁丘据与他观点一致。晏子说"据亦同也，焉得为和"。他认为，据与齐王的关系，只能说是"同"，不能说是"和"。那么，"和"是什么呢？

公曰："和与同异乎？"对曰："异。和如羹焉，水、火、醯、醢、盐、梅，以烹鱼肉，燀之以薪，宰夫和之，齐之以味，济其不及，以洩其过。君子食之，以平其心，君臣亦然。"[1]

这段话强调和与同不一样。同是同一反复，而和是多样统一。这多样统一是怎样一咎统一，晏子用羹做比喻，从这个比喻中，我们可以得出和有

---

[1] 《左传·昭公二十年》。

两个重要性质：

第一，和是多样的统一。多样，至少为两样，像做羹，参与制作的因素很多，食料就有水、火、醯、醢、盐、梅、鱼、肉等，另外，火还要分怎样的火，有大火、中火、小火、微火等。

第二，和不是混合，而是相互作用下所产生的共性。如羹，它是诸多食材因火的作用实现了相互作用下所产生的食物，不同于其中任何食材。因此，不是旧有多物的堆积，而是新生一物的产生。换句话说，和的实质是创新。

这物的相互作用，《左传》用"济"一词来表述。"济"重在"相济"，既为"相"，就一定是多样的，如晏子所说："若以水济水，谁能食之?"①

《左传》借晏子的口，表达了一种重要的美学观：美在和谐，和谐在创新。

《左传》的"和"观是"某而不某"观的发展。"某而不某"只在两个对立的事物中寻找碰撞点，让碰撞激发出新质。"和"则在多种事物的关系中找到更多的碰撞点，这碰撞点当然有对立点，但也会有非对立点。非对立，不是同，也能建构关系，这关系可能是互渗、互调、互补、互济，抑或别的，它们也能产生新物。

《左传》的"和"观在《国语》中，亦有类似的表述。《国语·郑语》说："和实生物，同则不继。以他平他谓之和，故能丰长而物归之。若以同裨同，尽乃弃矣。故先王以土与金木水火杂，以成百物。……声一无听，物一无文，味一无果，物一不讲。"

第八节　自然审美

中国人对于自然的审美可以追溯到史前，史前彩陶上的诸多自然纹饰，可以视为对自然审美的萌芽。但是，史前没有文字，有关史前自然审美的

---

① 《左传·昭公二十年》。

看法,均出于我们的猜测。周朝,有关自然的记载比较多,《春秋》"三传"中有不少有关自然的记载,这些记载大体上可以看出周人的自然审美观。

一、奇异之景

《春秋》记录了不少自然现象,其中许多为"记异",然而,这记异中的表述,又分明透出审美。《公羊传·庄公七年》中这样一段:

(经)夏,四月,辛卯,夜,恒星不见。夜中,星霣如雨。

(传)恒星者何?列星也。列星不见,何以知夜之中?星反也。如雨者何?如雨者,非雨者,非雨也,非雨则曷为谓之如雨?不修《春秋》曰:"雨星不及地而复。"君子修之曰:"星霣如雨。"何以书?记异也。

这段文字中最精彩的是"星霣如雨"。《公羊传》特意指出,未经孔子修订的《春秋》没有此语,它的原话是"雨星不及地而复"。是孔子,将此句改为"星霣如雨"。如此修改的目的是"记异"。

此话大可玩味! "星霣如雨"与"雨星不及地而复"大可一比:

就科学性来说,"雨星不及地而复"比"星霣如雨"要好。它不只是将星比作"雨",而且写出了这流星"不及地而复"的现象。陈遵妫《中国古代天文学简史》说,据法国天文数学家偰俄(Jean Baptiste,1774—1862)在《中国流星》谈到这一天文现象,他说,这是公元前 687 年 3 月 16 日,在中国地面上所见到的天琴星座流星雨现象,是世界上最早的天琴流星雨记载。所谓"雨星不及地而复",或许是在接近地面时气化殆尽,光迹消失而已。①

就美学性来说,显然"雨星不及地而复"不及"星霣如雨"。孔子这一改,显示出孔子更看重审美的立场。《论语》中有好些孔子论自然审美的文字,如"岁寒然后知松柏之后凋也"②"逝者如斯夫,不舍昼夜"③"知者乐水,仁者乐山"④,与"星霣如雨"完全为一个体系。《公羊传》说,这样说是为了"记

---

① 参见刘尚慈译注:《春秋公羊传译注》上,中华书局 2010 年版,第 121 页,注释 4。

② 《论语·子罕》。

③ 《论语·子罕》。

④ 《论语·雍也》。

异",其实,不只是为了记异,而是为了审美。

二、祥瑞之景

中国人对自然的审美,内含多种心理因素。其中之一是祥瑞文化,能成为祥瑞的自然物,一般是罕见的,与人亲和的,概括起来,也可以说——奇美。而当它成为公认的祥瑞,这美就不只是大奇,而且大善,因而更美了。

《公羊传·哀公十四年》有这样一段:

(经)十有四年,春,西狩获麟。

(传)何以书?记异也。何以异?非中国之兽也。……麟者仁兽也。有王者则至,无王者则不至。

"麟",麒麟,传说中的神兽。《公羊传》说它是"仁兽",并说"有王者则至,无王者则不至"。这是中国祥瑞文化的突出的例子,诸多古籍对麒麟的意义做了阐述。《白虎通义·卷六》云:"天下太平,符瑞所以来至者,以为王者承天统理,调和阴阳,阴阳和,万物序,休气充塞,故符瑞并臻,皆应德而至。德至天,则斗极明,日月光,甘露降。德至地,则嘉禾生,蓂荚起,秬鬯出,太平感。……德至草木,则朱草生,木连理。德至鸟兽,则凤皇翔,鸾鸟舞,麒麟臻,白虎到,狐九尾,白雉降,白鹿见,白乌下。"从本质上来说,祥瑞文化是中国天人感应哲学的一种体现。汉代,今文经学大师董仲舒将它发挥到淋漓尽致的高度,成为官方的意识形态。而在美学上,却又是中国人特有的一种自然审美方式。祥瑞文化由官方而影响至民间,既是迷信,又是审美,还是喜庆。由自然审美扩展到建筑、园林、工艺等物态文化的建设,特别是它广泛运用到工艺题材上,发展成为中国人特有的社会审美和艺术审美方式。

三、有趣之景

《春秋》也记载一些有趣之景,如《僖公十六年》:"十有六年春正月戊申朔,陨石于宋五。是月,六鹢退飞,过宋都。"

对此景,"三传"均做了很有意思的评论:

《公羊传》的评论是:"霣石记闻,闻其磌然,视之则石,察之则五。……六鹢退飞,记见也,视之则六,察之则鹢,除而察之则退飞。"① 分析得很精彩,已进入审美欣赏了。

《穀梁传》则说:"石,无知之物;鹢,微有知之物。石无知,故日之;鹢微有知之物,故月之。君子之于物,无所苟而已。石、鹢且犹尽其辞,而兑乎人乎?"② 《穀梁传》主要就《春秋》的用辞来分析,认为,记石要记到日子上,而记鹢只记到月份上,这是因为石是无知之物,而鹢是有知之物。并由此谈到君子对待物的态度,这就扯远了。

《左传》则通过宋襄公与周内史叔兴的对话:

> 宋襄公问焉:"是何祥也?吉凶焉在?"

> 对曰:"今兹鲁多大丧,明年齐有乱,君将得诸侯而不终。"退而告人曰:"君失问。是阴阳之事,非吉凶所生也。吉凶由人,吾不敢逆君故也。"③

这话完全否定了这事有什么特别的象征意义或巫术意义,它就只是有趣的自然现象。

四、巨灾之景

《春秋》"三传"中也记载一些巨灾之景。如《成公五年》,经云:"梁山崩"。这可是巨灾,黄河因之拥塞,君民极为恐慌。《穀梁传》有一段伯尊与国君的对话:

> 伯尊至,君问之曰:"梁山崩,雍遏河,三日不流,为之奈何?"伯尊曰:"君亲素缟,帅群臣而哭之,既而祠焉,斯流矣。"④

虽然只有"梁山崩,雍遏河"六个字,但巨灾的景象已赫然在目。这种自然景象,如果撇开它与人的利害关系,它当得上壮美。然而因为它给人

---

① 《春秋公羊传·僖公十六年》。
② 《春秋穀梁传·僖公十六年》。
③ 《左传·僖公十六年》。
④ 《春秋穀梁传·成公五年》。

们造成了巨大的灾难,人们对它就只有恐惧与仇恨了。

大凡上古,自然景象在人们的心目中,少有优美之言,多是惊赞、敬畏、恐惧、奇美、壮观、崇高。

《春秋》"三传"在中国文化的建构上处于地基的位置,它广泛论及社会与自然的诸多大事,尤其是社会,它论述到天下、不同意义的国、家、个人,其间,突出的是政治问题而且是国家兴亡的大问题。它具体而深入地阐述了"周礼"处理社会种种矛盾的原则,可以说是周礼案例的标准读本。

《春秋》"三传"没有单独的审美意识,上面所谈它的美学思想均是从政治性的言论中分析出来的。虽然如此,《春秋》"三传"在儒家美学思想的建构中具有重要的地位。正是从《春秋》"三传"中,我们了解到儒家美学观念是如何在政治生活中发挥作用的。基于此三部著作在儒家学说中的重要地位,也成就了儒家学说以政治为本的重要特色。也正是因为儒家学说的核心为政治,它的美学也不能不具有浓重的政治性,从本质上看,儒家美学是真正的政治美学。

第 十 章
《仪礼》《周礼》《礼记》的美学思想

先秦重要儒家学术典籍《仪礼》《周礼》《礼记》号称"三礼"。它们是三种没有内在联系的书,但是它们记述的对象都是周朝的礼,基本观点是相通的,但三书所记各有侧重。《仪礼》是一部记录战国以前贵族生活中各种礼节仪式的专书,《周礼》记述了周朝三百多种职官,通过陈述各种职官的工作,展示周朝社会的结构。《礼记》则主要在于阐明礼的作用与意义。这三书,在汉代均取得"经"的地位,列为官学。三书的作者为谁,均只有猜测,不能确定。"三礼"中有着丰富的审美文化内涵,其中一部分已经显现为美学思想,大部分则为美学矿藏。

第一节 审美胸怀(一):天下

"三礼"对于礼的论述有一个根本点,就是强调礼立足于人情。礼不是用来治人的,而是用来养人的。《礼记·礼运》篇云:"圣王修义之柄,礼之序,以治人情。故人情者,圣王之田也。修礼以耕之,陈义以种之,讲学以耨之,本仁以聚之,播乐以安之。"人情,这里主要指人性,包括人的全部需求。将人情比作圣王之田,圣王行礼,就是种田。田中的作物就是人美好的生活。

"三礼"就这样立足于中华民族的"人情",深入地论述了中华民族的

社会理想,它是中国梦的最早论述。

一、家国安乐

《礼记·礼运》篇说:

> 故治国不以礼,犹无耜而耕也;为礼不本于义,犹耕而弗种也;为义而不讲之以学,犹种而弗耨也;讲之以学而不合之以仁,犹耨而弗获也;合之以仁而不安之以乐,犹获而弗食也;安之以乐而不达于顺,犹食而弗肥也。

这里,将治国也比作种地,礼就是种地的耜。耕地以耜,治国以礼。礼之本在义,义是需要学习的,故要重视教育。教育的目的是让人的行为"合之以仁"。"仁者,义之本也"[1],所以合仁就是最高程度的合义。"合之以仁"所要达到的最高境界是"安之以乐"。"安之以乐"体现在行为中,则是"顺"——人生就顺顺当当。这可以说是个人理想,个人的梦。

那么,它为国家、为社会带来什么好处呢?

> 四体既正,肤革充盈,人之肥也。父子笃,兄弟睦,夫妇和,家之肥也。大臣法,小臣廉,官职相序,君臣相正,国之肥也。天子以德为车、以乐为御,诸侯以礼相与,大夫以法相序,士以信相考,百姓以睦相守,天下之肥也。是谓大顺。[2]

就个人来说,"四体既正,肤革充盈"——四肢正常,肌肤丰满,这就叫"肥"。由此,导出了三肥:"家之肥"——家庭和睦,家业兴旺;"国之肥"——君正臣廉,法制井然;"天下肥"——天子有德,诸侯有礼,人人讲信,社会和谐。这就叫"大顺"。

二、夷夏一家

《礼记·王制》篇云:

---

[1]　《礼记·礼运》。

[2]　《礼记·礼运》。

中国戎夷五方之民，皆有性也，不可推移。东方曰夷，被髮文身，有不火食者矣。南方曰蛮，雕题交趾，有不火食者矣。西方曰戎，被髮衣皮，有不粒食者矣。北方曰狄，衣羽毛穴居，有不粒食者矣。中国、夷、蛮、戎、狄，皆有安居、和味、宜服、利用、备器，五方之民，言语不通，嗜欲不同。达其志，通其欲：东方曰寄，南方曰象，西方曰狄鞮，北方曰译。

这段话中说的"中国"指中原地区，中原地区与四周的夷、蛮、戎、狄合成"五方"。五方就是中华民族，其活动的区域就是周朝的版图，当时的中国。夷、蛮、戎、狄的生活方式不同，饮食上：有的不火食，有的不粒食（不饭食）；衣着上：有的被发文身，有的被发衣皮。五方的人民，虽然"言语不通，嗜欲不同"，但都有"达志"即表达自己心愿的要求，都想"通其欲"即沟通大家的欲求。这就需要翻译，这翻译称呼不同，东方称之为"寄"，南方称之为"象"，西方称之为"狄鞮"，北方称之为"译"。

商代后母戊方鼎

这里，重要的是强调五方人民均有沟通交流的愿望；他们的生活理想是相同的，这就是"安居""和味""宜服""利用""备器"，概括起来就是安居乐业，生活美满。

他们本是一家人，也应成为和睦的一家人。

三、天下为公

《礼记·礼运》篇云：

孔子曰："大道之行也，与三代之英，丘未之逮也，而有志焉。大道之行也，天下为公。选贤与能，讲信修睦，故人不独亲其亲，不独子其子，使老有所终，壮有所用，幼有所长，矜寡孤独废疾者，皆有所养。男有分，女有归。货恶其弃于地也，不必藏于己；力恶其不出于身也，不必为己。是故谋闭而不兴，盗窃乱贼而不作，故外户而不闭，是谓大同。今大道既隐，天下为家，各亲其亲，各子其子，货力为己，大人世及以为礼。城郭沟池以为固，礼义以为纪；以正君臣，以笃父子，以睦兄弟，以和夫妇，以设制度，以立田里，以贤勇知，以功为己。故谋用是作，而兵由此起。禹、汤、文、武、成王、周公，由此其选也。此六君子者，未有不谨于礼者也。以着其义，以考其信，著有过，刑仁讲让，示民有常。如有不由此者，在势者去，众以为殃，是谓小康。"

这段文字清晰地描绘出中华民族的社会理想。这个理想的基本点是"天下为公"。具体而言，就国家层面来说，要选贤任能，讲公平；就社会层面来说，要讲信修睦，重诚信；就个人层面来说，不只是尊敬自己的父母，不只是爱护自己的儿女，对待他人皆以仁爱。公平、诚信、仁爱三者具，社会就安定和谐了。这个和谐社会，孔子称之为"大同"。百姓在这样的社会生活，是幸福的，他将这样的世界称之为"小康"。孔子认为，这种社会在禹、汤、文王、武王、成王、周公时代出现过，现在没有了。之所以会这样，是因为失去了礼。

《礼记》中的理想社会综合了人与人、人与环境的诸多和谐关系，而展现出来的是美：

言语之美，穆穆皇皇；朝廷之美，济济翔翔；祭祀之美，齐齐皇皇；车马之美，匪匪翼翼；鸾和之美，肃肃雍雍。①

_____
① 《礼记·少仪》。

中华民族心目中的社会美，就是如此辉煌、雄壮、美妙，不仅激起人们无限向往，也激发起人们为之奋斗不已！

第二节 审美胸怀（二）：生态

生态是当代概念，但不等于说生态问题仅当代才存在。从现有的史料来看，至少在周朝，它就受到统治者的关注。这一点，在《礼记》中得到显现。《礼记》没有生态概念，但有着可贵的生态意识。

一、生态禁令

《曲礼》篇云：

> 国君春田不围泽，大夫不掩群，士不取麛卵。

这话是说，君主春天田猎不将泽地（此指猎场）四面包围起来；大夫打猎不将猎物一网打尽；士打猎，不捕幼小的麋鹿，也不掏取鸟卵。

在《王制》篇重申这些规定：

> 天子、诸侯无事则岁三田：一为干豆，二为宾客，三为充君之庖。无事而不田，曰不敬；田不以礼，曰暴天物。天子不合围，诸侯不掩群。……獭祭鱼，然后虞人入泽梁。豺祭兽，然后田猎。鸠化为鹰，然后设罻罗。草木零落，然后入山林。昆虫未蛰，不以火田，不麛，不卵，不杀胎，不殀夭，不覆巢。

文章说，天子、诸侯一年在没有大事的情况下，可以打猎三次，打猎的目的很明确：制作祭祀用的干肉、宴客、自己食用。因为有这样的需要，猎是要打的，没有特殊大事而不田猎那是不敬的；但打猎没有节制，没有规矩，则不合礼。"田不以礼，曰暴天物"。天子打猎不要四面合围，打尽野兽，而应该让出一面。诸侯打猎也不能整群地掩杀。打猎是有时令管着的。正月里，水獭捕鱼，捕在岸边，好像在祭祀，这个时候，虞人才可以进入水域来捕鱼；九月里，豺捕杀野兽，陈列在四周，好像在祭祀，这个时候，猎人才进行秋猎；八月，鸠鸟化成鹰（古人的看法），这个时候才可以设网捕鸟。

草木零落的时候,才可以进山砍伐树木;昆虫尚未蛰居地下,就不能放火烧山以驱杀野兽。打猎时不要捕杀幼兽,不要探取鸟蛋,不要杀害怀胎的母兽,不要杀害刚出生的小鸟兽,不要拆毁鸟巢。这些禁令,均具有生态保护的意义。

青铜器上的图案:狩猎图

二、生态监管

周人有很强的环境保护意识,不仅制订了诸多的环境保护法令,而且设置了专门人员负责管理环境。比如山林管理:

> 山虞:掌山林之政令。物为之厉而为之守禁。仲冬斩阳木,仲夏斩阴木。凡服耜,斩季材,以时入之。令万民时斩材,有期日。凡邦工入山林而抢材,不禁。春秋之斩木,不入禁。凡窃木者,有刑罚。①

"山虞",是看管山林的人,他的职责是掌管有关山林的政令,为山林的物产设置"厉"——使用的章程,并守住好禁令。具体来说,仲冬时节可以砍伐"阳木"(山南边的树木);仲夏时节则砍伐"阴木"(山北边的树木);造车制耒,可砍伐"季材"(生长年限较短的树木),不过也只能根据时令砍伐。民众用材必须遵守法令,有规定的时日。国家有所需要,则可以不按规定的时日进山。春秋两季伐木,不能进入禁山。盗伐树木者有刑罚。

———————

① 《周礼·地官司徒》。

管理山林的还有"林衡"：

> 林衡：掌巡林麓之禁令而平其守，以时计林麓而赏罚之。若斩木
> 材，则受法于山虞，而掌其政令。①

林衡的地位似高于山虞，他的工作主要是巡查林麓禁令执行的情况，
一是合理安排对于山林的管理；二是掌管赏罚大权，以"时"核计看管林
麓人的工作，给予赏罚。若发现有砍木材的人，则交山虞处置。与"山虞"
工作类似的有"泽虞"。山虞负责山林的管理与保护；泽虞则负责沼泽湖
泊的管理与保护。环境保护可以分为两大块，一是保护好具体的环境地，
如上所说的山林、河流、沼泽、湖泊；二是控制有可能破坏环境地的生产
活动。

周朝对于川泽的管理也很重视，设有"川衡"一职：

> 川衡：掌巡川泽之禁令而平其守。以时舍其守，犯禁者执而诛罚
> 之。祭祀、宾客，共川奠。②

"川衡"是掌管巡视川泽的官员，相当于当今的"河长"。川衡的工作主
要包括三项：一是根据时令，或开放或禁守川泽中的资源。二是掌管赏罚
大权。若有犯禁者，则要予以拘捕，并处以惩罚。三是在国家举行祭祀或
招待宾客时，要供给川泽中的水产品。

对于打猎、采矿、放牧等生产活动，周朝有严格的政令：

> 迹人：掌邦田之地政，为之厉禁而守之。凡田猎者受令焉。禁麛
> 卵者与其毒矢射者。

> 矿人：掌金玉锡石之地，而为之厉禁以守之。若以时取之，则物其
> 地图而授之，巡其禁令。

> 牧人：掌牧六牲而阜蕃其物，以共祭祀之牲牷（quan，角体完具而
> 毛纯色的牲畜）。③

"迹人"是掌管猎场政令的人。对于打猎，同样有禁令，而且必须遵守。

---

① 《周礼·地官司徒》。

② 《周礼·地官司徒》。

③ 《周礼·地官司徒》。

严禁捕杀幼兽、掏取鸟卵，也严禁用毒箭捕猎。"矿人"是掌管采矿场的职员。他同样要为采矿设置种种禁令而加以守护。这里，它特别强调采矿前要有勘探，并绘制好图。"牧人"既要管牧养的事，又要管保护草原的事，他负责为祭祀提供角体完备、毛色纯正的牲畜。这些禁令，出于对环境的保护，有些内容明显地具有生态保护的意义，比如"禁麛、卵"。"麛"即是麑，幼麋称麛。虽然麋在当时并非珍稀动物，不存在灭种的危险，但出于可持续性生产的需要，周人明令禁止捕食麋。未成年的小动物，周朝的政令是不允许捕猎的。"卵"，在这里未具体指明是哪种卵。可能在周朝野生的鸟卵都在保护之列。打鸟有约束，用毒矢就不行，因为这种射法，会导致鸟类大量伤亡。

周朝设置行政人员，实行严格的生态监管等做法对于当今有重要的参考价值。

三、生态意识

《礼记》的《中庸》篇，有一段脍炙人口的话：

诚者，天之道也；诚之者，人之道也。……唯天下至诚，为能尽其性；能尽其性，则能尽人之性；能尽人之性，则能尽物之性；能尽物之性，则可以赞天地之化育；可以赞天地之化育，则可以与天地参矣。

"诚"是先秦儒家非常看重的一个概念。诚即为真实的存在，说"诚"为"天之道"，是说天是真实的存在。说"人之道"是"诚之者"，是说人应效法天真实地生存着。性为物之本性。物之本性，是真实的存在，它是决定事物发展的根本原因。

文章提出一个非常重要的观点："能尽人之性，则能尽物之性。"何谓"尽人之性"？就是将人的本质充分发挥出来。何谓"尽物之性"？就是将物的本性充分发挥起来。《中庸》认为两者是相互为前提的：人要想得到最好的发展，必须让物也得到最好的发展；同样，物要想得到最好的发展，也必须让人得到最好的发展。这不就是双赢吗？双赢着眼于长远利益、根本利益。人与其他生物的关系，其最佳境界就是双赢。

四、礼及生态

《礼记·祭义》云:

> 曾子曰:"树木以时伐焉,禽兽以时杀焉。夫子曰:'断一树,杀一
> 兽,不以其时,非孝也。'孝有三:小孝用力,中孝用劳,大孝不匮。思
> 慈爱忘劳,可谓用力矣。尊仁安义,可谓用劳矣。博施备物,可谓不
> 匮矣。"

这段文章同样将破坏生态的行为提到违背礼的高度。与《曲礼》《王制》谈保护生态不同,这里,着重从自然获取资源的适时性谈起。曾子说,树木要根据一定的时节伐取,禽兽要根据一定的时节捕杀。这里最重要的是曾子引孔子的一句话:"断一树,杀一兽,不以其时,非孝也。"将破坏生态的行为提升到"非孝"的高度。众所周知,孔子曾说"不孝有三,无后为大"。孝的最高义是传承血脉。断树、杀兽,如不以时,树就不能生存了,兽就不能繁殖了。就是说,它不仅摧残了一个具体的生命,还断绝了一个物种。物种之不存,不就与人之无后一样吗? 孔子的这一看法逼近当今的生态理念,是极为可贵的。珍惜良好的生态,珍稀物种的保护,目的还是为了人类,因为人类与其他生物命运相共。曾子"博施备物,可谓不匮矣"——与当今的"可持续性发展"完全一致!

对生态的重视,涉及对资源、对环境的重视。应该说,这是中国古代生态环境审美观念的萌芽。

天下、生态、家国虽然均不是审美概念,却是审美的视界、审美的胸怀。

第三节 审美理想:中和

《礼记》中有《中庸》篇,这是一篇重要论文,南宋大儒将它还有《大学》篇抽出,与《论语》《孟子》合成一书,称之为《四书》。《四书》一直受到统治阶级的高度重视,被认为是科举考试必考的经典。

一、中和

《中庸》中提出的"中庸"是中华民族重要的思想，不仅具有哲学的、政治的、伦理的意义，而且还具有美学的意义，它建构了中华民族审美理想的核心观念——中和观念。

《中庸》云：

> 喜怒哀乐之未发谓之中，发而皆中节谓之和。中也者，天下之大本也；和也者，天下之达道也。致中和，天地位焉，万物育焉。

这段文字提出一个重要的美学范畴——中和。中和由和与中两个概念构成。

首先，"和"是什么？和的问题，在先秦多是联系到另一个相似的概念——"同"，将二者加以比较。比较的目的是强调"和"不是"同"。同是同一反复，虽然有量的增加，但没有质的变化，而和，则是多元统一，量的变化不具意义，它的重要意义是新质的产生。《左传·昭公二十年》说"和如羹也"。众多的食料加上水放在合适的容器中，经火烧煮，只要火候恰当，就变成了美味的羹。这完全是新食物，不能与水或食料中任何一料相混淆。《左传》说得好："若以水济水，谁能食之？"美好的音乐也这样："若琴瑟之专壹，谁能听之，同之不可也如是。"①

于是，"和"成为一个重要的哲学范畴，可以从不同的角度用到它。

孔子说："君子和而不同，小人同而不和。"这是从伦理学、人才学角度用到和。

和，当其用到艺术特别是乐舞艺术中，它就成为美的标志。

《中庸》云："和也者，天下之达道也。"达道，通达之道，成功之道。而和之所以为达道，是因为它揭示了宇宙的一条重要规律：世界是多样的统一。作为宇宙的一条重要规律，它是真；这真为人所掌握，为人带来利益，就为善；真与善的统一，就是美。因此，和道，不仅是真道，也是善道，还是

---

① 《左传·昭公二十年》。

美道。

和道之所以能成为真善美相统之道，是因为它是多样统一规律的体现。多样统一，是怎样的统一？这就涉及"中"了。

关于"中"，作为名词，它有多层意义，均能推导出一种美学观念来。

（一）心中

上段引文中言"喜怒哀乐之未发谓之中"，此中为心中，人心中蕴藏着各种思想与情绪，正面负面的都有，它们都是人之性，都是真实的。然而，当它们只是蕴藏在心中之时，是不能做善恶美丑的评价的，只有当它们发抒出来，才有善恶美丑之可言。

心中到心外，这是内与外的一种统一。内与外的统一有多种形式，它们均具有美学意义。只有内没有外无美可言，如有外而没有内，这外在形式美是虚假的，也没有真正的美可言。

（二）中节

心中的喜怒哀乐要发抒才有善恶美丑可言，那么，要怎样的发抒才是善并也是美呢？——"中节"，此"中"为动词，意为合。"节"，这里指"道"，只有合道的喜怒哀乐才是善，才是美。合道的道既为天道，也为人道。"天命之谓性，率性之谓道，修道之谓教"①。性，为天命，道为率性。虽然如此，原生的性是野蛮的，它需要教化，只有经过教化的天性才是道。

如此说来，人之美，来自天性与教化二者，它是自然的，也是文明的，是自然与文明的统一。

《中庸》将"中节"作为"和"的必要条件。中节并不容易，注定实现和的道路并不平坦。《中庸》载孔子语："君子遵道而行，半涂而废，吾弗能矣。"

当"中节"被理解成"遵道""合道"时，这中和之美的内涵就大为扩大了。

在儒家看来，道都是正确的，具有绝对性。而在当今的我们看来，道并不都是正确的，它有正确的，也有不正确的，更多的情况下是杂糅的。因此，

① 《礼记·中庸》。

许多古代的美,用今天的观点去认识,就需要做深入细致的分析了。

二、中庸

《中庸》云:

> 仲尼曰:"君子中庸,小人反中庸。君子之中庸也,君子而时中;小人之中庸也,小人而无忌惮也。"

"中庸",由中与庸两个概念组成,应该说,是两个概念内容的有机组合。就《中庸》篇言,"中"可以做三种理解:

(1) 中间。《中庸》云"执其两端,用其中于民"。两端之中,分明指物理空间意义上的中间,当然,也可以从物理时间意义上来理解,在一个动态的时间片段,取中间点。

(2) 中立。对于对立的观点与力量集团,持中立的态度,不选边。《中庸》云"中立而不倚"。这种态度的意义主要在于自保,但因为对于是非、善恶、美丑的对立取模糊的态度,向来为人诟病。

(3) 中正。孔子是主张中庸的。但孔子对于"君子中庸",有重要的补充:"君子而时中"。"中",这里,指正确的立场与原则。"时中",就是时刻注意守住这个正确的立场与原则。因此,孔子主张中庸,不是抹杀是非善恶美丑的区分,不是和稀泥。他说的"中",就是正。

"庸",《中庸》中没有加以解释。历代对它的解释很多,笔者取朱熹的解释。朱熹曰:"中庸者,不偏不倚,无过不及,而平常之理,乃天命所当然,精微之极至也。"①

"庸",就是平常之理。平常之理,值得加以推崇吗? 在《中庸》的作者看来,非常值得。首先,平常之理,是自然界运行常态的反映,当然就是真理。其次,人多是生活在自然常态中,习惯于常态,与常态合二而一。而如若某个时候,自然运行不常态了,那就是灾难。对于灾难,人们不习惯,也难以抵御。所有的人都知道,生活在常态的自然界是幸福的。

---

① 朱熹:《四书集注・中庸》。

人作为生命体,其生命的流转活动,也有常态与非常态之分。常态,说明身心健康;非常态,说明身心不健康。也许常态总是多于非常态,人们不觉得常态的可贵,可是一当常态失去,人们就惶恐不安,就惊慌失措了。

常态可贵!

在"中"之后加"庸",并不是说存在着两种道——中道和庸道,而只是强调道有两种品性:中正与平常。中庸是一种道,简称为中道可,简称为庸道亦可。

中和之道与中庸之道其实是同一种道。

中华民族对于真善美的认识,总是会推到道上去。这道即中和之道。

强调道的"中和"性质,在于它体现了阴阳、刚柔的辩证关系,这种关系,正是自然界活力之所在、生命力之所在、强大之所在。

《中庸》中有一段话很好地说明了这一问题:

> 子路问强,子曰:"南方之强与?北方之强与?抑而强与?宽柔以教,不报无道,南方之强也,君子居之。衽金革,死而不厌,北方之强也,而强者居之。故君子和而不流,强哉矫;中立而不倚,强哉矫;国有道不变塞焉,强哉矫;国无道至死不变,强哉矫。"

子路问孔子什么是强?孔子列举了两种强:一是南方之强,二是北方之强。南方之强,强在内,而外则是宽、柔,甚至对野蛮无道的行为不报复,退让而显弱,重在教化,精神感召;北方之强,强在外,枕戈待旦,寝不卸甲,硬抗到底,死而无悔。孔子认为,南方之强是君子之强,北方之强是强人之强,前者是文明之强,后者是野蛮之强。将这两种强从哲学上来做分析,则发现南方之强,是"和而不流""中立而不倚",弱中寓强,柔中藏刚,先退后进,后发制人。一句话,南方之强是力的对立统一,这对立的统一,就是中和。北方之强,是一味的强,没有弹性,没有回旋,没有后劲,不是力的对立统一,不是中和。所以,从强弱意义上来说中和,中和是强者之道,前进之道,发展之道,希望之道。

中和之道,在中国古代简称为和道。有时,并不特别提出"中"或"庸"来,但说的仍然是中和之道。

和道,是中华民族治国安邦的基本国策。《周礼》提到的大宰相当于总理的官员,他的职责是"掌建邦之六典,以佐王治邦国",这六典为治典、教典、礼典、政典、刑典、事典,总的来说,其功能是"以和邦国,以统百官,以谐万民"①。

中和既是中华民族的社会理想,也是中华民族的审美理想。

第四节　审美对象 (一):礼仪

礼有内在精神,又有外在的形式。两者的结合称之为礼仪,礼必须落实为仪,无仪则不成礼。礼仪具有如下主要特征。

一、尚等级

等级是礼的灵魂,任何礼都见出等级的区分。等级主要是统治者内部的区分。《周礼·春官》谈"五仪"之别:

> 典命:掌诸侯之五仪,诸臣五等之命。上公九命之伯,其国家、宫室、车旗、衣服、礼仪都以九为节。侯伯七命,其国家、宫室、车旗、衣服、礼仪都以七为节。子男五命,其国家、宫室、车旗、衣服、礼仪都以五为节。②

"五仪",按周朝政治体制,诸侯国分为五个等级即公、侯、伯、子、男。它们用的仪式名为"五仪"。"五等之命",郑玄注:"谓孤以下四命、三命、再命、一命、不命也。"按周朝官制,诸臣有五等之别,一命为下士,再命为中士,三命为上士,四命为大夫,不命为无爵者。"典命"是一官职,它掌管诸侯各自不同的礼仪及五等诸臣的仪制。这里讲"上公"(司徒、司马、司空)"侯伯""子男"它们在"国家"(都城建设)"宫室"以及仪仗、衣着上有着重要区别。"上公"以九为节,侯伯以七为节,子男以五为节。这里说的"节"

①　《周礼·天官冢宰》。
②　《周礼·春官宗伯第三》。

就是节度。比如城制,郑玄注:"公之城盖方九里,宫方九百步;侯伯之城盖方七里,宫方七百步;子男之城盖方五里,宫方五百步。"①

二、尚程序

这包括:

(一) 规范性

礼有具体的要求,它是规范的,不容丝毫破坏,这在"三礼"中均有详细记载。如《仪礼·聘礼》中说诸侯朝见天子手里拿的圭和垫板缫都有尺寸和颜色的要求:"朝天子,圭与缫皆九寸,剡上寸半,厚半寸,博三寸。缫三采六等,朱白苍。"

(二) 繁琐性

礼仪不嫌其繁,有些程序甚至不嫌其重复。《仪礼·乡饮酒礼》中,与饮酒器——爵相关的礼就非常多。此篇记载道:主人坐下,从堂上圆形竹器中拿出爵,走下台阶。主人坐下,把爵放在台阶前,站起来辞让。主宾回答。主人坐下拿起爵,站起来,走到洗前,面朝南坐下,把爵放在圆形竹器

晚商妇好爵

---

① 郑玄注,贾公彦疏:《周礼注疏》。

下,用水浇水洗涤。主宾上前,面朝东北辞谢洗爵。主人坐下,把爵放在圆形的竹器里,站起来回谢。这种反复洗爵的礼一直持续到饮酒开始。饮完酒后,又是反复的洗爵。

三、尚审美

礼的诸多形式中,有不少具有审美的因素,比如服装,这在礼制中是非常讲究的。

《周礼·春官宗伯第三》云:"王之吉服:祀昊天上帝,则服大裘而冕,祀五帝而亦如之;享先王,则衮冕;享先公,飨射,则鷩冕;祀四望山川,则毳冕;祭社稷,五祀,则希冕;祭群小祀,则玄冕。"这里讲到王在各种不同的礼仪场合的着装。其中,最重要的是大裘,是天子祭天的服饰。大裘上衣画日月星山龙华虫(有色的羽虫)等六种花纹,下裳绣宗彝、藻、火、粉米、黼、黻等六种花纹,共十二章。冕,礼冠,顶上有长方形的包有麻布的薄板,谓之延;前低后高,前后有彩色珠玉串成的组缨下垂,谓之旒,其等级以旒的多少而定,王冠有十二旒,诸侯九旒,上大夫七旒,下大夫五旒。衮冕、

战国人物夔凤帛画

鷩冕、毳冕、希冕,均是不同的礼服,颜色不同,上衣下裳上画或绣的图案不同。这些装饰虽然具有政治上的规定性,但也具有一定的审美性。

第五节　审美对象 (二) : 情理

礼是情理的统一。

一、真情与节情

礼虽然仪式繁琐,规矩很多,但行礼之人是投入了真感情的。对于情的表现形式,礼做了一定的规定,这规定是不能违背的,这就需要节情。《仪礼·丧服》说守丧时,孝子"寝苦経带。既虞,剪屏柱楣,寝有席,食疏食,水饮,朝一哭,夕一哭而已。既练,舍外寝,始食菜果,饭素食,哭无时。"这里,除了对孝子服丧期间的生活有具体规定外,还对孝子的情感表现——哭有具体的规定。服丧的头一年内,早晚各哭一次,13 个月举行练祭之后,哭就没有具体的时间规定了。

礼虽然尚情,但既反对不达情,也反对滥情,要求将情控制在礼所规定的形式之中。《礼记·檀弓上》记:

> 伯鱼之母死,期而犹哭。夫子闻之,曰:"谁与哭者?"门人曰:"鲤也。"夫子曰:"嘻!其甚也。"伯鱼闻之,遂除之。

伯鱼即伯鲤,孔子的儿子。伯鱼母亲死了,满了周年,还在哭,孔子认为太过分了。按丧礼,父亲不在世,母死,儿子要服丧三年,如果父在,母亲死了,儿子只要服丧一年。伯鱼听孔子批评以后,就不哭了。

节情有多种方式。《礼记·檀弓上》记:

> 子夏既除丧而见,予之琴,和之而不和,弹之而不成声,作而曰:"哀未忘也,先王制礼而弗敢过也。"子张既除丧而见,予之琴,和之而和,弹之而成声,作而曰:"先王制礼,不敢不至焉。"

子夏、子张两位都服丧后来看孔子,孔子让他们弹琴。子夏弹琴,不和谐,不成声。问是何原因,子夏答道:"哀未忘也,只是因为先王规定了丧期,

我也不敢过期。"子张弹琴，和谐，成声。对此，子张的解释是："先王规定的礼，除丧就可以弹琴，我不敢不努力做到。"两人都做到了合礼而又节情，只是子张是从心底里做到节情的，子夏没能从心底做到节情，但形式上做到了节情。

周朝的礼仪影响深远，虽然具体的礼仪后世没能都做到承传，但礼仪的基本精神得到了承传。周朝的礼仪具有政治性、伦理性，但是因为它尚形式，尚情感，所以也具有审美性。儒家美学的主体为礼美学，这礼即周礼。

二、谦卑与做作

这谦，主要是对主人而言的，《仪礼·士昏礼》记载求婚阶段，男方使者穿着玄端服来到女方家，女方家要到大门外迎接，主人两次向客人行拜礼，宾客谦虚地避开。主人拱手行礼请客人进入，客人拱手行礼，辞让；主人再次拱手行礼，请客人先行，客人方才动步。到达门前，主人再次拱手请客人进入，客人还礼，再次辞让；主客彼此反复谦让三次后，主客方才到达堂前台阶下。在这里，主客彼此再谦让三次，最后，主人方才引导宾客登上台阶。

谦，主要是自谦，就是说行礼之人要放低身段，要说一些贬低自己的话，这话不一定是真实，而这一套自谦兼自卑语都是规定好了的，是真正的套话。

谦是真诚的，是真谦；卑，则是装出来的卑，但并非虚伪。

《仪礼·燕礼》中有一段君的使者与别国的使臣的对话：

　　公与客燕，曰："寡君有不腆之酒，以请吾子之与寡君须臾焉，使某也以请。"对曰："寡君，君之私也。君无所辱赐于使臣，臣敢辞?"对曰："寡君固曰'不腆'，使某固以请。""寡君，君之私也，君无所辱赐于使臣，臣敢固辞。""寡君固曰'不腆'，使某固以请。""某固辞，不得命，敢不从。"致命，曰："寡君使某，有'不腆'之酒，以请吾子之与寡君须臾焉。""君贶寡君多矣，又辱赐于使臣，臣敢拜赐命。"

这场对话背景：公（诸侯国的国君，爵位为公）将宴请别国的使臣，多

次派人去请。一共为四次。

第一次：主国使者说："寡君"（这里用"寡君"，谦称）有不好（"不腆"，在这里，也是谦虚的话，酒并非不好）的酒，想请您去一块饮酒，叙谈片刻（用"须臾"，为谦虚，生怕多占了客人的时间），特派我来请您。对方说："'寡君'是您最敬爱之人。贵国国君赐我饮酒，那实在是屈辱贵国国君了，我怎么敢辞谢？"虽然如此说了，但使臣还是没有赴会，这也是为了谦虚。

这样的重复，共四次，最后别国使臣才去赴会了。

俗话说：礼多人不怪。之所以不怪是因为主请方谦虚。谁能拒绝一个谦虚的人呢？

礼的过程中，虽然有谦虚，但也有做作。因此，有时也透出虚伪。

三、感性享受与理性约束

礼多联系到感性享受，其中最重要的是吃喝。高等礼仪活动都少不了吃喝。比如聘礼，这种礼是接待使者的礼仪。《仪礼·聘礼》中记载外国使者住进国宾馆。宰夫穿上朝服为他们安排便宴：煮熟的牛羊猪各一具，装入九个鼎，牛羊猪三牲肉羹各一鼎，其他还有鲜鱼、鲜腊物等；未煮的牛羊猪各两具，鼎14个。堂上八个饭篮，八个酒壶。宾馆门外要送进来的牛羊猪10车，米、谷20车，烧火木柴、草料各40车。

吃喝是有讲究的，一是吃什么、吃多少有等级的讲究，二是吃的过程中要遵循礼制。这个过程程序繁多。比如饮酒，当时饮的酒为一种甜酒。《仪礼·聘礼》记述国君招待主宾饮酒。开始的程序是接酒：宰夫在觯中斟上甜酒，将勺放入觯中，面对着勺柄，端给国君，国君接过觯。然后，主宾对国君行拜礼，恭敬地走到席位前，接过宰夫送过来的甜酒，返回原位，坐下。饮酒的程序更为繁琐。所有程序都是理性的约束，所以，饮酒的过程是严肃的，一丝儿也不能乱。

这种现象，在《国语·周语》中也有充分的说明。《周语·定王论不用全烝之故》云："饫以显物，宴以合好，故岁饫不倦，时宴不淫，月会、旬修、

商代直纹觯

日完不忘。"真是天天海吃,但是,吃也有礼仪上的规定,其中,牲肉是切成小块,对半切,还是不切,是有明确规定的。大体是,接待戎狄宾客,是整只,不切的,而接待有亲属关系的诸侯,则切成小块。

第六节　审美对象 (三)：礼乐

关于礼有两个统一:一个是其本身诸因素的统一。大体上,礼以伦理为内核,以政治为目的,以法律为手段,以仪式为包装。森严的理性内涵与严谨的审美形式实现为统一。另一个是礼与乐的统一。主要体现为礼对于乐的渗透、掌控,但乐的审美价值并不因为礼的干预而消失;相反,它的审美因礼的作用而彰显。另外礼因为被渗入美的温情与爱意,从而更好地发挥作用。

"三礼"关于乐有着完备而又深刻的论述。

一、乐的演奏体系

(一) 乐体构成

在先秦,乐包括诗歌、音乐、舞蹈三个部分,乐的表演均为三个部分的有机综合与展示。周朝时,比较重要的礼仪场合均有乐的表演。《仪礼·乡饮酒礼》中记载,在饮酒宴会上的乐表演,有好几个层次。第一层次,有乐工四人,其中鼓瑟者二人。他们演唱的是《鹿鸣》《四牡》《皇皇者华》。第二层次,吹笙者登场,他们吹奏《南陔》《白华》《华黍》。第三层次为歌唱与吹奏交替进行。歌唱《鱼丽》,笙吹《由庚》;歌唱《南有嘉鱼》,笙吹《崇丘》;歌唱《南山有台》,笙吹《由仪》。最后层次为歌乐合一,演唱的是《周南》的《关雎》《葛覃》《卷耳》,《召南》的《鹊巢》《采蘩》《采苹》。最后,乐工向乐正报告:"正歌已齐备。"所谓"正歌"就是符合礼仪之正的歌。这种表演融合了文学(诗歌)、音乐、舞蹈三个部分。

虽然三者共同构成了乐,但是音乐既是主体也是全体。说是主体,音乐是三元素中的主要成分;说是全体,是三元素共同构成了有内容、有形象、可观可听可品的音乐作品。

(二) 乐德构成

《周礼·春官宗伯第三》载:"大司乐:……以乐德教国子:中、和、祇、庸、孝、友。"中,忠诚;和,和顺;祇,恭敬;庸,恒常;孝,孝敬;友,友爱。这些伦理道德均为乐德。乐德是乐的内涵,是礼的体现。

(三) 诗体构成

《周礼·春官宗伯第三》载:"大司乐:……以乐语教国子,兴、道、讽、诵、言、语。"兴,以物譬事;道,以古导今;讽,默记涵咏;诵,节奏朗诵;言,直说其事;语,回答提问。这些都是诗的表现手法。

(四) 舞蹈门类

《周礼·春官宗伯第三》载:"大司乐:……以乐舞教国子舞,云门、大卷、大咸、大磬、大夏、大濩、大武。"云门、大卷,黄帝乐舞;大咸,尧之乐舞;大磬,舜之乐舞;大夏,禹之乐舞;大濩,汤之乐舞;大武,武王乐舞。这些圣王乐舞,是教育贵族子弟的重要教材。

(五) 乐调构成

《周礼·春官宗伯第三》还谈到了诸种乐调,有六律、六同、五声、八音。

六律,十二律中,合阳声的为律,合阴声的为吕,六律为黄钟、大蔟、姑洗、蕤宾、夷则、无射。

六同,即六吕,十二律之阴声。为林钟、南吕、应钟、大吕、夹钟、仲吕。

五声,宫、商、角、徵、羽五种声调。

八音,金、石、丝、竹、匏、土、革、木八种类型的乐器。

以上这些乐的构成元素,在不同的场合,演化为各种不同的乐曲,适应礼的需要。

二、乐的美学体系

在中国历史上,《礼记·乐记》对乐美学有着深入而又全面的论述。

《乐记》古传有 23 篇,今实存 11 篇。成书年代与作者均已难考定。郭沫若先生认为《乐记》作者为公孙尼子。公孙尼子的生平如何,也是渺如云烟。从《乐记》中所反映的思想倾向来看,它属于儒家无疑。《乐记》中有好几段文字同于荀子的《乐论》,因而有人认为《乐记》抄自《乐论》,当然也有人反认为是《乐论》抄自《乐记》。笔者认为,《乐记》抄自《乐论》的可能性较大,《乐记》一书很可能出自荀门弟子之手。在中国古代,学生阐发师说,摘引师论是很正常的事。

《乐记》全面地阐述了乐的美学体系。

(一) 乐的审美本质

《乐记》虽本于《乐论》,但不是说就没有新的创造。比之《乐论》,它更为注重乐的审美性质,并以之作为立论的基点。关于乐的审美本质,《乐记》从两个维度分层次进行论述:

1. 从艺术构成的维度

(1) 音之构成

《乐记》第一篇《乐本篇》云:

　　　凡音者，生人心者也。情动于中，故形于声；声成文，谓之音。

这里提出了两个重要概念：音和声。

音之本在心为情。情受到感发，形成声，声经过加工修饰，就成了音。

这里有三个阶段：情动发声——饰声成文——文声成音。

音的内容为情感，声为情感的形式，文声为音的形式。

《乐记》这段论述有两个贡献：

第一，认定音乐的内容是情感，这是一个很重要的界定，据此可以将作为艺术的音乐与非艺术的其他声音如语言区别开来了。这点，荀子《乐论》没有讲得这样明确。

第二，"情感"是音乐的内容，但光有内容还不是音乐，它必须外化为声。一般的声也不行，一般的声如哭声、笑声均可看成是情感的外化，但不是音乐。音乐的"声"需要按照一定的结构关系组织起来，这经过一定组织的声即为"文"。只有"成文"的声才是音乐。所以，音乐的本质应是根据一定的规则"成文"即秩序化、修饰化了的声音。

如果说"情"，荀子的《乐论》已经提到，不算《乐记》的新创造的话，那么，这"文"应是《乐记》的新创造了。

（2）乐之构成

上段引文，讲到音为止，还没有讲到乐。另一段文字则讲到乐。

关于乐的构成，《乐记·乐本篇》云：

　　　凡音之起，由人心生也，人心之动，物使之然也。感于物而动，故形于声。声相应，故生变，变成方，谓之音。比音而之，及干戚羽旄，谓之乐。

这段文字较上引文字有三个重要补充：

第一，关于音的起源，音起于"人心"，"人心之动"，又源于"物"。这一说法后来在南北朝得到肯定。刘勰说："春秋代序，阴阳惨舒，物色之动，心亦摇焉。"① 钟嵘说："气之动物，物之感人，故摇荡性情，形诸舞咏。"②

---

① 刘勰：《文心雕龙·物色》。

② 钟嵘：《诗品·序》。

第二，谈"声"如何成"音"，此段文字提出"相应""生变""成方"三个阶段。"相应"指声与心应；"生变"是"声"成"方"（即"文"）的关键，这"变"就是对"声"的形式处理，这中间包含一系列的美学规律及艺术技巧。"成方"即已经完成的音乐作品。

第三，"乐"的构成："音"要与舞蹈以及干戚羽旄结合起来，称之为"比音"，比音之后，就成了乐。这里有个要点：它与"干戚羽旄"结合起来了。"干戚羽旄"原本是兵器，后来成为君主以及贵族仪仗的主体。以干戚羽旄为舞具，意味着这音不是一般的音，而是有着政治内涵的音，于是，音成为了乐，乐的本质乃礼的象征。作为乐的音及舞，它的审美功能为快乐。为什么要强调快乐？因为只有让人快乐的乐才能成为礼的辅佐，起到礼起不到的作用。这样才称得上礼乐治国。

青铜乐器：克镈

2. 从社会动能的维度

《乐记·乐本篇》云：

> 凡音者，生于人心者也，乐者，通伦理者也，是故知声而不知音者，禽兽是也，知音而不知乐者，众庶是也，惟君子为能知乐。

这段话，将声、音、乐区分开来，将知声、知音、知乐作为三个具有重要社会意义的层次：

知声，禽兽层次；

知音，众庶层次；

知乐，君子层次。

声，只是一种信息符号，动物也能发声，发声中只不过是发布一种信息，其价值为最低的认识论判断：是与否，或有或无。知音则懂得音中所含的社会内涵，进而知道作为社会一分子所应担当的责任。《乐记·乐本篇》说："是故治世之音安以乐，其政和；乱世之音怨以怒，其政乖；亡国之音哀以思，其民困。声音之道，与政通矣。"知乐，则不仅知道乐中所含的社会内涵，知道作为社会一分子所应担当的责任，而且更进一步知道如何去改造这社会，治理好这社会，让社会成为美好的社会。这当然只能是君才能做到的了。

将音乐区分为声、音、乐三个层次，从而将乐推到定国安邦的高度。这是《乐记》在人类音乐文化史上最重要的贡献。

（二）乐的社会功能

《乐记》中的大量篇幅是谈音乐的社会功能，主要有这样几点：

第一，乐有使人"耳目聪明""血气和平"的作用。

第二，乐有"通伦理""教民平好恶""反人道之正"的作用，"仁近于乐"。

第三，乐有"统同"人心，使君臣上下"和敬""族长乡里""和顺""父子兄弟""和亲"的作用。

第四，乐有"善民心""移风易俗"的作用。

第五，乐有"率神而从天""应天"的作用。

第六，乐有治国的作用，"声音之道与政通矣"。

乐的核心功能是和同人情。通过和同人情，它达到人情所能达到的一切方面。

《乐记》所说的音乐的这些社会作用，大体上，荀子的《乐论》已经谈到。

（三）乐与礼的关系

关于"乐"与"礼"的关系，《乐记》基本上同于《乐论》：

> 乐者为同,礼者为异。同则相亲,异则相敬。……礼义立,则贵贱
> 等矣。乐文同则上下和矣。

> 礼节民心,乐和民声。

> 乐统同,礼辨异。礼乐之说,管乎人情矣。

比较有所创新的在于《乐记》将"乐""礼"及其关系推至"天人合一"
的高度:

> 乐者,天地之和也;礼者,天地之序也。和,故万物皆化;序,故群
> 物皆别。乐由天作,礼以地制。过制则乱,过制则暴;明于天地,然后
> 能兴礼乐也。

> 大乐与天地同和,大礼与天地同节。

《乐记》把"礼"这种人类社会的秩序看成是天地自然的秩序,把"乐"
这种人类社会所创造的情感和谐看成是天地自然的和谐,此种思想超过了
荀子,而与《易传》有着某种渊源关系。《乐记》中有一段文字许多句子同
于《易传》:

> 天尊地卑,君臣定矣。卑高已陈,贵贱位矣;动静有常,小大殊矣。
> 方以类聚,物以群分,则性命不同矣。在天成象,在地成形,如此,则
> 礼者天地之别也。地气上齐,天气下降,阴阳相摩,天地相荡,鼓之以
> 雷霆,奋之以风雨,动之以四时,煖之以日月,而百化兴焉。知此,则
> 乐者天地之和也。

《乐记》与《易传》孰为先后已难确考。不过《乐记》与《易传》属同一
个思想体系看来可以确定。《乐记》在中国美学史上占有重要地位,就它研
究的对象主要是音乐来说,则是中国最重要的音乐美学文献,是中国音乐
美学的开山。而就它涉及审美、艺术许多重大问题来说,则是先秦艺术美
学的辉煌的总结。

第七节　审美对象(四):匠艺

《考工记》是我国春秋战国时代一部重要的工艺著作,作者不详。今本

《考工记》存《周礼》之中，经过汉人的整理。《周礼》原有六篇。据陆德明《经典释文·序录》："河间献王开献书之路，时有李氏上《周官》(《周礼》)五篇，失《事官》一篇，乃购千金，不得，取《考工记》以补之。"《考工记》保存了大量有关中国先秦的各种工具、器物、建筑等资料，其中有一些思想具有重要的美学意义。

一、天时、地气、材美、工巧"四合"说

《考工记》有明晰的社会分工意识，它认为"国有六职"，即六类工作，而"百工"是其中之一。"百工"的工作，是"审曲面势，以饬五材，以辨民器"，也就是设计、制作各种器具。那么，如何做？《考工记》说：

> 知者创物，巧者述之，守之世，谓之工。百工之事，皆圣人之作也。
> 烁金以为刃，凝土以为器，作车以行陆，作舟以行水，此皆圣人之所作也。天有时，地有气，材有美，工有巧。合此四者，然后可以为良。①

这段话非常精辟。《考工记》认为，智慧的人发明创造器物，工巧的人传承这种创造，工匠们世世代代遵循下去。所有百工发明创造之事，都是圣人的工作。换句话说，能有发明创造的人，也可以称为圣人。圣人创物，基本原则是什么？《考工记》归纳为四者合：一为天时，二为地气，三为材美，四为工巧。何谓天时？《考工记》说："天有时以生，有时以杀；草木有时以生，有时以死。"这是以自然现象为例说明，有一种不以人的意志为转移的客观规律在。关于地气，《考工记》也举了很多的例子来说明。比如它说："橘逾淮而北为枳"，同样也是在说明客观规律的重要性。材美，即原材料好，它与产地密切相关。天时、地气、材美，分别从三个不同的层次说明器物的制作的客观条件，工巧则是主观条件，以上两个方面的统一，则才有优良的器物。这器物就其充分实现人对物的功能要求来说，它是善；这种善之所以能实现，是因为制器者充分地认识了并且把握了相关的客观事物的规律，也就是真。真为人所掌握从而转

---

① 《周礼·冬官考工记第六》。

化为善，善当其充分实现之时，必然给人带来感性的快适与精神上的愉快，这就是美。

二、"三理"说

关于器物成功的标准，《考工记》在谈辀人做辀时，说："辀有三理：一者以为美也，二者以为久也，三者以为利也。"① 这三理，后二理，均为功能。因此，可以理解二理，美与功。值得注意的是，它将"美"放在前面。

三、效法自然说

器物的制作，《考工记》强调取法自然。比如车辆下部轸的做法、车盖的做法，它说这是取法于地与天："轸之方也，以象地也；盖之圜也，以象天也。"② 这种取法天地，包括取其形，也包括取其神。也许更多的是取法天地创物之精神，或者说其原则，而不是简单地模仿自然。

四、形式即功能说

《考工记》对器物的功能与形态的统一也有深刻的认识，它认为，功能的实现正在器物形式上的恰到好处，这种最能保障器物功能形式在外观上也必然是好看的，也可以说是美的。它具体说到车轮：

> 轮人为轮，斩三材必以其时。三材既具，巧者和之，毂也者，以为利转也。辐也者，以为直指也。牙也者，以为固抱也。轮敝，三材不失职，谓之完。望而视其轮，欲其幎尔而下迆也；进而视之，欲其微至也，无所取之，取诸圜也。望其辐，欲其掣尔而纤也；进而视之，欲其肉称也，无所取之，取诸易直也。望其毂，欲其眼也；进而视之，欲其帱之廉也，无所取之，取诸急也。③

这段话译成白话是这样的：制轮人制作车轮，必须适时伐取三种原材

---

① 《周礼·冬官考工记》。
② 《周礼·冬官考工记》。
③ 《周礼·冬官考工记》。

料,三种材料具备后,要用精巧的工艺进行加工,使三材各得其所,合为一体。毂,要让它转动灵活;辐,要让它装配入孔,恰到好处;牙,要让它合抱,紧密坚固。即使轮子破旧了,毂、辐、牙三材没有失去其功能,就称得上完美。远望轮子,要注意轮圈转动时,触地是否均致、贴切;近看轮子,要注意它着地的面积是否很小。这其实是要求轮子圆而正。远望辐条,要注意它是否像人的手臂一样由粗渐细;近看辐条,要注意它是否光滑匀称。这其实是要求辐条挺直。远望车毂,要注意它是否匀整光洁;近看车毂,要注意裹革的地方是否隐起棱角。这其实是要求车毂裹得紧固。

　　这些叙述表达了这样一个观点:车轮的外观形式与它的功能是紧密结合在一起的,从某种意义上讲,形式即功能。从工艺美学的观点来看,器物的形式充分体现功能时,形式即是美。

五、色彩说

《考工记》谈到绘画:

> 画缋之事。杂五色,东方谓之青,南方谓之赤,西方谓之白,北方谓之黑,天谓之玄,地谓之黄。青与白相次也,赤与黑相次也,玄与黄相次也。青与赤谓之文,赤与白谓之章,白与黑谓之黼,黑与青谓之黻,五采备谓之绣。土以黄,其象方,天时变;火以圜,山以章;水以龙,鸟,兽,蛇。杂四时五色之位以章之,谓之巧。凡画缋之事,后素功。[①]

这段文章包含以下丰富的形式美学思想:

(1) 中国古代最早的色彩象征意识。青、赤、白、黑、黄。这五种颜色是中华民族认定最重要的颜色,不仅在于这几种颜色确是自然界中最常见的基本的颜色,更重要的是这几种颜色各自有着重要的文化象征。就方位来说,四方:东南西北分别以青赤白黑来象征;就宇宙构成来说,天为玄,地为黄。这种象征,一直就这么传承下来,没有变化。中国文化尚五,不仅有五色,还有五音、五言等等,它们又互相呼应,构成一个庞大的文化象征

---

① 《周礼·冬官考工记》。

系统。

（2）中国古代最早的色彩组合意识。五种基本色彩，如何组合，《考工记》提出"青与白相次也，赤与黑相次也，玄与黄相次也。青与赤谓之文，赤与白谓之章，白与黑谓之黼，黑与青谓之黻，五采备谓之绣。"这里提出"文""章""黼""黻""绣"五个概念，它们分别指称不同色彩的组合所达到的审美效果。其中"文""章"两个概念的内涵和外延有相当的变化，它审美的本质并没有变，也就是说"文""章"不管取何种用法，仍然是美的一种指称。"绣"指五色的组合，是最高的组合，因而它是最美的色彩。很可惜，"绣"这一重要意义没有得以在后代承传。

（3）"素"的重要性再次得以强调。中国古代美学非常重视"素"的美学意义，《老子》讲"抱朴守素"，《周易》讲"白贲"，后来，又将素的含义融进"恬淡"之中去，恬淡成为中华美学的最高追求。《考工记》这里说"凡画缋之事，后素功"。这是什么意思呢？闻人军先生认为，"先上彩色，然后再画白色的背景图纹加以衬托。"[①] 我对这一说法有些怀疑，首先是上了彩色后，又如何再画白色背景图纹。按笔者的看法，这"后素功"应是说，最后达到的审美效应是素，这素是最高的审美境界，也就是"白贲"。《周易》贲卦上九爻辞"白贲，无咎"，朱熹注曰："贲，极反本，复于无色，善补过矣。故其象占如此。"[②] 素不是无饰，而是虽然饰了要让人感到似是无饰。人工达于天工，绚烂化为平淡，一直是中华美学追求的最高境界。

六、"巧"说

上段引文中，还提出"巧"这一重要的工艺美学概念。《考工记》说："杂四时五色之位以章之，谓之巧。"另外，在谈到轮人为轮时，也谈到巧，说"三材既具，巧者和之"。

---

① 闻人军：《名著名家导读：考工记》，巴蜀书社 1996 年版，第 241 页。

② 朱熹：《周易本义》。

"巧"指一种很高的创作技巧,也指一种很高的审美效果。工艺创作兼有艺术创作和劳动两个方面的意义,工艺美学较之艺术美学更看重生产者在生产过程中的创造性和审美效应,它将这一个过程中最高表现指称为"巧",这是工艺美学的一个重要特点。这一点在后来出现的技术美学中也得到承传,只是更多移到使用者使用过程中的审美感受了。

七、关于动物装饰

《考工记》保存着中国古代工艺大量的资料,其中有关于动物形象运用的说明:

> 梓人为簨虡,天下之大兽五:脂者、膏者、臝者、羽者、鳞者。宗庙之事,脂者、膏者以为牲。臝者、羽者、鳞者以为簨虡。①

"簨虡"是古代悬挂钟、磬等乐器的架子,两旁的立柱为虡,中央的横木为簨。这两种物件通常塑成动物的形象。那么,用什么动物来做,是不是有所讲究呢? 《考工记》说是有讲究的,其主要根据是取动物自身特点与器物功能相一致的象征意义。它说,动物中臝类,嘴唇厚实、口狭而深、眼珠突出、耳朵短小、前胸阔大、后身修长、体大颈短,它们威武有力而不能疾走,适宜负重,又声音洪大,与钟相宜,所以这类动物适于为钟虡造型,敲击悬钟时,好像钟虡也发出声音似的。这些说明,有助于我们认识中国古代的装饰中动物形象运用的含义。中国商周青铜器装饰中最为常见的饕餮纹饰,似是臝类的头部。臝类包括人类。关于青铜器饕餮纹的来历,众说纷纭。笔者认为也许臝类是一种可以考虑的解释。笔者在《狞厉之美》一书中根据《路史·蚩尤传》中记载将它理解成蚩尤的头像。②

中华美学重象征,《考工记》中有关动物形象在器物制作的运用可以理解成源头之一。

《考工记》可以视为中国工艺美学的开山。

---

① 《周礼·冬官考工记第六》。
② 陈望衡:《狞厉之美——中国青铜艺术》,湖南美术出版社 1991 年版,第 38 页。

第八节　审美疆域：人生

审美的疆域到底是什么？按西方美学史的理解，是艺术。而在中国美学，它不只是艺术，它的疆界是人生。

中国儒家与理解的人生，在《礼记·大学》中有着最简明的概括：

> 古之欲明明德于天下者先治其国，欲治其国者先齐其家，欲齐其家者先修其身，欲修其身者先正其心，欲正其心者先诚其意，欲诚其意者先致其知，致知在格物。物格而后知至，知至而后意诚，意诚而后心正，心正而后身修，身修而后家齐，家齐而后国治，国治而后天下平。

将这段话中的关键词连缀起来，就是格物——致知——诚意——正心——修身——齐家——治国——平天下。

这是一个完整的人生。之所以将它看成美学的疆域，原因是这其中任何一个阶段都体现出审美的意识，尽管这审美意味相对于它的主旨来说是辅助的：（1）格物。格物需要与物接触，物是有形象的，必然作用于感知，进而达于情感。花开令人喜，叶落让人悲。这喜怒哀乐中必然有着审美的存在。（2）致知。致知是格物的目的，而知是认识过程中前一段感知、情感的升华与蜕变。这个过程有两种逻辑在参与致知，一是审美逻辑，表现为感性的直觉；二是科学逻辑，表现为理性的推断。（3）诚意。诚意由外而反躬于内，外获知识，内得诚意。诚者，心之真也；知识，物之真也。唯真，才动人。庄子云"不精不诚不能动人"，这其中，审美的意味浓郁而又沉着。（4）正心。心正，不只是理之正，还有情之正。唯正情才能辅正理，正理与正情之统一方是正心。（5）修身。身是体，心是本。心指挥着身，本决定着体。正心的必然产物是修身。修身之修不只有言语行动的礼制化、道德化，还具有审美意义的规范与优雅。（6）齐家。家齐首在和谐，和谐不只是在认识的一致，还有情感的认同，因而有认知的和谐，情感的和谐。两个和谐相辅相成，而情感的和谐显得更为重要。（7）治国。国之治不只在国之强，还在国之和。国和，重在情之和。而治国的手段，有刚性、柔性两手,刚性有法制,柔性则有审美,道德居中,调节着这两者。(8)平天下。天下,大于国,以天下为己任,需要胸怀,此胸怀不仅超越了私利,而且超越了国家,而以天下人民乃至天地自然为念,就是儒家所倡导的"天下为公",天人合一。这种与天地合一的精神境界无疑是至真至善至美的境界。

这种人生,《礼记》称之为"大学之道"。

大学之道的逻辑过程如上,而其精粹为"三在""六字:知、定、静、安、虑、得"。这精粹更是焕发着审美的光芒。

"三在"为:"在明明德,在亲民,在止于至善。"①

"明明德",重在明,德性本为明,强调为明德,意在指出德性之善。人皆有德性之端,如孟子所云,人性善,但如果不努力彰明(包括培育),其德性就可能被压抑,被毁损。因此,明,就显得特别重要。明,就是阳光,就是春风,就是化雨,就是美。

"亲民",程颐认为当作"新民",此说甚是。"新民"与"明明德"相应,正是因为"明明德",才让民"新"。此"新",首先指精神面貌新,思想观念新,由内到外,必然影响到外在形象,风度,言行。人整个地变善了,也变美了。

"至善",善,本在道德,具有一定的约束性,善人是受到了一定道德约束、言行中规中矩的人,善人具有极大的自觉性而未必达到自由。由善进而到止善,这善就发生变化了,外在善规转化为内在的心志,善的约束性不存在了。于是,善行由自觉转变成自由,行善的责任感转变为愉悦感,行善后的高尚感、荣誉感转化为超功利的恬淡与平静。这就是美。

"六字"中的"知""定""静""安""虑""得"中,最为关键的是"定"。定,是心定,心定在于对于功利的超越,用道家哲学来说,是"无"。"无"不是什么也没有,而是指超越。这种超越包含有审美的超越。心定必然心净,心净才心静。心静之安,是一种审美的愉悦,弥漫全身,浸透于心,恬然而

---

① 《礼记·大学》。

又持久,如淡淡之花香,悠悠之春风,微微之波澜。这种审美的恬静,让心虚空而灵动,因而能虑,能智。最后,在现实人生中真正地有所收获,这种收获,是审美收获,超越功利而得之,而又自然地实现为功利。此利,可以借《周易》的概念——"美利"。此利,如《周易》所言"美利利天下"①。

---

① 朱熹:《周易本义》。

第十一章
《国语》的美学思想

《国语》是先秦的一部重要历史著作。现在流行的《国语》二十一卷，即《周语》三卷，《鲁语》二卷，《齐语》一卷，《晋语》九卷，《郑语》一卷，《楚语》二卷，《吴语》一卷，《越语》二卷。据《汉书·艺文志》载，刘向编定的《新国语》五十四篇，可惜这一本子没有流传下来。国语记事，始于西周穆王（约前976—前922），迄于鲁悼公（约前467—前453年）。《国语》的重要价值，一是记载了数百年的周朝的历史，二是彰扬了周朝的礼制。正是因为此书持的是周礼的立场，所以，在理论体系上，它归属于儒家。此书在中国文化史上享有经典的地位，曾经有一些经学家如郑众、王肃、贾逵为它做注，可惜均未流传下来。现在最流行的本子是三国时韦昭的注本。《国语》虽为史书，但重在立论，不少论述关涉美学问题。

第一节 "文"论

"文"在中国文化理论体系中，具有极其重要的地位。人们熟知的是《论语》中对文的论述。《八佾》篇云："子曰：'周监于二代，郁郁乎文哉，吾从周。'"此处的"文"应该是"文明"义。《子罕》篇云："博我以文，约我以礼。"这里的"文"，应是"文献"义。《颜渊》篇云："棘子成曰：'君子质而已矣，何以文为?'"此处的"文",应是"文采"义。又,此篇有句:"曾子曰:'君子以文会友,以友辅仁。'"此处的"文",应是指学术或者艺术。这些关于"文"的用法,都含有美化的意义。

事实上,文,在中国古代文化中,就是一个美学概念。文,在不同的语境中有不同的意义,有侧重于内容的,也有侧重于形式的。侧重于内容的,并不忽略形式;侧重于形式的,也并不指纯形式。

文,与之相对立的概念是野,而与之同义的是雅。可以说,文相当于今天说的美。只是较之于今天说的美,它更重视内容的真与善,更强调对世俗对功利的超越。

文,在《国语·周语》中,有着深入的阐述。缘由是周室的单襄公对晋襄公的孙子公子周很有好感,在他病重之时,叫来儿子顷公,让他善待公子周。在对公子周的评论中,多处用到了"文":

> ……其行也文,能文则得天地。天地所胙,小而后国。夫敬,文之恭也;忠,文之实也;信,文之孚也;仁,文之爱也;义,文之制也;智,文之舆也;勇,文之帅也;教,文之施也;孝,文之本也;惠,文之慈也;让,文之材也。①

这段文字是对公子周的赞赏,核心是一个字——文。文的各种不同的展示,各得出一个优秀的品德:

敬,文之恭;

忠,文之实;

信,文之孚;

仁,文之爱;

义,文之制;

智,文之舆;

勇,文之帅;

教,文之施;

---

① 《国语·周语下》。

孝,文之本;

惠,文之慈;

让,文之材。

一共 11 项。按单襄公的看法,这 11 项优秀品德,公子周都具备了。让我们惊讶的是,《国语》将这么多优秀品德都归之于文,而且导出了文的诸多方面的性质:本——体,实——虚,帅——师,品——质,内——外,静——动,等等。

也就在此篇中,还将文用于评价周文王:"经之以天,纬之以地,经纬不爽,文之象也。文王质文,故天胙之以天下。"于是,文,就不只是人的优秀德行的荟萃,还是永恒天道的体现。

文,从诸多方面通向美学:

第一,"文"通向中华民族最具广义的美。在中华民族的语汇中,文内涵极为丰富,但无一不见出美善,且无一不见出至尊。如果将"文"理解成中华民族所崇尚的"美",这美就达于"神"与"圣"的境界了。

商尊铭文

第二,"文"即艺术创作。《山海经·海外北经》中"使两文虎也",郝懿行注曰:"文虎,雕虎也。"《左传·宣公二年》"文马百驷",杜预注:"文马,画马为文。"①

———————————

① 杜预注,孔颖达疏:《春秋左传注疏》。

第三，"文"通文饰——形式上的加工。《孝经·丧规》"言不文"中的"文"陆德明释曰："文，文饰也"①。文饰当其得当，有助于内容的彰显；而如其不当，则可能损害内容。

第四，"文"为文采，即形式美。《孟子·告子上》"所以不愿人之文绣也"。朱熹注："文绣，衣之美者也。"②

"文"在汉语中，具有极强的构词能力，它所构成的词，均在突出主题意义时又从不同方面传达出审美的意味，从而使中国文化弥漫着浓重的审美情调。

第二节 "章" 论

章，也是重要的美学范畴。

《周易》最早从美学意义上运用"章"。《周易》坤卦六三爻辞云："含章可贞。"孔颖达疏："章，美也。"③

《国语·周语》中《定王论不用全烝之故》篇，比较详尽地说到了"章"：

> 夫王公诸侯之有饫也，将以讲事成章，建大德，昭大物也。……服物昭庸，采饰显明，文章比象，周旋序顺，容貌有崇，威仪有则。五味实气，五色精心，五声昭德，五义纪宜，饮食可飨，和同可观，财用可嘉，则顺而德建。

这段文章的背景是议论王公诸侯宴饮的礼仪，提出"讲事成章"，"讲事"是议论礼仪之事，而"成章"，即要求将礼做成可以观赏的"章"。据《说文解字》："章，乐竟为一章。从音，从十。十，数之终也。"④ 原来，章本是一阕音乐作品。当"章"借用指称他物时，"章"原本具有的审美性并没有消除。当一件事，要求其"成章"，就意味着，它应该像一章乐曲那样完整

---

① 宗福邦等：《故训汇纂》。
② 朱熹：《四书集注·孟子》。
③ 孔颖达：《周易正义》。
④ 许慎：《说文解字》。

与美好。

上段引文中，谈到诸多的"章"，有服饰，有行为，有容貌，有饮食等。从它的具体描述，可以概括出"章"的几个要点：

第一，"章"须有象。"文章比象"，可以让人感受到，或视或听或触或闻。

第二，"章"须显明。"采饰显明"，具有一定的感官冲击力。

第三，"章"须有法度。无论是静态还是动态，均"周旋序顺"，法度分明。

第四，"章"须应具有礼的庄严。体现在人的修饰上，则"容貌有崇，威仪有则"。

第五，"章"的法则须有哲学的高度。具体来说，就是有阴阳五行哲学的高度，做到"五味实气，五色精心，五声昭德，五义纪宜"。

第六，"章"的总体性质为完善。此完善称之为"可"，可以分为：（1）功能上的"可"，如是"饮食"则"可飨"，如是"财用"则"可嘉"。（2）审美上的"可"："和同可观"。"和同"是内容与形式的完美统一，"可观"指感性上的愉悦。（3）品位上的"可"。符合礼制，"顺而德建"。

以上这六点，几乎概括了美的基本性质与特征。

在中国美学中，"章"与"文"都能作为"美"的代名词。在具体语境中，它们对于美的表述则会有所不同。

中华民族是一个爱美的民族，不仅是文学类、艺术类的作品尚美，而且

西周早期青铜器：伯矩鬲

所有的人工产品都尚美，史前的彩陶、玉器美轮美奂，进入文明时代的青铜器更是精益求精，美丽绝伦。像图中这具商代的青铜鬲，无论从哪个角度看，都让人赞叹不已。制器人不放过器物的任何一个细部，可谓处处出奇制胜，然而又章法严明，整体和谐之致。让人特别欣赏的是，从史前社会带来的那种对于神灵的恐惧感虽明显可以感受到，但人的自豪感、自信感更是洋溢于外，焕发出文明的璀璨光辉。

第三节　"和"论（上）

"和"是中国美学的重要范畴。它在诸多意义上与美学相关。其一，它是乐的基本性质；其二，它也是美的基本性质。于是，就有着诸多的关于和的论述。

《国语·周语》中《单穆公谏景王铸大钟》一篇着重论述乐之和。

一、乐从和

此篇中，乐官伶州鸠对周景王说：

> 乐从和，和从平。声以和乐，律以平声。金石以动之，丝竹以行之，诗以道之，歌以咏之，匏以宣之，瓦以赞之，革木以节之。物得其常曰乐极，极之所集曰声，声应相保曰和，细大不逾曰平。

这是对"乐从和"最全面的阐述。这里，有两个关键词，一是和，二是平。和为和谐。乐是多种艺术手段配合的产物。"平"，是和的升华。"和"，只需"声应相保"就可以了。所谓"声应相保"，就是各种乐器的相互配合，即丝竹、诗、歌、匏、瓦、革木等艺术手段的配合，它无须考虑到欣赏主体；而平，则需要考虑到乐与主体的关系，只有让主体能够很好地接受、感到快乐的乐才是平，即所谓"细大不逾曰平"。

和乐的产生来自客体内部诸因素的和谐，平声则不仅如此，还需加上和乐与主体的和谐。调控这个过程的重要手段是"律"。

青铜乐器：虎钮铜錞于

二、和通阴阳

乐是人工制作的声音,当其为和平之声时,它与自然、社会的和道是相通的。伶州鸠接着说：

> 如是,而铸之金,磨之石,系之丝木,越之匏竹,节之鼓而行之,以遂八风。于是乎气无滞阴,亦无散阳,阴阳序次,风雨时至,嘉生繁祉,人民和利,物备而乐成。

古人将乐器分成八类,名之为"八音"。和乐演奏起来,八音就与大自然的"八风"相应和。这虽是古人的一种感受,却又寓有天人合一的哲理。在古人看来,八音和平是阴阳和谐的体现,自然界以阴阳和谐为常,而"物得其常曰乐极"。物得其常,就是四季分明,风调雨顺,万物兴盛[①];于人来说,无灾无祸,生产丰收,万事顺心,那就是福,称得上"乐极"。于人曰乐,于物则曰备。"物备"——"乐成"。自然与人、生态与文明双赢。这不就

[①] 《国语·郑语》中有句"虞宾能听协风,以成乐物生者也。""虞宾",舜的祖先,"协风"即和风。"成乐物生",乐于成就万物自然地生长。

是古人所梦想的美好世界吗？

三、和通治国

中国古代文化道德意识很强，道德是中国文化的核心，几乎所有的问题都会联系到道德，而道德问题的最高指向则是治国平天下，伶州鸠论和也不例外。他说：

> 夫政象乐……夫有和平之声，则有蕃殖之财。于是乎道之以中德，咏之以中音，德音不愆以合神人，神是以宁，民是以听。若夫匮财用、罢民力以逞淫心，听之不和，比之不度，无益于教而离民怒神，非臣之所闻也。

和平之声，表达的是中德的思想，吟咏的是中正的音乐。中德，纯正的道德。中德之声就是德音。德音自然不会有任何差池，必然合于神人。在中国文化中，神与天命往往是一个概念。神根据君主的作为，或赐福祉，或降灾殃。由此决定着政权的更迭。

这里，它强调和平之声不仅"合神人"，而且"神是以宁"。神是不是宁与声是不是和，有着直接联系，神宁，民也宁，国也宁；神怒，民就离，国也散了。

四、和通审美

关于和与审美的关系，在伶州鸠发表高论之前，大臣单穆公已经发表了重要的观点。他说：

> 夫乐不过以听耳，而美不过以观目。若听乐而震，观美而眩，患莫甚焉。夫耳目，心之枢机也，故必听和而视正。听和则聪，视正则明。聪则言听，明则德昭。听言昭德，则能思虑纯固。以言德于民，民歆而德之，则归心焉。上得民心以殖义方，是以作无不济，求无不获。然则能乐。夫耳内和声，而口出美言，以为宪令，而布诸民，正之以度量，民以心力，从之不倦，成事不贰，乐之至也。

"乐不过以听耳""美不过以观目"，这说的是审美，而且注意到感觉在

审美中的作用。它从正面与反面谈音乐的审美:从正面来说,可以见出三个层次:

(1) 悦耳悦目:听到和声,耳朵舒服;看到美色,眼睛舒服。

(2) 增智昭德:"耳目,心之枢机也",因此"听和则聪""视正则明""聪则言听""听言昭德"。到这阶段,就不只是感觉舒服,还有智慧与德行的提升。

(3) 忠君爱民:听到这样的音乐,国君"以言德于民""口出美言,以为宪令,而布诸民,正之以度量"——做到爱民。而"民歆而德之",归心朝廷,而且"民以心力,从之不倦,成事不贰"——做到忠君爱国。

而从反面来说,"……若视听不和,而有震眩,则味入不精,不精则气佚,气佚则不和。于是乎有狂悖之言,有眩惑之明,有转易之名,有过慝之度。"不仅没有感官的愉悦可言,而且头脑晕眩,精气涣散,言语狂悖,行为乖讹。进而影响国家:"出令不信,刑政放纷""民无据依""上失其民"。社会进入动荡之中。

第四节 "和"论(下)

在《国语·郑语·史伯为桓公论兴衰》中,史伯在与郑桓公纵论天下大势之时,提出了"和实生物,同则不继"的重要观点:

> 公曰:"周其敝乎?"对曰:殆于必弊者也。……今王弃高明昭显,而好谗慝暗昧;恶角犀丰盈,而近顽童穷固。去和而取同。夫和实生物,同则不继。以他平他谓之和,故能丰长而物归之;若以同裨同,尽乃弃矣。

史伯从政治入手,认为周王室必衰,原因是周王专喜好与他一样的小人,而拒绝与他不一样的正人君子,归结为"去和而取同"。然后,他提出"和实生物,同则不继"的重要观点。和与同,在中国先秦文化中是区分得很清楚的两个概念。《左传》云:"公曰:'和与同异乎?'对曰:'异。和如羹也……宰夫和之,齐之以味,济其不及,以泄其过。……若以水济水,谁能食之？……'"① 孔子云："君子和而不同，小人同而不和。"②

史伯关于和的论述，突出了这样一些要点：

一、和的生物功能

一物生一物是不可能的，和之所以能生物，是因为它是由多元素组成的，是杂。上段引文后，有这样的话："先王以土与金木水火杂，以成百物。"物之生，是多种元素共同作用的结果。和能生物，因为和是质变。质变才生物；同不能生物，因为同是量变，量变不生物。

二、和的创美功能

史伯在他的论述中，有这样的句子：

> 是以五味以调口，刚四支以卫体，和六律以聪耳，正七体以役心……和乐如一。夫如是，和之至也。……声一无听，物一无文，味一无果，物一不讲。

"以五味以调口"，这说的是味觉的美感；"刚四支以卫体"，这说的是身体的美感；"和六律以聪耳"，这说的是音乐的美感；"正七体以役心"，这说的是全部感官的美感。

由和所创造的美，史伯表述为"和乐如一"。和乐如一，就是和乐统一。和，侧重于审美对象，它是多元的统一；乐，侧重于审美主体，它的感受是乐——愉悦。和乐统一，就是审美中主客体的统一。"和乐如一"也是"和之至"。之所以是和之至，是因为它不只是客体的多元统一的和，而且还是主客体相统一的和。基于这种和的突出特征是乐，因此，它是审美的。史伯在这里实际上表达了他的一个重要观点：审美的和才是最高的和。

"同"不具审美效果："声一无听"——声不中听；"物一无文"——物

---

① 《左传·昭公二十年》。
② 《论语·子路》。

不中看;"味一无果"——食不中吃;"物一不讲"——物就根本没有办法评说它的审美品位了。

三、和的天地功能

史伯关于和的论述涉及自然。他说的"和实生物",是天地的功能。天地间,物与物之间存在着极为复杂的生态关系,无时无刻不在进行着生死灭绝的各种战争,既循环不息,又绝不重复。新陈代谢,万千变化。虽然有着种种残酷,但不乏种种温馨。而之所以会是这样,是因为这种生态大战的最高原则是"和"。不是空空洞洞的和,而是实实在在的和。"和"的极致是"平"。"平"不是整齐,而是生态的公正、生态的平等、生态的平衡。史伯的表述是"以他平他"。这以他"平"他,就是按照生态公正的原则各物在相互关系中实现着生态的平衡,最终的成果是"丰长而物归之"。一方面,万千世界,兴旺发达;另一方面,则九九归一,规律了然。这就是宇宙的美、最高的美。

四、和的政治功能

史伯论和,立足于政治。他追溯历史,认为虞、夏、商、先周之所以能创造政治上的辉煌,是因为他们坚持了"和"的治国理政的原则:"虞幕能听协风,以成乐物生者也。夏禹能单平水土,以品处庶类者也。商契能和合五教,以保于百姓者也。周弃能播殖百谷蔬,以衣食民人者也。"再联系现实,认为现在周王室治国理政,完全抛弃了和的原则。于是对郑桓公进行切实的指导,让他在政治上有所作为。

第五节 "美"论

中国古代文化中,论美的言论并不多,谈及美,多附属于相关的其他问题,如伦理、自然、器具等。但在《国语·楚语》中楚国大臣伍举的论美,具有一定的独立性,相当于给美下定义:

夫美也者,上下、内外、小大、远近皆无害焉,故曰美。①

虽然此语相当于给美下定义,但伍举的目的并不是为了论美。上引的类似为美下定义的句子,相当于逻辑学三段论式中的大前提,小前提是章华台,结论是章华台"胡美之为"?尽管如此,伍举的论述仍然见出他对美的认识:

一、美的基本性质——无害

无害,当然是无害于人。是哪些方面的无害?伍举提出四:上下、内外、小大、远近。这四者,囊括了全部。

无害可以做两个维度的理解。

一是最低线。美不应有害于人。

二是最上线。美具有超功利性。超功利,似是无功利,实是有功利,然而此功利不局限于物并超越了物,进入了精神境界因而高于了物;而在精神境界中它超越了真也超越了善因而高于真善。

二、美与观

伍举论章华台,也谈到了美与观的关系。"若于目观则美,缩于财用则匮,是聚民利以自封而瘠民也,胡美之为?"②他没有完全否定观,只是否定唯观,事实上,审美是离不开观的。但如果"观"超出一定的限度,它就会妨害乃至破坏物的审美性质。伍举说:

臣闻国君服宠以为美,安民以为乐,听德以为聪,致远以为明。不闻其以土木之崇高、彤镂为美,而以金石匏竹之昌大、嚣庶为乐;不闻其以观大、视侈、淫色以为明,而以察清浊为聪。③

伍举肯定了四种正面价值:服宠(受到国民的尊崇)、安民、听德、致远。而否定与之相对的四种负面的价值:

① 《国语·楚语·伍举论台美而楚殆》。

② 《国语·楚语》。

③ 《国语·楚语》。

这四种负面的价值都涉及观 (广义的观包括所有的感知及心观)。

"土木之崇高、彤镂"之"美"——视观。

"金石匏竹之昌大、嚣庶"之"乐"——听观。

"观大、视侈、淫色"之"明"——视观兼心观。

"察清浊"之"聪"——视观兼心观。

从伍举的这些论述来看,他否定的是超出一定限度的观。而这,也是对的。审美固然离不开观,但不能唯观。唯观必伤人,伤人即有害,有害就说不上美了。《老子》说:"五色令人目盲,五音令人耳聋,五味令人口爽;驰骋畋猎,令人心发狂;难得之货,令人行妨。"① 在这点上,《国语》与《老子》是一致的。

三、美与利

美要不要讲利? 伍举在这个问题上是有分析的:

美的事物,它本有功利。这里,涉及艺术物与实用物的区别。

(一) 实用物:美是真实功能的完善体现

实用物不论是生产实用物还是生活实用物,它是有功利的,只有以功能为本,才谈得上美,对于实用物来说,美是锦上添花,不是雪中送炭。

实用物的美,根本的,在功能。功能由它的形式 (内在结构、外在形象)来实现。功能与结构、形象完全一致。伍举说:"先王之为台榭也,榭不过讲军实,台不过望氛祥。故榭度于大卒之居,台度于临观之高。"② 伍举说,先王建造台榭,榭不过是用来讲习军事,台不过是用来观望气象吉凶。因此,榭只要能在上面检阅士卒,台只要能登临观望气象吉凶就行了。这说得没错。对于实用物来说,不涉及实用的装饰可有可无。可有:如果财力无问题,又希望增加审美——形式审美,可以增加装饰。可无:如果财力有问题,就无须增加装饰。

---

① 《老子·十二章》。

② 《国语·楚语》。

对于实用物来说，第一选择是无装饰，功能与形式完全统一，功能即形式（广义的形式）。这里的美通常用"简单"来表述，简单是最高的美。在这个意义上，美即功能的完善体现。

伍举推崇的是这种美。

（二）艺术物：美是虚拟功能的真实体现

艺术物情况有些不同。艺术作为虚构，它是没有现实功能的，就这点而言，它无功利性，但是，艺术物也需要以功能为依托，只是这依托是虚拟的。没有功能为依托的艺术物，它首先就是不真实的，不真实就谈不上美。伍举没有谈到这种美，他不试图全面地论美，这种忽略可以理解。

四、美与德

伍举反对造章华台，真实的想法，是因为章华台建得太奢华了。作为君王的宫室，不必要做得这样豪华，这样高峻，这样气派，实际上，它远远超出了君王实用的功能，因此，按美的评价标准，如上所说，它不是功能的完善体现，而是形式大于功能，不是美。而按善的评价标准，浪费了大量的财用，是为不善。伍举说："今君为此台也，国民罢焉，财用尽焉，年谷败焉，百官烦焉。"这是典型的劳民伤财工程，败家子工程。

这种豪华的工程虽然具有一种炫目的形式美，但这种美不是善的体现，而是恶的体现。最直接的，它说明君王无德。那么，这种无德的形式美是不是美？

伍举说："若于目观则美，缩于财用则匮，是聚民利以自封而瘠民也，胡美之为？"[1] 伍举否定了这种美。这种否定，基于美的本质。这本质就是上面所引："夫美也者，上下、内外、小大、远近皆无害焉。"当然，如果不基于美的本质，或者将美就看成形式美，那么，这种否定也就不成立了。但是，自古以来，无论中外，对于美的认识，均兼顾内容之善，而且将善看成美的内核，仅以形式视美者少之又少。

---

[1] 《国语·楚语》。

《国语·周语·密康公母论小丑备物终必亡》一篇也谈到美与德的关系。文中说,密康公跟从周恭王去泾水边游玩。有三位美丽的女子私奔密康公,密康公的母亲劝道:"女三为粲,……夫粲,美之物也。众以美物归女,而何德以堪之?王犹不堪,况尔小丑乎?小丑备物,终必亡。"这里说的美与德的关系,不是指形式的美观与内在的德行的关系,而是指美物与占有者品德的关系。有德者方可持美物,美归属于德。

五、美与礼

美与善的关系,不仅涉及德,而且涉及礼。礼虽以德为依据,但更多地注重于国家的利益。德与礼对人都有约束作用,德在心理自律,礼在制度他律。《周礼》中对于诸侯宫殿的大小有着严格的规定,章华台规模严重地破坏了这种规制。它超标了。《国语·楚语上》中,说楚灵王为了显示国家的强大,慑服他国,在灭掉陈国、蔡国、不羹国之后,加修了城墙,很有气派,他派人去询问楚国大夫范无宇,这样做是不是好。范无宇则说:"国为大城,未有利者。"重要原因之一就是不合礼制。

在春秋战国年代,破坏礼制的事太多,称之为"礼崩乐坏",孔子为之痛心疾首,狠狠地说"是可忍,孰不可忍"。伍举没有明确地提到礼,大概也是基于当时"礼崩乐坏"的现实,但是,他对章华台的批评,实际上以礼制为基准。他说:"天子之贵也,唯其以公侯为官正,而以伯子男为师旅。其有美名也,唯其施令德于远近,而小大安之也。若敛民利以成其私欲,使民蒿焉望其安乐,而远心,其为恶也甚矣,安用目观?"[1] 这里说到天子之贵,在于"以公侯为官正,而以伯子男为师旅",就是礼制。"施令德"让百姓安居,更是礼制。

先秦是一个讲礼制的时代,以礼为善,以礼为美,这是社会的共识。

在先秦,论美的言论不少,但真正能作为定义用的,除了《国语》中的伍举论美,还有《孟子》的论美。《孟子》云:"可欲之谓善,有诸己之谓

---

① 《国语·楚语》。

信，充实之谓美，充实而有光辉之谓大，大而化之之谓圣，圣而不可知之之谓神。"① 这里说了若干相关的概念："善""信""美""大""圣""神"。"美"之前有"善""信"，大概"美"是以"善""信"为基础；"美"之后有"大""圣""神"，大概"美"的升华则为"大""圣""神"。将此与伍举的论美比较，则能发现他们有共同点，也有相异点。共同点是，他们都重视美的基础或内涵。这基础或内涵是"善"（包括德、礼、利）、"真"（信）。他们都没有忽略美形式上的特点——观。他们的不同点在于，伍举论美，基于美的底线——"无害"。而孟子论美，则追求"美"的上线——"大"以及"美"之上的"圣"和"神"。孟子说"充实之谓美"，充实是善与信的充实，善与信的充实既有内容又有形式。"大"是"美"的升华，其突出特点是不仅充实而且"有光辉"。这"有光辉"为美跃入"圣""神"奠定了基础。"圣"虽然伟大至极，但还可知，然到神，就伟大而不可知了。伍举论美，比较平实，他没有孟子这样的哲学思辨，也没有孟子这样的准宗教意识。他的基本立场是无害有利，这无害有利，是对民而言，也是对国而言，对君而言。应该说，伍举论美，具有最大的可接受度，是中国人最为朴素的审美观。

第六节 "貌" 论

中华文化中，评论人物外貌美的言论不是太多，《国语·晋语》中《宁嬴氏论貌与言》一篇是少见的论"貌"有深度的文字。

这是一个故事。晋国大夫阳处父出差卫国，返回的路上，经过宁这个地方，住进宁嬴氏的客栈。宁嬴氏对他的妻子说："我一直在寻找有德行的君子，今日算找到了。"于是，就跟从了阳处父，在路上与阳处父有过交谈，一直走到温山就不再跟从阳处父了。回到家后，妻子说："你找到了心仪的人还不跟从他，是个什么样的想法？"宁嬴氏就说了下面这番话：

> 吾见其貌而欲之，闻其言而恶之。夫貌，情之华也；言，貌之机也。

---

① 《孟子·尽心下》。

身为情，成于中。言，身之文也。言文而发之，合而后行，离则有衅。今阳子之貌济，其言匮，非其实也。若中不济，而外强之，其卒将复，中以外易矣。若内外类，而言反之，渎其信也。夫言以昭信，奉之如机，历时而发之，胡可渎！今阳子之情谵矣，以济盖也，且刚而主能，不本而犯，怨之所聚也。吾惧未获其利而及其难，是故去之。

这段文字主题词是"貌"，与之相对的另一个词是"言"。总体意思是清楚的：貌与言是两回事，阳处父面貌好，让人喜欢，而言语糟糕，让人厌恶。

这涉及怎样对人怎么做审美评价的问题。

《国语·晋语》对这样一个问题，做了有层次的分析：

一、外貌美的价值

(一) 外貌美的吸引力

"貌，情之华也"。情，人的内在情性，通过身体展露于外，这之中，面貌最重要，它是"情之华"。华者，花也，比喻为精粹，即通常说的精华。面貌既然是情性之精华，其重要性可以想见。因此，面貌是否让人看着舒服，就显得十分重要。从这看，《国语》给予面貌美以最大的肯定。事实上，宁嬴氏开始就是因为阳处父相貌堂堂，从而决定跟随阳处父。

(二) 外貌美的独立性

肯定外貌美的价值，显示出先秦时代，对外在形式美有了初步的觉醒。具体为二：外在形式美有其构成规律，也有其评定标准，这种规律、这种标准独立于德之外；外在形式美有其独立的价值，它可以让人悦耳悦目，让人舒心。

二、外貌美的局限

虽然外在形式美具有独立性，但这独立性也存在一定的局限性。这种局限性主要体现在：

(一) 外貌美受到言的控制

宁嬴氏向他妻子说了"貌，情之华也"之后，紧接着说："言，貌之机也"。

机,枢也。说言是貌的机枢,就无异于说,言能够控制貌。言为何能控制貌?这涉及对貌的认识。

貌有自然性的一面,也有社会性的一面。自然性的一面来自先天,它是无法更改的,具有客观性;社会性的一面来自后天,它是可以调控的。

貌的社会性,为整个社会文明所决定,社会文明在相当程度上决定着外貌美的基本标准,而个人文明修养又决定着个人的外貌在什么层次上接近外貌的社会标准。

人的社会性内在于心理,外在于言行。

人貌的先天性,构成人的容貌的基础,人貌的美一部分来自于这种先天性,宁嬴氏初见阳处父为其貌所吸引,这貌即是先天性的丽质。

但是,在跟随阳处父一段时间,通过与他对话,发现它的言语粗恶。这粗恶的言语,一方面揭示阳处父内心的黑暗与肮脏,另一方面言语的粗恶也影响了他的容貌。他话语中的粗恶让他天生美好的容貌受到扭曲,从而这张脸变得难看了。这就是"言,貌之机也"的体现。

(二) 外貌美受到行的控制

外貌美不仅受到行的影响,而且受到行的控制。这方面,宁嬴氏没有多谈,但是,也涉及了。因为言与行是密切相关的。他说阳处父"刚而主能,不本而犯,怨之所聚",意思是做事刚决没有能力,没有底线总是犯规,积怨甚多。后来的事实也证明了这一点。阳处父因为做事不慎,最后被晋国的中军统帅狐姑射杀了。

三、人美的综合性

问题归结到如何看待人的美。从宁嬴氏的论述中可以看出人的美具有综合性。

(一) 身与心的统一性

身可以看见,是人美之外在方面;心不可以看见,是人美的内在方面。宁嬴氏说:"身为情,成于中",意思是身体为情状,此情状能不能够"成"即为人所肯定决定于"中",即心中。只有心中有善有慧,方能让身展现出良好的情状。

(二) 言与身的统一性

宁赢氏说:"言,身之文也。言文而发之,合而后行,离则有衅。"这里的"身"不只是指身体存在还包括身体的行动,可以概括为"行"。说言是身之文,可以理解为言不只是行的表达还是行的修饰。"言文"即漂亮的话,当其表现在行动之中的时候,就有两种情况了:一种情况是"言文"与行为"合",如果是这样,它是好的;另一种情况是"言文"与行为"离",如果是这样,它就"衅"——出问题了。

(三) 貌与言的统一性

关于貌与言的统一性,宁赢氏分两个层面来谈:一是内心与外表的统一性。宁赢氏说:"若中不济,而外强之,其卒将复,中以外易矣。"意思是,如果心中不够强大,而外显得强大,最终要覆灭。二是貌与言的统一性。他说:"若内外类,而言反之,渎其信也。"意思是,内心与外貌是同类的即统一的,如善良的心与老实的貌,而言语是相反的,这就是貌与言的矛盾。这样,"渎其信"——污损了诚信,难以让人相信。阳处父就是这样。宁赢氏说:"今阳子之貌济,其言匮,非其实也。"这是说,阳子相貌堂堂,但言语跟不上,不副其实。这就是貌与言不具统一性。

统观宁赢氏有"貌"论,概括起来有三个要点:

(1) 貌是重要的,貌美具有相当大的吸引力。

(2) 言比貌更重要。言可以克服貌的吸引力。

(3) 言的重要是因为它是心之声。归根结底,心才是决定性的。

与《晋语五》宁赢氏论貌相呼应的有《晋语八》智果论智瑶。晋的卿大夫智宣子想立他的儿子智瑶为继承人,向晋大夫智果征求意见。智果说:"瑶之贤于人者五,其不逮者一也。美鬓长大则贤,射御足力则贤,伎艺毕给则贤,巧文辩慧则贤,强毅果敢则贤。如是而甚不仁。以其五贤陵人,而以不仁行之,其谁能待之? 若果立瑶,智宗必灭。"[①] 智瑶比别人强的有五:"美

---

① 《国语·晋语·智果论智瑶必灭宗》。

鬓长大", 相貌好; "射御足力", 武艺好; "伎艺毕给", 技艺好; "巧文辩慧", 言语好。"四贤"中, "美鬓长大"摆在第一位, 足见对貌的重视。智瑶优点很多, 但有一不好, 就是"不仁"。因为不仁, 他必不能取信于人。如果他继承智氏的禄位, 智氏宗庙必灭。"不仁"就是心坏。论人, 最根本的论心, 心若坏, 貌再好也没用, 一切都谈不上。

在中国古代文化中, 关于貌的问题, 数《国语》论述得最为充分。

第十二章

《逸周书》的美学思想

《逸周书》亦名《周书》。关于它的来历，最早的说法见之于李焘为元刊本《周书》写的跋。李焘说："按隋唐《经籍志》《艺文志》皆称此书得于晋太康中汲郡魏安釐王冢。"明代著名学者杨慎在为明刻本《逸周书》写的序中，详细地介绍汲郡魏安釐王冢书的篇目，说"合此观之，汲冢所得书虽不可见，而其目悉具于此，曾无一语及所谓《周书》者也。案《艺文志》有《逸周书》七十一篇，以今所谓《汲冢周书》校之，止缺四篇。盖汉以来原有此书，不因发冢始得也。"① 至于什么时候《逸周书》成了《汲冢周书》，杨慎说，这《汲冢周书》名首见宋太宗时修的《太平御览》。《逸周书》很难说是纯粹的先秦古籍，因为不能排除汉代学者修饰的可能。但从书中的内容来看，基本上可以肯定是先秦的著作。这部书体例是比较完整的，全书加序为七十一篇，每篇均有一个主题，内容涉及国家体制、哲学、政治、伦理、地理、时令、动植物等诸多方面，不少内容可以与《礼记》《周礼》相对应，堪称周朝百科全书。书中有比较丰富的美学思想。

---

① 黄怀信等：《逸周书汇校集注》下册，上海古籍出版社 2007 年版，第 1190 页。

第一节　热爱生命

《逸周书》中有关生命的思想，非常可贵。生命问题是它全部思想的逻辑起点。

一、对"生"的肯定

《逸周书》首先肯定，人作为生命的存在物，"有好有恶"："小得其所好则喜，大得其所好则乐；小遭其所恶则忧，大遭其所恶则哀。"① 按这种说法，人作为生命物，生命趋向有好有恶，好则求之，恶则避之。于是，显现出情感态度。好——喜，乐；恶——忧，哀。这里，《逸周书》并没有进一步提出美感与丑感的概念，但实际上，它是在说，好——喜，乐——美感；恶——忧，哀——丑感。

人之好恶是很多的，它的根本是什么呢？《逸周书》说：

> 凡民之所好恶，生物是好，死物是恶。②

将人的好恶归到本上，本就是生物或死物。生即好，死即恶。延展这观点，就是生即喜，即乐，即美；死即忧，即哀，即丑。

既然好生恶死是人之本性，作为统治者，就有一个认真对待的问题，如果不认真对待，违背人的本性，就于国不利。《逸周书》是这样说的：

> 民至有好而不让。不从其所好，必犯法，无以事上。民至有恶不让。不去其所恶，必犯法，无以事上。偏行于此，尚有玩民，而况曰以可去其恶而得其所好，民能居乎？③

注家陈逢衡解释"偏行"前数句："民至有好而不让，欲生也；民至有恶而不让，恶死也。《大学》曰：'民之所好好之，民之所恶恶之。'若不从其所好不去其所恶，是谓拂人之性矣，故犯法而无以事上。"解释"偏行"领起的

---

① 《逸周书·度训解》。
② 《逸周书·度训解》。
③ 《逸周书·度训解》。

后一句："言好恶俱从民欲,尚有莠民杂处其间,况不去民之所恶而仅从其好,则是违道以干百姓之誉矣,民讵能遂其好而安宅乎?"① 这解释侧重于政治,意思是统治者对于百姓的统治,要充分尊重人的好生恶死的本性。言下之意,是要让百姓有活路。如果不是这样,百姓就必定"犯法",不能奉上了。按这种维度去理解这段话,得出的结论,善必须建立在生的基础上,没有生,谈不上善。

二、对"命"的肯定

现代汉语,将"生"与"命"合为一个概念,其意义侧重于"生"。而在中国古代,"生"与"命"是两个概念。《逸周书·命训解》篇,对命的阐述为:

> 天生民而成大命。命司德正之以祸福。立明王以顺之,曰:大命有常,小命日成。成则敬,有常则广。广以敬命,则度至于极。

这话的意思是:天生就了人而成就自己伟大的使命。天让天神司德给人以祸福,福是吉德,祸是凶德。从这位天神名"司德"来看,天是按照"德"来行"大命"的。为了更好地履行职责,天立"明王"——聪明君主来奉行并顺行天命。明王说:"大命"即天命,它有常规,始终如一;"小命"具体小事的使命,它每天都在变化。正是因为小命在于日成,因此需要有恭敬之心,力求不出错;正是因为大命有常规,它运用的范围就很广泛了。如是,大命的"广"落实到小命的"敬",要把握好度以求达于至极。注家陈逢衡说:"成则敬,本诸身也;有常则广,保天下也。至于极,谓至于至善也。"②

《逸周书》将生与命区别开来,认为只有生而无命不是完善的生,或者说,如此的生就压根儿不是人的生。只有将生与命统一起来,有生又有命,才是人的生。生来自天,命也来自天。天在这里,应是自然,不是神,不过,虽不是神但含有神义。命分大命、小命。大命广、稳定,小命繁、多变。掌

---

① 黄怀信等:《逸周书汇校集注》上册,上海古籍出版社 2007 年版,第 9 页。

② 黄怀信等:《逸周书汇校集注》上册,上海古籍出版社 2007 年版,第 22 页。

大命行小命,积小命成大命。如此,生命就充实,就完善,就伟大了,正如孟子说的:"充实之谓美,充实而有光辉之谓大,大而化之之谓圣,圣而不可知之之谓神。"①

《逸周书》的《命训解》篇强调人的生命之美不在生而在命,命虽来自天,似是真,但命的核心又是德,因此,既可以将命理解成真,也可以将命理解成善。生命的美既在天,又在德,是天与德的统一,也可以说是真与善的统一。

命有大命小命,德亦有大德小德。也就是说,德既可以从大的方面理解,也可以从小的方面理解。大德要落实在小德上,而小德要符合大德。积小德而成大德,明大德而行小德。《逸周书》的这种思想体系与儒家学说是一致的。

第二节　崇尚乐生

人的生命不只是自然生命,还有文化生命。不只是在度过生命还在享受生命。当人的生命由自然生命进入到文化生命,由度过生命进入到享受生命时,它才有美。美,从本质上来看,是人对文化生命的肯定,这种肯定的突出显现是乐生。

一、"民生而乐生"

《逸周书·命训解》云:

> 夫民生而乐生;无以谷之,能无劝乎? 若劝之以忠,则度至于极。

"民生"的质量是可以分成很多层次的,首先,当然是谋生,谋生的意义是活着,不管是让自己活着还是让家人以及别的人活着,都为的是自然生命的维持,仅就这一点来说,人的生命与其他生物的意义无异,但人的生命之异于其他生物的地方在人的生命还有别的意义,其主要是荣生与乐生。

---

① 《孟子·尽心下》。

荣生体现为名声。名声存在于社会之中,一个人在社会上的名声决定于他对社会的贡献。这种贡献的正面评价,在主体看来,就是荣生。至于乐生,就与社会没有直接关系了,乐只能是个人的,这种乐在乎主体个人的感受,而感受来自主体的自我意识。

上引的话,后面几句也耐琢磨。"谷",在这里,是德或者说善的意思。"劝",劝谕的意思。"极",极致的意思。"夫民生而乐生;无以谷之,能无劝乎?若劝之以忠,则度至于极",整句的意思是:人的生命,追求乐生。乐生是没有考虑到德的问题的,那能不能劝谕呢?如果以"忠"这种德劝谕之,那么,就可以逐步地达到生命的极致。在《逸周书》看来,以乐生为特质的美,与以德为核心的善,并不是一回事,不能说,有美就有了善,或者说有善就有了美。要实现这二者的统一,需要劝谕即教育的手段。若能实现这二者的统一,这人生就达于极致了。

二、"乐维生礼"

《逸周书》非常看重乐的意义,认为乐还可以生礼。

《逸周书·文儆解》云:

> 利维生痛,痛维生乐,乐维生礼,礼维生义,义维生仁。

一切由"利"起,人皆争利,争利必生"痛"。痛,是因为失利。失利之痛没有让人住手,总结教训继续争利,终于有所得,因为得而生"乐"。有所得,生活好了,不再在物质上过于贪婪,而在精神上有所追求,于是生出"礼"。礼生出"义",义生出"仁"。

这"五维"中,"乐"这一维有着特殊的意义。它是"生礼"的前提。

三、"哀乐不淫"

"乐生",按其字面,就是快乐的生命和生命的快乐。乐是情性的,但不是唯情性的,乐中有理,理中有义,有德,有礼,有道。因此,乐虽显现为情,从本质上来看,是情与理的统一,为有理之情。有理之情,因其本为理,就不能简单地归属为某一种情感。基于此,乐生的乐,就不能简单地理解为

快乐。乐之中蕴含诸多的情感因子，这诸多情感因子融和、统一，从发展方向上体现出正面的积极向上的情感调质。

《逸周书》也涉及这一问题。《常训解》章有句："哀乐不淫，民知其至。"这里的哀与乐，都不是乐生之乐，而是单一的感性情感，当其"淫"即过分的时候，它们之间不能实现和谐，当然也就不能与"理"实现统一。只有"不淫"，才能让民"知其至"，"至"是完美的意思。

人的情感的生发，总是有外界的因素，如南北朝钟嵘所言"气之动物，物之感人，故摇荡性情，形诸舞咏"①。"气"之源，与"时"相关，也就是说，不同的时，就有不同的气，不同的气让主体产生不同的情感，如果情与时不偕，那就出问题了。《逸周书·常训解》特别谈到此问题："苟乃不明，哀乐不时，四征不显，六极不服，八政不顺，九德有奸，九奸不迁，万物不至。"这里说的"时"不只是自然时令，还有社会时令包括"四征""六极""八政""九德"② 等。《逸周书》实际上是说，人只有调整好与客观的关系，同时调整内心情感中诸多因子的关系，实现其和谐；最后调整好情与理的关系实现其和谐，才能真正做到了乐生。

四、"乐生身复"

《逸周书·文酌解》提出"四教"：

四教：一、守之以信，二、因亲就年，三、取戚免梏，四、乐生身复。

第一教讲处理人与人之间的关系，要讲诚信；第二教讲处理与父母的关系，要孝亲让父母安享天年；第三教讲处理与领导的关系，要尊重权威以免受罚；第四教讲处理与自身的关系，要乐生即善待自己。"身复"，就是让生命回归到本位。

四教中，第四教"乐生"处于最高层次。

---

① 钟嵘：《诗品注·诸论》。
② 《逸周书·常训解》中，"四征"为喜、乐、忧、哀，"六极"为命、听、福、赏、祸、罚，"八政"为夫妻、父子、兄弟、君臣。"九德"为忠、信、敬、刚、柔、和、固、贞、顺。

第三节 礼乐统一

先秦时期,社会问题是人们最为关注的。在社会问题中,首先是国家政权稳固问题,其次是社会和谐问题,处理些这问题的法宝首先是礼乐。

礼乐治国是周朝基本国策,其后,作为传统一直为统治者奉为治国之圭臬。《逸周书》对于礼乐治国有着许多重要的观点:

在礼乐关系问题上,礼为主,乐为辅。

什么是乐,它都体现在哪些方面,《逸周书·粜匡解》有一段这样的话:

> 大驯钟绝,服美义淫。……乐唯钟鼓,不服美。

"大驯钟绝",很多注家认为有讹,正确的应该是什么,各家猜测莫衷一是。注家浮山的理解是"疑是'乐备钟弦'讹,举钟则鼓可知,举弦则管可知,举钟弦则众音可知,与下段'乐唯钟鼓'相对"[1]。笔者赞同浮山的说法。古代很讲究礼服,不同的礼仪场合,应着不同的礼服。如接待宾客要穿皮弁服,祭宗庙要穿玄冕服。这段话是讲,礼仪场合要按照规定奏乐。奏乐,一是讲究乐器的配置,钟与鼓、鼓与管,诸多乐器的配置均有一定的规定;二是重视礼服,"服美义淫",意思是礼服华美,而礼仪隆盛,礼义凸显,礼乐互彰;三是钟鼓在乐中地位显赫,乐就体现在钟鼓的演奏之中。这段话,突出意思是礼乐和谐,相得益彰。

礼乐关系的问题,大体上有两种情况,一是对乐的作用认识不足,乐不够。《逸周书·常训解》云:

> 夫礼非尅不承,非乐不竞。民是乏生□好恶有四征:喜、乐、忧、哀。

注家潘振云:"礼毋不敬,故言礼,因言乐。尅与克同,去也。承,顺也。克己则顺乎理。竞,成也。立于礼者成于乐。乏,少也。乏生者,言少自然之性也。征,证也。喜乐忧哀所以证好恶也,故曰四征。"[2]

---

① 黄怀信等:《逸周书汇校集注》上册,上海古籍出版社2007年版,第73页。
② 黄怀信等:《逸周书汇校集注》上册,上海古籍出版社2007年版,第51页。

这解释,都意在阐释礼与乐的互补性和重要性。就互补来说,礼作为国之体,尚敬,不敬不能生畏,不生畏不能克己,不克己不能奉行;乐为礼之用,尚和,不和不能服众,不服众,礼不能生效,不能臻于极致。

另一种情况是乐淫即乐过多、过分以致伤害礼了。

《逸周书》云:

> 淫乐破正,淫言破义,武之毁也。

此文出自《逸周书·武称解》,是在说"武称"时说到这段话的。何谓武称?《孙子·形篇》云:"兵法,一曰度,二曰量,三曰数,四曰称,五曰胜,地生度,度生量,量生数,数生称,称生胜。故胜兵若以镒称铢,败兵若以铢称镒。"孙子论兵法,第一为度,凡事均有度,度由量来决定,量体现为数,数则讲究称,称决定战争的胜败。具体什么是称,称的本义是称物。称物需要砝码。镒与铢均是古代称重量的砝码。一镒相当于24两,一铢相当于一两的1/24。一镒是一铢的576倍。胜兵与败兵的力量之比,好比镒与铢之比。孙子用这样的比喻意思是要用绝对优势的力量去击败敌人。当然,这比,不是军队人数之比,而是包括军队人数内的全部军力之比。军力中非物质性的指挥、智慧、士气占有重要地位。论"武称"之所以要说到乐,是因为军队中也有乐——军乐。优秀的军乐鼓舞士气,恶劣的乐腐蚀士气,特别是淫乐,它惑溺心志。当然,这乐也可以不是军乐,而是供统治者享受的乐舞。军队统帅贪图这种享受,这无异于提前预示这支军队的瓦解与失败。"淫乐破正"中的"正"即礼。

与"淫乐破正"性质一致的,还有"淫言破义""淫图破□,淫巧破时"。

第四节　顺性为美

《逸周书》有着丰富而又重要的环境美学思想,其中最为突出的观点为"应天顺时"。此话出自《逸周书·大明武解》:

> 应天顺时,时有寒暑。风雨饥疾,民乃不处。移散不败,农乃商贾。

"天"在这里,不只是指天空、天气,也不只是指天命,它涵盖一切自然神灵、自然规律。"应天",指敬奉、遵循自然神灵、自然规律的意思。这其

中有唯心的一面,但也有唯物的一面。"时",不只是指时令,也指一切动态的自然以及社会现象、规律。虽然天、时均指客观规律,但天为总,时为分,天为大,时为小。人类的活动总是从小处开始,所以,最切身最重要的行为准则反而不是应天而是顺时。应天顺时,作为哲学,具有最高的指导性,而且这指导具有最大的涵盖面。《周易·革卦》说:"汤武革命,顺乎天而应乎人。"这顺天应人中的"顺天"即是"应天顺时"。这里应天顺时用于政治实践,同样,它也可以用于生产实践、生活实践。作为人的实践,这是创造文明;而应天顺时中包含有对生态规律的尊重与遵循,因此,具有生态性。此段文字,后面说到"寒暑""风雨"如何影响到人民的生活,又如何影响到人员的流散,以致农民不得不去做商贾。

《逸周书》中也经常谈到"宜""便""利"等概念,这些概念与"时"是相通的。比如,《逸周书·大聚解》中有语:"道别其阴阳之利,相土地之宜、水土之便。"虽然,这些概念各有其合适的搭配对象,但它们都可以统属于自然规律之中去,而这些自然规律一旦为人类所认识、所掌握、所利用,就会给人类带来财富与种种利益。

《逸周书》中,对于"顺"的论述特别丰富:

《逸周书·程典解》将"顺时"看作一种普适的哲学。不仅农业要顺时,做其他工作也要顺时。不仅人要顺时,动植物也要顺时:

　　慎用必爱,工攻其材,商通其财,百物鸟兽鱼鳖,无不顺时。①

人们慎用某物必然是因为爱它,工匠做活必然需要有相应的材料,商业流通为的是谋利。这就是说,凡事必有其因。至于"百物鸟兽鱼鳖"它们之所以这样或那样活动,是因为顺时。当说到"鸟兽鱼鳖"等生物"无不顺时"时,这"顺时"就明显地具有生态平衡的意义了。

《逸周书》中谈"顺"非常多,《逸周书·小开武解》提出"七顺":

　　七顺:一、顺天得时;二、顺地得助;三、顺民得和;四、顺利财足;五、顺得助明;六、顺仁无失;七、顺道有功。

---

① 黄怀信等:《逸周书汇校集注》上册,上海古籍出版社 2007 年版,第 177 页。

所有的"顺"都含有与对象和谐的含义。"七顺"中,"顺性"是核心。性,凡物皆有性,性通天,通道,道是人对天运行法则的概括。性具有最为普适的客观性,又具有最为独特的个体性。《逸周书·周祝解》云:

> 故万物之所生也性于从,万物之所及也性于同。故恶姑幽?恶姑明?恶姑阴阳?恶姑短长?恶姑刚柔?故海之大也而鱼何为可得?山之深也虎豹貔貅何为可服?

此话的意思是,万物之所以生,是因为其性所得以实现("从");万物之所以达到极致,是因为它的性得到充分实现("同甘共苦")。因此,幽与明、阴与阳、刚与柔,都只是暂时存在,它们都在不停地向着对方转化。所以,海大,鱼就多了;山深,虎豹貔貅都有了。

什么是最美的自然现象?《逸周书·佚文》说:

> 美为士者,飞鸟归之蔽于天,鱼鳖归之沸于渊。

万物各依性而生存,而发展,如鸟之归于天,鱼之沸于海。这就是自由——生态自由。这种自由,就是美。它是人类社会所效法的榜样。所以,诸多的士们都向往之,追求之。

这里,提出一种美学观——顺性为美。

第五节　生态之美

《逸周书》谈到一系列的生态保护的问题。

一、从物种保护角度谈生态保护

众所周知,物种延续是需要有一定量的生物个体存在为前提的。没有一定量,就不能保证物种的保存。从保护物种的角度,《逸周书》强调要保护生物个体。《文传解》云:

> 生十杀一者物十重,生一杀十者物顿空。十重者王,顿空者亡。

这段话是说,生十个杀一个,物仍然很多,不影响物种的延续,"物十重",物数足也。反过来,如果只生一个却杀了十个,这物就顿时空了,物种没办法延续了。结论是"十重者王,顿空者亡"。

二、从聚资开源角度谈生态保护

《逸周书·文传解》云:

> 无杀夭胎,无伐不成材,无惰四时。如此者十年,有十年之积者王。

"无杀夭胎",即不要伤及动物的胚胎;"无伐不成材",即不要砍伐尚未成材的树木;"无惰四时",即不要荒废岁月。这样的话,有十年的积累,就兴旺发达了。

三、从取物有时的角度谈生态保护

《逸周书·文传解》云:

> 山林非时不升斤斧,以成草木之长;川泽非时不入网罟,以成鱼鳖之长;不麛不卵,以成鸟兽之长。畋渔以时,童不夭胎,马不驰骛,土不失宜。

这段话是说,山林不到一定的时候,不能带斧头进去,为的是让草木成材;河湖沼泽不到一定的时候不能动用网罟,为的是让鱼鳖长肥;幼兽(麛)、鸟卵都不能伤害,为的是让鸟兽成长;捕鱼要遵时,不杀童牛,不伤害动物胚胎,不要让马跑得过快,耕种什么也要因地适宜。

青铜器上的蛙纹

《逸周书·大聚解》云:

> 旦闻禹之禁:春三月山林不登斧,以成草木之长;夏三月川泽不入

网罟，以成鱼鳖之长。

按这一说法，这具有生态保护意义的禁令，从大禹时代就开始了。

四、从物归其性角度谈生态保护

物各有其性，让物各得其性，物就能顺利地生存繁衍。《逸周书》也从这一角度谈生态的保护。如：

……是鱼鳖归其泉，鸟归其林。①

泉深而鱼鳖归之，草木茂而鸟兽归之。②

物各依其性而生长，百物繁荣，物态繁荣，生态必佳。于是，自然界呈现出一派欣欣向荣生态之美。

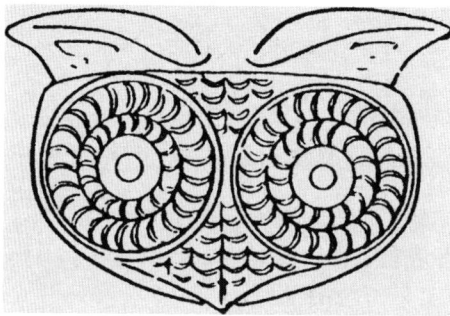

青铜器上的猫头鹰纹

第六节 丑 与 美

《逸周书》对于美与丑的论述虽然不多，但有深刻之处。

一、论丑

《逸周书》是在论天道与人道的对应关系时谈到丑的，原文见之于《命

---

① 《逸周书·文传解》。

② 《逸周书·大聚解》。

训解》：

> 夫天道三人道三：天有命、有祸、有福，人有丑、有绋絻（即绂冕，做官义——引者）、有斧钺。以人之丑当天之命，以绋絻当天之福，以斧钺当天之祸。

《逸周书》说的天道有一个突出特点——联系人的生存：

天有命——人有丑；

天有祸——人有绋絻；

天有福——人有斧钺。

天命是至高的命、根本的命。天命决定人命。它与人道中的什么相对应？——丑。

丑，含义较多，但基本的含义应是美的反面即不美。按中国古代通常对美的理解，基本意义为恰当。宋玉在《登徒子好色赋》中说的东家之子，"增之一分则太长，减之一分则太短，著粉则太白，施朱则太赤"。恰当即正亦即真。说"以人之丑当天之命"，其中"当"的意义是对应。"以人之丑当天之命"即是以人之丑对应天之命。

将丑的本质定为天命是非常特殊也非常精辟的观点。

丑的本质为天命，美的本质也为天命。既然美丑的本质均为天命，它们就没有贵贱之别。然而，事实上，人们是有贵美贱丑的。这让我们想到《庄子·山木》中说的逆旅主人对于两位小妾的态度：

> 阳子之宋，宿于逆旅。逆旅人有妾二人，其一人美，其一人恶，恶者贵而美者贱。阳子问其故，逆旅小子对曰："其美者自美，吾不知其美也；其恶者自恶，吾不知其恶也。"

逆旅主人明确表示他对于两妾的态度与美丑无关，其实，他压根儿就不认为这两人有美丑之别。所有美丑之别均是世俗社会看出来的，自然界本体界没有美丑之别。在《齐物论》中，庄子更明确地说："厉与西施，恢恑憰怪，道通为一。"这里说的"道"即《逸周书》说的"天命"。

值得指出的是，《逸周书·命训解》说的丑，是自然的丑、本然的丑。自然作为本然的存在，无所谓美丑。美丑只是出现在人类社会中，人类社会

中的丑,其负面作用是不容忽视的。

《逸周书·命训解》中有这样的话:

> 极丑则民叛,民叛则伤人,伤人则不义。
>
> 丑莫大于伤人。

在先秦,丑与恶相通。所以,这里说的丑其实就是恶。恶是残暴。极丑,就是极残暴。自然,遭至人民反叛的极残暴只能属于统治者。

在这里,《逸周书》对于社会丑,从伦理学维度提出一个重要观点:丑即不义。

二、论美

《逸周书》谈到美的地方,只有几处:

(一)美男、美女

《逸周书·武称解》云:

> 美男破老,美女破舌。

何谓"美男"?相对应于"老",应是青年——或者说美少。"老",是长者:在家为家长,在国为国君,在军队为统帅。美男何以能破老,应该是他的轻率简单肤浅。两军对垒之时,美男总是表现为盲目轻敌,求胜心切,好勇斗狠,简单少谋。

"美女"好理解,在朝中就是后宫,在军中就是军妓或将军姬妾。这里,特别提及他们的"破舌"即谗言的危害性。这里,"男""女"前均加上了"美",这美应该不是作为正面范畴的"美",而是指具有负面价值的形式美。对于"美女",《逸周书》成见甚深,在《史记解》中,它还说:"美女破国"。在形式美的意义上运用"美"这一概念的还有《官人解》篇:"不饰其美"。

(二)美不害用

《程典解》篇中有句:

> 土劝不极美,美不害用。

"土劝不极美",注家陈逢衡解释:"土劝,劝耕也。不极美,谓不穷极

其美也。极美则土耗。美不害用,物可常继也。"① 劝耕,讲的是农业生产。农业生产"不极美"可能包含两种意思,一是对于作物,不要过于关注它的形式美,而应关注它的收成。比如,长势太好的苗,也许不结谷子或结的谷子太小。二是要珍惜地力,不要每年都种庄稼,必要时要让地休息,以恢复地力。

"美不害用",这里的"美",应该不只是形式美,还包含其内容的具有独立价值的美。"用",为功利,引申为善。"美不害用",就是说美不应该妨碍、破坏善。这观点包含两个意义:美具有独立的价值,它与善不一定是统一的;美可能有助于善,也有可能妨害善。

① 黄怀信等:《逸周书汇校集注》上册,上海古籍出版社 2007 年版,第 179—180 页。

第十三章

《山海经》的美学思想

　　《山海经》是中国古代一部奇书，此书的性质，一般没有定论。大体上有两类：一类认为《山海经》语多荒诞，如《汉书·艺文志》将此书归入"形法"类，东汉班固认为它为"术数"类的书；《四库全书》将此书列入"小说"类，明代的胡应麟更是说《山海经》为"古今语怪之祖"，这样，此书就成了满足人们好奇欲的讲奇怪故事的书了。另一类认为《山海经》基本上是严肃的科学著作，主要为历史地理类的图书。北魏郦道元非常看重《山海经》，他的《水经注》引用《山海经》达80余处；以后的《隋书·经籍志》《旧唐书·经籍志》《新唐书·艺文志》以及王尧臣《崇文总目》皆将其列入史部地理类图书。

　　此书的作者及成书时间，目前还是一个谜。东汉学者刘歆在《上山海经表》中说此书出于唐虞之际，系大禹、伯益所作。伯益是禹治水的助手，《史记·秦本纪》说他"佐舜调驯鸟兽"，《汉书·地理志》说"伯益知禽兽"。《尔雅》《论衡》《吴越春秋》皆接受《山海经》为禹、益所作的说法。北魏郦道元始怀疑此说，认为此书非出自一人一时之手。北齐《颜氏家训·书证篇》据《山海经》文中有长沙、零陵、桂阳、诸暨等秦汉以后的地名，认定此书绝非禹、益所作。目前大多数学者认为，此书成书时间很长，可能在战国时就有了此书中的主体部分，以后，陆续完善、补充，直至汉代方才成书。

至于作者,基本上否定为禹、益,至于何人所作,目前没有观点。

按本人的看法,《山海经》有科学成分,自然科学方面的,社会科学方面的都有,但算不上严肃的科学著作。它更多地属于传说、神话。传说、神话是民族文化精神的摇篮。如果认定了这一点,此书的价值不能低估。众所周知,真实性有两种:一种是事实的真实性,这是科学特别是自然科学最为追求的;另一种是精神的真实性,这是人文学科更为重视的。《山海经》兼有了二者。因此,此书的性质应是科学、史学和神话三者的合一。

此书在中国古代环境美学的建构上具有重大意义,主要有三:第一,在中国文化史上它最为全面地提出了人类生存环境是如何开辟的;第二,它以最为充分的史料(哪怕是暂时无法确证的史料)说明以昆仑山为中心的大片土地是华夏民族的发源地,中华民族的始祖——炎帝、黄帝、帝俊、帝尧、帝舜等均在此生活;第三,它以无比丰富的材料描述中华民族生存的这一块土地物产富饶,风景奇异,动植繁茂,在中国文化史上最为充分地阐述了中华民族的乐园概念。

第一节　人类家园:神人与自然的共创

《山海经》中有着大量的开天辟地的神话,这些神话的实质是在阐述人与自然的关系,或者说是在阐述人是如何将自然打造成环境的。这其中包含有中华民族最早的关于天地开辟的重要理念。

一、"混沌"说

《山海经·西山经》云:

> 又西三百五十里,曰天山,多金玉,有青、雄黄。英水出焉,而西南流注于汤谷。有神焉,其状如黄囊,赤如丹火,六足四翼,浑敦无面目,是识歌舞,实惟帝江也。

这里说的是一位神,混沌无耳目。它的形状如一只袋子,红颜色。它有六条腿,四个翅膀,它能识歌舞。它是谁呢?"帝鸿"。"帝鸿"又是谁?

有两种说法，一种为《山海经·西山经》的说法，它是帝俊之子。另一种说法，它为黄帝的另一名号。《左传·文公十八年》："昔帝鸿氏有不才子，掩义隐贼，好行凶德，丑类恶物，顽嚚不友，是与比周，天下之民谓之浑敦。"这作为正史的《左传》也谈到了"帝鸿"。

这里，重要的不是帝鸿是谁，而是"混沌"这一概念。以混沌命人名的，还有《庄子》。《庄子·应帝王》中说"南海之帝为儵，北海之帝为忽，中央之帝为浑沌。"这"中央之帝"就是"帝鸿"了。

"浑沌"虽是人名，但它本不是人，它说的是一种无分的整一的状态，这种状态指的是天地未分前的那种状态，那时，既没有天，也没有地；既没有白昼，也没有黑夜。天地未分前的这种混沌是怎样打破的？在中国古代神话中是由盘古打开的。《艺文类聚》卷一引《三五历记》云："天地浑沌如鸡子。盘古生其中。万八千岁。天地开辟。阳清为天。阴浊为地。盘古生其中。一日九变。神于天。圣于地。天日高一丈。地日厚一丈。盘古日长一丈，如此万八千岁。"[①] 按这个说法，盘古与天地是同时生长的。如果将盘古视为人类始祖，那么，并非天地生人，而天地与人同生，它们也是一起生长的。这个故事，《山海经》中没有记载，但它记载了一个刑天与帝争神的故事（见《山海经·海外西经》）这刑天不屈服，在断了首后，仍然与帝争战，争战造成什么样的后果呢？《山海经》没有说，但《列子》《淮南子》《路史》《论衡》等古籍说了一个共工氏与颛顼争为帝的故事。故事说，共工氏失败了，怒而触不周山，以至于天破地倾。一位名女娲的女神炼五彩石将破损了的天空补起来，倾斜了的天柱扶起来。《山海经》没有完整地记载这个故事，但它记载了"不周山""共工国山""女娲之肠"[②] 等名，似乎为上面说的故事作注。

《庄子》中，浑沌为中央之帝，《吕氏春秋·季夏记》："中央土……其帝黄帝。"《山海经》中将浑沌称为"帝鸿"。《左传·文公十八年》说："帝鸿氏

---

① 欧阳询：《艺文类聚》。

② 《山海经·大荒西经》。

有不才子……天下之民谓之浑沌。"《山海经·西山经》说:"有神焉,其状如黄囊,赤如丹火,六足四翼,浑沌无面目,是识歌舞,实惟帝江也。"正是这样一些文字,让一些学者认为帝鸿就是黄帝。当然,也有学者认为不是。[1]这里且不管浑沌是否是黄帝,但黄帝与浑沌扯上或者说浑沌与黄帝扯上都是不得了的事。浑沌不是普通词,含义非同一般。它含有始源、始祖的意义。在《列子》中,浑沌为"太初",其《天瑞》篇说:"太初者,气之始也;太始者,形之始也;太素者,质之始也。气形质具而未相离,故曰浑沌。"作为物,浑沌的地位至高至上,它是宇宙之初始。

《老子》中,浑沌为道。其第二十五章云:"有物混成,先天地生。寂兮寥兮!独立而不改,周行而不殆,可以为天地母。吾不知其名,强字之曰道,强为之名曰大。""道"既是宇宙之母,是实体性的存在,又是宇宙之理,是精神性的存在。

这三种混沌,分别说的是始祖(人亦神)、始物、始理(道)三者。中华民族的原初的思维中,人、物、理三者混为一体。它是否寓含有这样的意思:天地是人与自然共同开辟的。

二、"日月"说

日月是地球上所能观赏到最为壮丽的自然景观。在中国人的思维中,日月绝不只是用来欣赏的景观,它是天地间最具魅力的精灵。它们交替着在天空出现,不仅赋予了人类物质的生命,也赋予了人类精神的生命。如果没有日月,地球就是黑暗的,可怕的,人类没有办法生存。正是因为有了日月,才有了地球上的生命,有了地球上的全部的美丽。

可以毫不夸张地说,日月是人类环境之魂。

《山海经》中所记载的山水与日月相关,其中最重要的有两条:

东南海之外,甘水之间,有羲和之国。有女子名曰羲和,方浴日于

---

[1] 关于帝鸿与黄帝是否为同一人,徐旭生说:"当日氏族散布,互为强弱,既无统一,也无受命,黄帝与帝鸿不过是各氏族里面的人神首长。谁先谁后,现在文献无征,没有法子知道。"(徐旭生:《中国古史的传说时代》,文物出版社 1985 年版,第 74 页)

甘渊。羲和者,帝俊之妻,是生十日。①

　　有女子方浴月,帝俊妻常羲,生月十二,此始浴之。②

这里让人最为惊讶的是这太阳、月亮竟然是人生的,而且生得这样多,太阳生了十个,月亮生了十二个。

混沌是宇宙最初状态,参与混沌构建的不只有物,还有人;混沌开辟后,诸多具体事物的创建中,人的作用更为突出,像日月这样的物体人还能生出来。现代哲学习惯说大自然是人类的母亲,中国古代哲学也有类似的观念,但是,中国古代哲学中也有人为自然之母的观念,像《山海经》中羲和生十日、常羲生十二月就是。

显然,《山海经》在彰显这样一个观点:人类所生活的环境,其实是人与自然共同创造的。环境是人的环境,人是环境的人,人与环境具有血缘的关系。

第二节　华夏圣都:神圣壮美昆仑山

《山海经》分"山经"与"海经"两个部分,"山经"分为《南山经》《西山经》《北山经》《东山经》《中山经》五个部分,故《山经》又称作《五藏山经》;"海经"分为《海外经》《海内经》《大荒经》。《海外经》包括《海外南经》《海外西经》《海外北经》《海外东经》四个部分;《海内经》包括《海内南经》《海内西经》《海内北经》《海内东经》四个部分;《大荒经》包括《大荒东经》《大荒南经》《大荒西经》《大荒北经》《海内经》五个部分。"海经"虽然名为海,实际上,主要也是说山。因此,《山海经》其实是山经。它一共写了四百多座山。这些山有三分之一,可以在现在的中国版图上找到它的地望。所有这些山中,昆仑山最为重要。

《山海经·西山经》说:"西南四百里,曰昆仑之丘,实惟帝之下都。神

---

① 《山海经·大荒东经》。
② 《山海经·大荒西经》。

陆吾司之。其神状虎身而九尾，人面而虎爪，是神也，司天之九部及帝之囿时。"昆仑是黄帝的下都。既然是下都，那么上都呢？显然是在天上，天上与地上如何交通？靠"建木"。

"建木"什么样子？《山海经》中有两段不一样的描述：

> ……有木，青叶紫茎，玄华黄实，名曰建木，百仞无枝，上有九欘，下有九枸，其实如麻，其叶如芒，大皞爰过，黄帝所为。[①]

> 有木，其状如牛，引之有皮，若缨、黄蛇。其叶如罗，其实如栾，其木若蓲，其名曰建木。[②]

关于黄帝的下都"昆仑之墟"还有一段文字介绍"昆仑之虚，方八百里，高万仞……面有九井，以玉为槛。面有九门，门有开明兽守之"。对于昆仑山上的王宫，突出介绍的，一是其高，二是玉为井槛，三是门有神兽——开明兽守护。兽名为"开明"肯定是有来历的，开明，即天亮。这兽与黎明有着密切关系。昆仑山操控着太阳的升落，也就是操控着大地的光明。引申，昆仑山是文明的发源地。

黄帝族与炎帝族融合成为华夏民族的主体，炎黄帝部落融合后不是炎帝而是黄帝成为部族的最高首领。炎黄部族在其发展过程中，与称之为东夷、南蛮、北狄、西戎中的诸多部落融合。这里有两种情况：

（1）通过战争融合，如黄帝部落与蚩尤部落的融合。《山海经·大荒北经》载："蚩尤作兵伐黄帝，黄帝乃令应龙攻之冀州之野。应龙畜水，蚩尤请风伯雨师，纵大风雨。黄帝乃下天女曰魃，雨止，遂杀蚩尤。"蚩尤属东夷部落，他的部落被黄帝部落打败，融入了黄帝部落。

（2）通过婚姻融合。《山海经》比较喜欢谈黄帝的谱系，这些谱系，有些明显属于华夏族自身的传宗接代，而有一些则为黄帝部落与其他部落通婚所造成的繁衍生息。如，"有北狄之国，黄帝之孙曰始均，始均生北狄。"[③]从黄帝到北狄，隔了一代，可能就是这一代与北狄族通婚，生下了北狄。

---

① 《山海经·海内经》。

② 《山海经·海内南经》。

③ 《山海经·大荒西经》。

再如,"大荒之中,有山名曰融父山,顺水入焉。有人名曰犬戎。黄帝生苗龙,苗龙生融吾,融吾生弄明,弄明生白犬,白犬有牝牡,是为犬戎,肉食。"①这里说的是黄帝与犬戎族的血缘关系,其谱系简化为:黄帝——苗龙——融吾——弄明——白犬(犬戎)。黄帝族的发源地在中国的西北,西北存在着各种不同的部落,远古统称西戎,西戎部落与黄帝族的关系应该最为密切,多为你中有我、我中有你。这里说的因通婚而造成部落融合只是一种方式。

南方的少数民族称之为南蛮,南蛮的始祖是祝融。关于祝融的谱系,《山海经》有个说法:

> 炎居生节并,节并生戏器,戏器生祝融。祝融降处于江水,生共工。共工生术器,术器首方颠,是复土壤,以处江水。共工生后土,后土生噎鸣,噎鸣生岁十有二。……帝令祝融杀鲧于羽郊。鲧复生禹……②

从这个谱系看,祝融出自炎帝。祝融之后出了有名的共工,不少史书载共工与黄帝的孙子颛顼争帝的故事,就是这共工因争帝失败,一怒之下,触倒了不周之山,造成天破地陷,洪水泛滥。后来,演化出鲧、禹父子治水的伟业。

炎帝黄帝两大部族的谱系,按《山海经》所述,大体是:

> 炎帝谱系:炎帝——听訞——炎居——节垃——戏器——祝融——共工——术器、后土——噎鸣。炎帝——?——灵恝——氐人。

> 黄帝谱系:黄帝——昌意——韩流——颛顼——老童——祝融——太子长琴(始作乐风)——骆明——白马(鲧)——禹(黄帝之孙)始均——北狄

除了炎帝部族、黄帝部族外,还有帝俊部族,它也是中华民族主体部族,《山海经》描述这一重要部族的谱系:

> 帝俊系统:帝俊——禹号——淫梁——番禺(始为舟)——奚

---

① 《山海经·大荒北经》。
② 《山海经·海内经》。

仲——吉光（又木为车）——三身——义均（始为巧倕）——后稷（播百谷）——？——叔均（始作牛耕）

帝俊谱系中最重要的人物是后稷，他是中国农业之祖，也是周人之祖。帝俊部族特别善于表演艺术。《山海经·海内经》云："帝俊生晏龙，晏龙是为琴瑟。帝俊有子八人，是始为歌舞。"这个部族出能工巧匠。"帝俊赐羿彤弓与素矰。"①

按历史学家徐旭生先生的看法，中华民族主要由三大集团——华夏集团、东夷集团和南蛮集团组成。华夏集团的主体是炎帝集团与黄帝集团。帝俊也属于这个集团。②

《山海经》充分描述出以黄帝为首的华夏部族的形成发展的过程，虽然有神话、传说的成分，但也有历史的成分。

昆仑作为黄帝的首都，它是神圣的，有诸多的神灵在守护，威严崇高；它又是富饶的，不仅有诸多光华璀璨的金玉，还有各种可食的水果；它还是极为美丽的，奇花怪树，珍禽异兽，美轮美奂。《山海经》关于昆仑的详尽描述，展示了中华民族部族联盟最早的首都形象。这一形象后来成为历代封建帝王营建首都时的理想图式。《淮南子·本经训》云："魏阙之高，上际青云；大厦曾加，拟于昆仑。"

昆仑在中国文化史上的意义其实最为重要的还不是它本身的富饶与美丽，神奇与亲切，而在于它下面的两点：

（1）它撑起中国地理的格局，它当得起中国地理的脊梁。虽然，昆仑山的认定，学者们尚有分歧，或主祁连山，或主和田南山，或主阿尔泰山、冈底斯山等③，但它在西北青藏高原是肯定的，中国的山脉大多从这里起势，走向东南。《山海经》说，有数条河流出于昆仑，这些河流是黄河、长江两大水系的源头。黄河、长江是中华民族的母亲河，它的流域是中华民族文化

---

① 《山海经·海内经》。

② 参见徐旭生：《中国古史的传说时代》，文物出版社 1985 年版，第 73 页。

③ 叶舒宪、萧兵、[韩] 郑在书：《山海经的文化寻踪·昆仑母型》，湖北人民出版社 2004 年版，第 695—741 页。

的摇篮。

(2) 昆仑山位于天地之中。《山海经·海内西经》郭注云:"昆仑虚……盖天地之中也。"认为昆仑为天地之中,此后许多重要的著作沿用此说,如《水经·河水注》云:"昆仑虚……地之中也。"① 《初学记》卷五引《河图括地象》云:"昆仑虚,地之中也。"② 唐段成式的《酉阳杂俎》云:"名山三百六十,福地七十二,昆仑为天地之齐 (脐)。"

如此强调昆仑为天地之中,明显地见出华夏民族的"中国"意识。在中国人心目中,中国,是天地的中心,世界的中心。

昆仑遂成为中国的标志、江山社稷的标志!

第三节 巫风之野:最大女巫西王母

在《山海经》中最让人感兴趣的形象是"西王母",之所以让人感兴趣,一是她的形象凶恶,二是她的地位很高。"西王母"到底是谁,到现在还是众说纷纭,没有定论。

先看看西王母的形象:

> 又西三百五十里,曰玉山,是西王母所居也。西王母其状如人,豹尾虎齿而善啸,蓬发戴胜,是司天之厉及五残。有兽焉,其状如犬而豹文,其角如牛,其名曰狡,其音如吠犬,见则其国大穰。有鸟焉,其状如翟而赤,名曰胜遇,是食鱼,其音如录,见则其国大水。③

> 西王母梯几而戴胜。其南有三青鸟,为西王母取食。在昆仑虚北。④

> 西海之南,流沙之滨,赤水之后,黑水之前,有大山,名曰昆仑之丘。有神——人面虎身,有文有尾,皆白——处之。其下有弱水之渊环之。其外有炎火之山,投物辄然。有人戴胜,虎齿,有豹尾,穴处,名曰西

---

① 郦道元:《水经注》。
② 徐坚等:《初学记》。
③ 《山海经·西山经》。
④ 《山海经·海内西经》。

王母。此山万物尽有。①

这些描述，我们可以归纳出几点：

对西王母的形象定位采取模糊手法。只能说"其状如人"，到底是不是人，不做正面回答。从西王母注意自己的打扮，总是"戴胜"（一种头上的装饰）② 来说，她应该是人。西王母外也有动物的成分：虎齿、豹尾。这动物的成分，有两种可能：一种是真有动物的成分，如果是这样，西王母就不应该是人，因为人可能有虎齿，但无论如何不会有豹的尾巴。另一种是面具，也就是说，西王母本是普通的女人，但她被装饰成这种有虎齿、豹尾的样子。

如果认定西王母是人，只是装饰成动物的样子，那就有个问题，她为什么要做这样的装饰？显然，这是一种巫术，持有巫术观的人们认为，人将自己装饰成动物的形象，就可以获得动物的本领。虎、豹均是凶猛的动物，以"虎齿""豹尾"装饰人意味着人也就像虎一样善于撕咬，像豹子一样能用钢鞭似的尾巴打击敌人。这位女人将自己装饰成这样的形象，不是为了上战场，而是为了显示自己具有不平凡的威力，更重要的是能够与虎、豹这样凶猛且神秘的动物沟通。这样做，就不是一般的防身，而是在施展法术，给他人、整个部落以某种帮助。远古时代，巫风炽烈，几乎生活、生产中稍许重要一点的事情均要求神占卜。占卜不是一般人能够做的，只能是特殊的人物才能做，这特殊的人物，就是巫、觋，"在男曰觋，在女曰巫"③。部落中最高权力人是部落长，一般就兼为巫术。距今5000—4500年的良渚文化出土了大量的三叉形的玉头饰，这头饰就是巫师戴的。距今4700—4400年的石家河文化遗址出土了虎头像、羊头像、鹿头像、飞鹰像，这些装饰不

---

① 《山海经·大荒西经》。

② 关于戴胜，郭璞的注解为"胜，玉胜也。"我国台湾地区有学者认为是一种"哑铃式"的奇特发饰。山东沂南汉墓画像石有这样图像。学者径直将"胜"称之为"玉胜"。另一种看法，认为"胜"为"神的机能的象征"。参见叶舒宪、萧兵、[韩]郑在书：《山海经的文化寻踪》上册，湖北人民出版社2004年版，第1210页。

③ 《国语·楚语》。

排斥可能是巫师的面饰。石家河文化遗址出土有一件玉人头像,这玉人头像的突出特点是有一对露出嘴的长长的獠牙。这种情况与《山海经》说西王母有虎齿的形象是不是有些相似?殷墟出土的石人中,有虎头跪坐形象、有人身虎尾形象(参见本书夏商篇中的商代章),晚商的青铜器中还有虎食人卣、双虎食人纹。

晚商青铜器虎食人卣

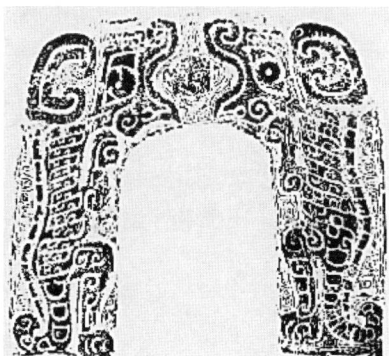

青铜器上双虎食人纹

《国语·楚语下》介绍,远古巫术活动非常普遍。本来,这作巫行术,还有许多讲究的,但"及少皞之衰也,九黎乱德,民神杂糅,不可方物。夫人作享,家为巫史,无有要质。民匮于祀,而不知其福。烝享无度,民神同位。

商朝殷墟墓中人身虎尾石人坐像

民渎齐盟，无有严威"①。于是将巫权收归国有，分别由南正重和火正黎掌管，南正重负责与天沟通，火正黎负责与地沟通。西王母应该早于重黎的时代，而与黄帝同时代。无疑，她是部族最高的巫者。

西王母居住的地方，《山海经》有两种说法，一说是玉山，另一说是在昆仑西北。作为最高地位的巫师，她负责为部族最为重要的事件占卜，常住地应是昆仑虚。玉山是她的别馆。

仅凭西王母头戴玉胜化装成半兽半人的样子就判断它为女巫，还不够，还要看她的工作。西王母的工作是"司天之厉及五残"②——掌控天上的灾厉及五种凶残的现象。天上的"厉"与"残"怎么掌控？是不让其发生？与之针锋相对地较量？还是预报？没有说清楚。正是这种不说清楚，说明西王母的工作只能是行巫：通过巫法与神灵沟通，继之以祭祀向神灵示好，达到获得神灵理解，消除灾难及凶残事情的发生。她的"善啸"就是发出一种奇怪的声音与神灵沟通。

按中国的巫法，与神灵沟通的方式有多种，其中最为重要的一种是通过鸟传递信息。因此，西王母有鸟为它服德，这鸟为三青鸟，它不仅为西王母传递信息，还为它取食。

西王母是具有国师地位的巫，其他级别较低的巫有很多：

①　《国语·楚语》。
②　《山海经·西山经》。

　　有灵山，巫咸、巫即、巫盼、巫彭、巫姑、巫真、巫礼、巫抵、巫谢、巫罗十巫。①

　　从巫风昌炽的维度来看山海经的世界，那些奇奇怪怪的人、奇奇怪怪的动物，都能理解。

　　在中国东北至今还有些地区信奉萨满教，萨满教中就有动物面具，巫师行巫时一般要戴上这面具。这种情况在南方，也存在，只是南方称之为"傩"，巫术不做了，成了游戏。

　　在关于西王母的研究中，学者们好将它与《穆天子传》中的西王母联系起来。《穆天子传》基本上是一部具有传说性质的史书，周穆王很可能有过这样的西游，见到过类似西王母这样很有地位的女性部落首领，但可以肯定的是，与《山海经》中的西王母风马牛不相及。一是两者形象不像：《穆天子传》中西王母虽然与虎豹为群，但基本上是人的生存状态。她也不戴可怕的面具；而《山海经》中的西王母则形象可怖："豹尾虎齿""蓬发戴胜"②。二是两者的地望完全不同。"《山海经》的西王母活动在昆仑（和田南山）和玉山（密尔岱山）一带；《穆天子传》西王母所统辖的'核心区'却在其西北面的'大宛/撒马尔罕'一线。"

第四节　仙境情结：华夏族心中理想家园

　　《山海经》所展示的世界，神奇、怪异，但细细品味，会感受到它充满着温馨，它是中华民族理想家园的象征：

　　这是一处祥瑞之地。在《山海经》中，祥瑞之物很多，最为重要的是凤凰。《南山经》作为开篇第一经，就生动地描绘过凤凰：

　　……有鸟焉，其状与鸡，五采而文，名曰凤皇，首文曰德，翼文曰顺，背文曰义，膺文曰仁，腹文曰信。是鸟焉，饮食自然，自歌自舞，见者

---

① 《山海经·大荒西经》。
② 《山海经·西山经》。

天下安宁。

这样的凤凰，其遍身文饰见出儒家的德顺义仁信。应该说，它是《山海经》作者的社会理想的象征。《山海经》的结束，又谈到凤凰，只是它的名字变成了鸾与凤："有鸾鸟自歌，凤鸟自舞。凤鸟首文曰'德'，翼文曰'顺'，膺文曰'仁'，背文曰'义'，见则天下和。"（《海内经》）这里重复凤鸟纹饰儒家道德符号的意义，再者强调，它的出现，天下安宁和平。于是"安宁""和"就成了中华民族的生活理想。

中华民族祥瑞崇拜产生于史前，作为祥瑞物的，植物主要有花，动物则很多，但能为史前各部族普遍接受的主要是凤，其次才是龙。龙在各部族的意识中不同情状地具有一些负面的内涵，凤却基本绝无负面的内涵。《山海经》中也出现过龙，但为神灵的坐骑，其地位远不及凤。

青铜器上的凤纹

我们注意到，凤作为祥瑞物，不只是安宁和平的象征，还是美丽与柔情的象征。凤出现的地方就是仙境。《海内经》云：

> 西南黑水之间，有都广之野，后稷葬焉。其城方三百里，盖天地之中，素女所出也。爰有膏菽、膏稻、膏黍、膏稷，百谷自生，冬夏播琴。鸾鸟自歌，凤鸟自舞，灵寿实华，草木所聚。爰有百兽，相群爰处。此

草也，冬夏不死。

中国的仙境有个突出特点，既在人间又超人间，说超人间，是指它的某些功能是人间达不到的，如长寿。这里所描绘的境界，它是后稷葬地，风景、风水是很好的，但它还是人间，文中说它有"膏菽、膏稻、膏黍、膏稷"且"百谷自生"更加认定它在人间，而且是一个当地人们理想的农业环境。但是，这境界有一些现象却是人间不可能有的，如有"素女"，素女就是仙女。另外，此地凤凰常来，自歌自舞，再就是"百兽"和谐相处，这里还有一种灵寿木，人们吃了就会长寿。

整个《山海经》表现的就是当时人心目中的仙境。

作为仙境，首要的一条是能长生不死。《山海经》有诸多这样的记载：

> 不死民在其东，其为人黑色，寿，不死。①

> 有轩辕之国。江山之南栖为吉，不寿者乃八百岁。②

> 有文马，缟身朱鬣，目若黄金，名曰吉量，乘之寿千岁。③

其次是有仙药。《山海经》中写了很多仙药。仙药有很多种，有植物，有动物，也有矿物。

> 又东二十里，曰苦山。……有草焉，员叶而无茎，赤华而不实，名曰无条，服之不瘿。④

> ……有云雨之山，有木名曰栾。禹攻云雨，有赤石焉生栾，黄本，赤枝，青叶，群帝焉取药。⑤

> ……有木焉，其状如棠，黄华赤实，其味如李而无核，名曰沙棠，可以御水，食之使人不溺。⑥

这些均是草木，在中国仙药系统中最重要的是矿物性质的仙药。汉代

---

① 《山海经·海外南经》。
② 《山海经·大荒西经》。
③ 《山海经·海内北经》。
④ 《山海经·中山经》。
⑤ 《山海经·大荒南经》。
⑥ 《山海经·西山经》。

出现的道教认为修仙有两条途径,一是炼内丹,二是炼外丹。炼内丹是修心,炼外丹主要是炼矿物仙药。《山海经》描绘的黄帝时代就盛行服有矿物性的仙药了。

> ……丹水出焉,西流注于稷泽,其中多白玉。是有玉膏,其原沸沸汤汤,黄帝是食是飨。是生玄玉。玉膏所出,以灌丹木,丹木五岁,五色乃清,五味乃馨。黄帝乃取峚山之玉荣,而投之钟山之阳。瑾瑜之玉为良,坚栗精密,浊泽而有光。五色发作,以和柔刚。天地鬼神,是食是飨;君子服之,以御不祥。①

这段文字没有提及黄帝炼玉为药,只是采玉膏为药。但显然这是炼外丹的开始。葛洪认定黄帝是服玉而成仙的,他说:"黄帝服神丹之后,龙来迎之。"② 他据《列仙传》,云:"黄帝自择亡日,七十日去,七十日还葬于桥山。"③

作为仙境除了有仙药以保证能长寿外,还有就是衣食无忧,生活快乐自由。上面引的后稷葬地都广之野,可以说全面地满足了人的需要。粮食丰收,吃不成问题,更重要的是鸾凤来唱歌跳舞,娱悦百姓。整个都广之野充满了幸福的吉祥之境。值得我们注意的是,生活在仙境中的人们特别是黄帝那样的首领,他们可以凭借建木,通天入地;另外,也可以驾驭飞龙,自由地游历天下。

作为人类最为理想的生活环境,这里不仅是人类的乐园,而且是各种动植物的乐园。在《山海经》中有着各种奇奇怪怪的动物与植物,如作为黄帝在人世间的都城的"昆仑之丘"就有这样的动物与植物:

> 有兽焉,其状如羊而四角,名曰土蝼,是食人。有鸟焉,其状如蜂,大如鸳鸯,名曰钦原,蠚鸟兽则死,蠚木则枯。有鸟焉,其名曰鹑鸟,是司帝之百服。有木焉,其状如棠,黄华赤实,其味如李而无核,名曰沙棠,可以御水,食之使人不溺。有草焉,名曰薲草,其状如葵,其味

---

① 《山海经·西山经》。
② 葛洪:《抱朴子·极言》。
③ 葛洪:《抱朴子·极言》。

如葱，食之已劳。河水出焉，而南流东注于无达。赤水出焉，而东南流注于氾天之水。洋水出焉，而西南流注于丑涂之水。黑水出焉，而西流于大杅，是多怪鸟兽。①

不仅黄帝所居住的帝之下都昆仑之丘动物与植物多种多样，是人与动植物和谐共生的美好家园，而且其他地方也多是如此，白帝少昊居住的长留之山，奇花异卉，珍禽怪兽："其兽皆文尾，其首皆文首。"② 少昊是东夷族的首领，《山海经》也将他看作神，与黄帝同一时代。历史的真实也正是如此，黄帝时代，在中国东部靠海的一带有一个民族生活着，史称东夷族，他们的首领为太昊、少昊。曾经与黄帝打过仗的蚩尤就属于这个族。东夷族是最早融入炎黄族的民族，夏朝时，不少东夷族能人在朝廷做官，东夷族还一度执掌夏朝的政权。

《山海经》以神话的形式真实地反映了史前时代，中华民族的先祖们的生活环境及生活状况具有一定的历史真实性，极为可贵。

---

① 《山海经·西山经》。
② 《山海经·西山经》。

第十四章
《诗经》的美学思想

　　《诗经》是中国最古老的诗歌集,被列为儒家的经典之一。它的重要性主要在于儒家的创始人孔子对它的高度评价。孔子对《诗经》的功能做了全面的论述,涉及政治、教育、审美许多方面。实际上,他通过对《诗经》的评说,提出了一个完整的美学体系,后世的儒家在这个基础上继续加以阐释,形成一门学问,名之曰"诗经学"或"诗经阐释学",这门学问绵延至今。由于孔子在儒家中的特殊地位,他的思想受到历代普遍的重视,不仅儒家整个的哲学、政治、道德体系由他而奠定,而且儒家整个的美学体系也由他而奠定,这样,就有一个问题提出来了,《诗经》果真是儒家美学体系的根基吗?于是,探讨《诗经》文本与儒家美学的对接就显得重要了。

第一节　比兴与意象

　　《毛诗序》中说,"故诗有六义焉,一曰风,二曰赋,三曰比,四曰兴,五曰雅,六曰颂。""六义"中,风、雅、颂,一般认为是内容上的划分,"赋""比""兴"三义通常被认为是诗经创作的主要手法。至于它们的区分,郑玄这样说:"赋之言铺,直言铺陈,今之政教善恶;比,见今之失不敢斥言,取比类以言之;兴,见今之美,嫌于媚谀,取善事以劝之。"①

"赋、比、兴"三者中"比"与"兴"的重要性远超过于"赋",后来,它们成为重要的美学范畴,而"赋"没有。刘勰在《文心雕龙》中设专章论"比兴"。刘勰论比兴,较郑玄充分得多。他说:"故比者,附也;兴者,起也。附理者切类以指事,起情者依微以拟议。起情故兴体以立,附理故比例以生。"②刘勰强调"比"的功能是"附",以一物比喻另一物,实际上是借一物说明另一物,由于附上另一物,在另一物的比照、启示之下,要说的此物形象就清晰了,意义也显豁了。"兴"的功能是起,起什么?"起情"。起情,似还不够,还要借此说点别的意思,那就是"托谕"。刘勰说:"观夫兴之托谕,婉而成章。"于是,由情到意。情意合一,诗的内容就充实而又全面了。

比兴有一个共同之处,那就是,它们都是具体的生动的形象。因为有了比与兴,诗就呈现出一个生动、活泼的感性的世界来,而在这生动的、活泼的感性世界背后,则是情,是义。这一点,唐代的诗僧皎然说得最清楚:"取象曰比,取义曰兴,义即象下之意。"③皎然强调的是"象下",象下,即象之中,义隐在象内,不直接显露出来。

象、情、义融为一体,义在情中,情在象中,显现在外的是象,于是这象就成为了意象。优秀的意象具有开放性,它的象不仅指向象内,也通向象外,于是在读者的想象中创造出象外之象,这象外之象,其象下亦有义,这就产生了"境"。刘禹锡说"境生象外"。诗之美就此产生,原来,诗之美不在别的,就在意象,在意境。

比兴的重大意义于此揭出。中国古代的诗人都明白,比兴是创造艺术意境创造的基本手法。

比兴来源于《诗经》,谈"比兴"必谈《诗经》,那么,《诗经》中的"比兴"又是怎样的呢?通读全部《诗经》,我们发现,虽然不见得每首诗都用了比

---

① 郑玄:《周官注》。

② 《文心雕龙·比兴》。

③ 《诗式·用事》。

兴,但是,绝大多数的诗用到了比兴,而且我们还发现,凡是成功地运用比兴手法的诗,都特别地具有光彩,特别地具有魅力。

《诗经》的第一首诗《关雎》就用了比兴,前人言比兴,常用它来作例子。我们且来看这首诗:

> 关关雎鸠,在河之洲。窈窕淑女,君子好逑。
>
> 参差荇菜,左右流之。窈窕淑女,寤寐求之。
>
> 求之不得,寤寐思服。悠哉悠哉,辗转反侧。
>
> 参差荇菜,左右采之。窈窕淑女,琴瑟友之。
>
> 参差荇菜,左右芼之。窈窕淑女,钟鼓乐之。

诗一开头,就给我们展现出一幅美好的画面:一对雌雄水鸟在小河的沙洲上发出关关的鸣叫,相互应和,紧接着说"窈窕淑女,君子好逑"。前面写雄水鸟向雌水鸟求爱,为的是引出青年男子向窈窕淑女求爱。这里的"关关雎鸠,在河之洲"具有比兴两者的功能。一方面,以水鸟的相爱比喻男女的相爱,这是比。另一方面,先言雄水鸟向雌水鸟的求爱,引出男青年向女青年的求爱,这是兴。

两幅画面,一幅是自然界的形象,另一幅是社会生活中的形象,两幅形象组合在一起,境界扩大了,也更为迷人了。如果用电影的蒙太奇的手法来表现,两幅画面可以交互出现,产生强烈的审美效应。

雌雄水鸟在沙洲一唱一和,弥漫着一种温馨的气氛,从而激发了男女青年相爱的情感,此情此景所构成的和谐,则如王夫之所说的"景中生情,情中生景"①。"情景名为二,而实不可离。神于诗者,妙合无垠。"②

情景关系是诗歌意象中的基本关系,诗经中的景分为两类,一类明显地具有比兴的意义,另一类则主要作为人物活动的场景而存在。值得注意的是,即使主要是作为人物活动场景的景也具有比兴的意味,比如《溱洧》:"溱与洧,方涣涣兮,士与女,方秉蕳兮。"这早春泛滥的溱水与洧水,渲染

---

① 王夫之:《唐诗评选》卷四。

② 王夫之:《姜斋诗话》卷二。

了一种欢乐的气氛,它既是男女青年相恋的场所,同时也起着起兴引情的作用。

王夫之非常推崇《诗经》中景与情的和谐。他在《姜斋诗话》中说:"以写景之心理言情,则身心中独喻之微,轻安拈出。谢太傅于《毛诗》取'訏谟定命,远猷辰告',以此八字如一串珠,将大臣经营国事之心曲写出次弟,故与'昔我往矣,杨柳依依;今我来思,雨雪霏霏'同一达情之妙。"① 这里我们且不说"訏谟定命,远猷辰告"这一句,因为它不属于比兴,属于兴且得到王夫之激赏的是"昔我往矣,杨柳依依;今我来思,雨雪霏霏"。此四句出自《小雅·采薇》。《采薇》是戍边兵士在返乡归途作的诗,此诗前三章写在边地思乡之苦,四五章写沙场奔走战斗之劳,末章则是:"昔我往矣,杨柳依依;今我来思,雨雪霏霏。行道迟迟,载渴载饥,我心伤悲,莫知我哀。"杨柳依依,写的景,其实这景亦是情,依依的岂是杨柳,实际上是人,是即将奔赴战场的战士与他的亲人难舍的惜别之情。雨雪霏霏,霏霏的同样不只是雪,而是返乡战士的心。离家已久,音信断绝,谁知亲人是死是活?

《诗经》中的比兴形象鲜活,色彩鲜明,充满生气。如:

> 桃之夭夭,灼灼其华。之子于归,宜其室家。(《周南·桃夭》)
> 维鹊有巢,维鸠方之。之子于归,百两将之。(《召南·鹊巢》)
> 羔羊之皮,素丝五紽。退食自公,委蛇委蛇。(《召南·羔羊》)
> 林有朴樕,野有死鹿。白茅纯束,有女如玉。(《召南·野有死麕》)
> 瞻彼淇奥,绿竹如簀。有匪君子,如金如锡。(《卫风·淇奥》)
> 硕鼠硕鼠,无食我黍。三岁贯女,莫我肯顾。(《魏风·硕鼠》)
> 皎皎白驹,食我场苗。絷之维之,以永今朝。(《小雅·白驹》)
> 鸳鸯于飞,毕之罗之。君子万年,福禄宜之。(《小雅·鸳鸯》)
> 鸢飞戾天,鱼跃于渊。岂弟君子,遐不作人。(《大雅·旱麓》)
> 倬彼云汉,为章于天。周王寿考,遐不作人。(《大雅·棫朴》)

---

① 王夫之:《姜斋诗话》卷二。

比兴两者,在儒家美学思想中,兴的地位显得更为重要。"兴"不仅担负起"引情"的重要功能,还担负起"托事""取义""寄概"的重要功能。在儒家看来,诗要言志,言家国之志,这"志"往往借"兴"引出。用"兴"引出的好处,有二:一是可以保持诗的形象性,而让意义藏在形象之中,这样,诗就有诗味;二是可以不让读者立刻知道诗人想说什么,而能调动自己的修养去理解,从而让读者参与到诗美的创造中去。中国的诗讲究含蓄,看重"象外之象","味外之旨",与兴大有关系。清人李重华说:"兴之为义,是诗家大半得力处。无端指一件鸟兽草木,不明指天时而天时恍惚在其中;不显言地境而地境宛在其中;且不实说人事而人事已隐约流露其中。故有兴而诗之神理全具也。"① 中国诗歌的意境其实就是这样形成的。

《诗经》中好些诗,其兴的运用,不仅拓展了诗的内容,升华了诗的品格,而且创造出这样一种让人品味不已的境界。如《汉广》:

> 南有乔木,不可休思。汉有游女,不可求思。
>
> 汉之广矣,不可泳思。江之永矣,不可方思。
>
> 翘翘错薪,言刈其楚,之子于归,言秣其马。
>
> 汉之广矣,不可泳思,江之永矣,不可方思。
>
> 翘翘错薪,言刈其蒌,之子于归,言秣其驹。
>
> 汉之广矣,不可泳思,江之永矣,不可方思。

这首诗中,乔木、游女、江水、马驹、错薪,都可以看作兴,那么,它的意旨在哪里呢? 自古至今探索不绝,真是"诗无达诂",至今没有定论。《毛诗序》说:"汉广,德广所及也。文王之道,被于南国,美化行乎江汉之域,无思犯礼,求而不可得也。"认为,此诗是歌颂周文王的,《韩诗序》则说:"汉广,悦人也。"而更多的人认为,它是在写一位男子在诉说对一位女子的爱慕之情。这些说法,都似有理,但都让人怀疑是否是诗人的真意。就算其中之一是诗人的真意,它也不妨碍读者做自己的联想。

---

① 李重华:《贞一斋诗话》。

第二节　史诗与诗史

《诗经》具有非常可贵的现实品格。《诗经》中除了极少数几篇外，绝大部分的作品都是当时社会生活的真实反映。中国文学的现实主义传统通常溯源都达《诗经》。

《诗经》的现实品格大致上可以分为三种情况：一种情况是记录了重大史实，具有诗史的品格。孟子说"诗亡然后春秋作"，肯定《诗经》具有记录历史的功能。学者们都承认，《诗经》有一部分作品是史诗，其中《大雅》中《文王》《大明》《绵》《生民》《公刘》《皇矣》等是一组周族的史诗，它不仅记述了从周的始祖后稷诞生到周武王灭商的全过程，而且生动地描绘了周王祭祀、宴饮等许多重大活动的场面，它的确相当于一部历史文献。与历史文献不同的只是它有生动的形象，有精美的韵律。也就是说，它基本上是以文学的手法来表现历史的，作为诗，它坚守了它的审美性。这样，在《诗经》中有关周族的一组作品大多做到了历史的真实性与艺术的审美性的统一。《大明》中决定商、周命运的牧野之战是这样写的：

> 殷商之旅，其会如林。
>
> 矢于牧野，维予侯兴。
>
> 上帝临女，无贰尔心。
>
> 牧野洋洋，檀车煌煌。
>
> 驷骥彭彭，维师尚父。
>
> 时维鹰扬，凉彼武王。
>
> 肆伐大商，会朝清明。

无疑，这段文章非常出色。面对森林般的商纣王的军队，周武王慷慨发誓，志在必胜。周军斗志昂扬，战车辉煌，担任指挥的大元帅姜尚，更是意气风发，如雄鹰飞扬。时大雨滂沱，杀声震天，血雨纷飞，这一场史书上描写成"血流飘杵"的战斗，在《大明》却是写得如此简洁。《大明》不写大雨如何和着鲜血飞洒，而只写战斗结束，天空一片清朗。如此精巧的构思和如此漂亮的文字,我们只是在司马迁的《史记》中见到。

《绵》一篇写周文王的父亲古公亶父,迁到岐山之后,如何开国奠基,一直写到文王如何继承古公亶父的遗志让周族强大起来的,如《大明》一样,《绵》也着重写人物,此诗开头四句:"古公亶父,来朝走马,率西水浒,至于岐下,爰及姜女,聿来胥宇。"古公亶父的英勇形象、潇洒的气度仅此四句就跃然纸上。

当然,由于历史的局限,关于周族的史诗中也有些荒诞的描写,比如,说是周的祖先后稷是他的母亲"履帝武敏歆"而生的,当然这不可能,但是,这种神话在远古人类却是完全可以接受的。何况商代是一个看重鬼神的时代,因此,我们不认为这种写法不真实。

《诗经》之所以具有反映历史的功能,与《诗经》的成书过程有关,《诗经》产生的年代最早为西周初期,最晚为春秋中叶。它的诗的来源多样,有些是周王室的史官去民间搜集而来的,名曰采诗,有的是公卿大夫、寺人作的,也有一些是列国献的。这些诗中相当一部分本就某一历史事件的或正面的或侧面的记录。像许穆夫人作的《载驰》就直接地反映了卫国的一段历史。

将《诗经》与具体的历史事件联系起来,始于孔子。上海博物馆藏的《战国竹书》中的《孔子诗论》中的材料充分说明了这一点。比如第二简云:"时也,文王受命矣。《颂》,旁德也,多言后。其乐安而迟,其歌申而引,其思深而远。至矣! 《大雅》,盛德也,多言。"① 也就是在这篇文献中,孔子说"诗亡隐志,乐亡隐情,文亡隐言。"这里说的"诗亡隐志"的"志"同"誌",记录的意思。其意思是说,当周王室采诗以观民风的传统不再的时候,也就是"诗亡"了。诗亡不是说没有诗了,是说诗作为记录历史的功能不再了,之所以可以不再,是因为有新的文献形式取代了诗。这就是孟子说的"诗亡然后春秋作"。

《诗经》的这种史诗品格是后来产生的"诗史"说的依据。唐代杜甫写

---

① 张金良:《上博简〈孔子诗论〉释解》,山东大学文史哲研究院简帛研究网站。

于安史之乱前后的诗被人们视为诗史,其原因就在于它的诗相当真实地记述了那场动乱给人民所带来的苦难。按说,杜甫的被视为诗史的作品与《诗经·大雅》中关于周族兴起的一组诗还有一些不同。这种不同在于:杜甫的诗虽然真实地反映了那个时代,但是基于杜甫经历所限,他只能写这场战争的一些侧面、一些小人物,所以,杜甫的诗只能说是诗史,诗中有史;而不能说是史诗,诗写的史。

《诗经》中有一些作品直接反映西周、东周的一些重大事件,这些作品在一定程度上相当于历史。但是,更多的作品,特别是"国风"中的作品主要是真实地反映了社会的生活面貌,它反映的不一定是史实,却是史情。所谓史情,就是说,所写符合时代的真实,但事件可能是虚构。这部分更多的是文学。

《诗经》中的作品写得最多的三类生活,一类是人们的经济生活包括劳作情景,它在相当程度上反映了当时的经济关系、生产力发展水平。

青铜器上妇女采桑图纹饰

比如《豳风·七月》描写农民一年到头的劳动情况。《七月》具有很强的史料价值,它细致地反映了一年每个月的农事活动,是研究中国农业发展史的重要材料。诗也侧面反映了当时的阶级关系。诗云:"八月载绩,载玄载黄,我朱孔阳,为公子裳。""一之日于貉,取彼狐狸,为公子裘。二之日其同,载缵武功,言私其豵,献豣于公。"我国纺织产生很早,在《诗经》中有众多关于织事活动的描写,从这些诗中,我们不仅知道当时中国有哪些织物,而且知道这些织物是怎么做成的,是研究中国纺织史的重要材料。

《诗经》中第二类写得最多的社会生活是青年男女的爱情生活。通过这些作品,我们知道当时人们是如何恋爱的,婚姻关系如何,男女在恋爱婚姻中的地位怎样。诚然,在当时,真挚的爱情也是有的,《邶风·静女》将恋爱中的男女幽会时的惊喜的心态描写得非常逼真,其情景历历如绘。这种真挚的爱情即使今天看来,还觉得是清新的,充满着生活的情趣。但是,在那时,男人的负心这种现象也有了。《氓》就表达对负心男子的谴责。那时的婚姻看来,并不全然是父母包办的,男女青年交往的机会也比较多,《溱洧》一诗就反映了青年男女利用游春的机会,"伊其相谑"相互赠信物缔结恋爱关系的情景。但是要成就百年之好,还得父母同意。《郑风·将仲子》中那对俏俏恋爱的男女青年对父母的态度就颇为担忧:"将仲子兮,无逾我里,无折我树杞!岂敢爱之,畏我父母。仲可怀也,父母之言,亦可畏也!"当然,夫妻相爱,共同经营小日子,在《诗经》中也多有真实而又生动的反映。《郑风·女曰鸡鸣》开头写小夫妻的对话:"女曰鸡鸣,士曰昧旦。子兴视夜,明星有烂。将翱将翔,弋凫与雁。"何等亲热,何等恩爱!

第三类则是表现戍边将士思乡的诗了。《东山》一诗是其中写得最为感人的;诗写一位回乡的士兵在归途中思念家乡的复杂情感:"……我徂东

青铜器上水陆攻战图

山，慆慆不归。我来自东，零雨其濛。果臝之实，亦施于宇。伊威在室，蟏蛸在户，町疃鹿场，熠耀宵行。不可畏也，伊可怀也……"这种"近乡情更切，不敢问来人"的情感，我们在汉魏、唐宋的"征戍"诗中多有所见，实际上，《诗经》开辟了"征戍"诗的母题。

当然，《诗经》开辟的诗的母题决不只边塞诗一个，其他如"闺怨""送别""边塞""思归""怀人"等主题诗我们都可以从《诗经》中找到范型。

《诗经》主体是抒情诗，但它的抒情坚持的是现实主义的道路。《诗经》的这个传统首先在汉代的乐府民歌中得到继承发扬。而在美学理论上，白居易的诗歌理论可以看作是《诗经》现实主义创作实践的理论概括。白居易肯定《诗经》创立的采诗传统，这种采诗，目的是让人了解民间的真实情况，这样，能够成为采之对象的诗，必须要求真实。即使有所讽刺，也应按"言之者无罪，闻之者足以自诫"来对待。白居易说："大凡人之感于事，必动于情，然后兴于嗟叹，发于吟咏，而形于歌诗矣。故闻'蓼萧'之篇，则知泽及四海也；闻'黍离'之咏，则知时和岁丰也；闻'北风'之诗，则知威虐及人也；闻'硕鼠'之刺，则知重敛于下也；闻'广袖高髻'之谣，则知风俗之奢荡也；闻'谁其获者妇与姑'之言，则知征役之废业也。故国风之盛衰，由斯而见也；王政之得失，由斯而闻也，人情之哀乐，由斯而知也。"[①] 正是出于为统治阶级提供真实的社会情况，他自己的新乐府诗的创作实践也正是《诗经》写实主义传统的继承和发展。

第三节　言志与抒情

刘勰在《文心雕龙·明诗》中说："大舜云：'诗言志，歌永言'圣谟所析，义已明矣。是以在心为志，发言为诗。舒文载实，其在兹乎！诗者，持也，持人情性，三百之蔽，义归无邪，持之为训，有符焉尔。"这段文字强调诗的本质是言志，而志又与情性相通。后来孔颖达说："情志一也。"明确地将言

---

① 白居易：《策林六十九·采诗》。

志与抒情合为一体。这里,我们觉得对"志"本身还需要做一些分析。在现代汉语,"志"一般指人的怀抱、理想,它只是人的思想的一个部分,不是全部,而在古代,"志"的含义就广泛得多,人的思想都属于志。这样,"诗言志",正确的理解应是:诗是用来表达人的思想的和情感的。这样,关于诗的本质,就有了一个明确的结论。"诗言志"也就成了中国古典诗歌美学中的第一原理。

值得我们注意的是,虽然人的志与人的情是有联系的,情中有志,志必带情,但是志与情毕竟不是一回事。在《诗经》中,大部分的诗,情与志是结合得非常好的,这主要是"国风"中的诗。这里,情与志的关系在《诗经》中的处理丰富多彩,略举几例:

其一,只抒情不言志,然志在情中,耐人寻味。如《卫风·河广》全诗只两句,它的主题是表达宋人思归不得的情感:

> 谁谓河广?一苇杭之。谁谓宋远?跂予望之。
>
> 谁谓河广?曾不容刀。谁谓宋远?曾不崇朝。

宋国既然如此之近,又为何归不得?这后面就有重要的缘由,就有思想,就有志。

其二,情志并行,相渗相彰。如《邶风·柏舟》。诗中的女子不得于夫君又见侮于众妾,心情痛苦,诗中自叙:"耿耿不寐,如有隐忧,微我无酒,以敖以游。""心之忧矣,如匪浣衣。"——这是抒情。此外,她也极力表白,决不屈服:"我心匪鉴,不可以茹。""我心匪石,不可转也。我心匪席,不可卷也。威仪棣棣,不可选也。"——这些句子更像言志。这里,情之忧伤与志之坚强,相得益彰,相辅相成。

其三,只叙事,不另言志抒情,然情志均在叙述之中。最典型的是《卫风·氓》。此诗为叙事诗,从头到尾都是在说往事,似是客观地说事,然氓婚前婚后的对比十分明显,这位女子的情感在这叙述中也给凸显出来,诗的最后一段直斥氓的负心:"信誓旦旦,不思其反,反是不思,亦已焉哉!"这位女子的爱情理念——真诚,也在这指斥中给以透现。

其四,借比兴言志并抒情。《柏舟》开头两句的兴"泛彼柏舟,亦泛其流"。这既是比，又是兴，作为比，它象征着女主人公孤独的处境，无依无靠；作为兴，它引出女主人公长夜难眠的忧伤情感。

其五，借用复沓的手法表达情感。如《芣苢》。全诗三章，只换两个字。"采采芣苢"反复出现，读来只觉得全诗流利如弹丸，洋溢着劳动的愉快之情。《关雎》也采用这种手法，"参差荇菜，左右流之，窈窕淑女，寤寐求之"只是改换"流之"和"寤寐求之"，重复三遍，仿佛风中飘动彩带，又好比来回穿梭的小鸟，给人轻快之感。

《诗经》重情，这点孔子也明确指出来过，《孔子诗论》中不少简谈到了这一点。如：

【第三简】

也，多言難而怨怼者也。衰矣！小矣！《邦风》，其纳物也溥，观人俗焉，大敛材焉。其言文，其声善。孔子曰："唯能夫

【第十四简】

两矣！其四章则喻矣！以琴瑟之悦，凝好色之愿；以钟鼓之乐

【第十五简】

及其人，敬爱其树，其报厚矣！《甘棠》之爱，以召公

【第十六简】

召公也。《绿衣》之忧，思故人也。燕燕之情，以其笃也。孔子曰：吾以《葛覃》得是初之志。民性固然，见其美，必欲返其本，夫葛之见歌也，则

【第十七简】

《东方未明》有利词。《将仲》之言，不可不畏也。《扬之水》其爱妇利。《采葛》其爱妇[怒]。

【第十八简】

因《木瓜》之报，以喻其怨者也。《杕杜》，则情喜其至也。①

这些简多是谈情感，其中也谈到了夫妇之情，谈到了情爱，谈到了好色，

---

① 张金良：《上博简〈孔子诗论〉释解》，山东大学文史哲研究院简帛研究网站。

可见《诗经》本具有浓郁的情感意味。当然,孔子也注意情中的理,也就是志。第十五简说"及其人,敬爱其树,其报厚矣!《甘棠》之爱,以召公",明显地有志在。另,第十六简说"召公也。《绿衣》之忧,思故人也。燕燕之情,以其笃也。孔子曰:吾以《葛覃》得是初之志。民性固然,见其美,必欲返其本,夫葛之见歌也,则",由情进入到思考。

"诗言志"本身在后世是没有什么争议的,问题主要是言什么志,无疑,经过孔子删削整理过《诗经》其内容应该没有什么问题。按孔子的思想,《诗经》的内容是符合周礼的。《论语》中有孔子与子夏讨论《诗经》的一段话:"子夏问曰:'巧笑倩兮,美目盼兮,素以为绚兮,何谓也?'子曰:'绘事后素。'曰:'礼后乎?'子曰:'起予者商也!始可言诗已矣。'"① 这话落脚点是"言诗",即怎么理解《诗经》,而理解《诗经》的关键是"礼"在《诗经》中的地位如何。当子夏明白礼是《诗经》根基("后")时,孔子觉得子夏有资格与他讨论《诗经》了。这就是说,尽管《诗经》涉及生活的方方面面,但有一个基本点,那就是在思想上是符合周礼或者说是依据周礼的,这无异于说,《诗经》中所言的"志"就是周礼之志。周礼是孔子的社会理想,也是整个儒家的社会理想,周礼中所主张的礼乐精神却是儒家一直信奉的,它可以说是儒家思想的灵魂。

《诗经》之所以被看成"经",被列入"经",是因为它能起到实现儒家社会理想的作用,诗经比别的经之不同,在于它取艺术的形式,直接诉诸人的情感,因而具有极大的感染力,这是诗的优点,同时也是它的缺点,因为一涉及情,就很容易流入淫侈。那么,如何做到既能发挥情的优点却又能避免情的缺点呢?那就需要志的导入,志是情的主宰。这个志不能是别的什么志,只能是符合礼义的志。《毛诗序》说得很清楚:"发乎情,民之性也;止乎礼义,先王之泽也。"那么《诗经》中的情是不是为志所主宰,是不是止乎礼义了呢?孔子曾说过一句话:"诗三百,一言以蔽之,曰:思无邪。"② 这无异于说,《诗经》中的志是合乎礼义的志。不过,《论语》中有两段话,似

① 《论语·八佾》。

② 《论语·为政》。

乎与"思无邪"相矛盾：

颜渊问为邦,子曰:行夏之时,乘殷之辂,服周之冕,乐则韶舞。放郑声,远佞人,郑声淫,佞人殆。①

孔子说郑声"淫"。"淫"本义为"浸淫",即"浸渍"的意思;引申则有"过度""惑乱""邪恶""贪色""淹留"等意义。"淫"在这里是什么意思呢?可能包含有二:郑声的音乐特别华丽,形式很美。因为与"郑声淫"并列的是"佞人殆",佞人,巧言之人。二是郑声情感过于泛滥,缺乏理性的节制,有点过了。

孔子也说过:"恶紫之夺朱也,恶郑声之乱雅乐也,恶利口之覆邦家者。"②但是,这段话落脚点是"恶利口之覆邦家者",主要不是批评郑声。即使批评郑声,也只是说它"乱雅乐",我们知道,雅乐是王畿一带的音乐,也是比较多地体现周礼的音乐,在音乐中它具有标准的意义。雅乐的审美品位是《鹿鸣》《常棣》两诗中说的"和乐"。"和"是礼与乐和谐,"乐"是精神上的愉悦。说郑声乱雅乐,是说郑声不太符合标准。不符合标准,并不等于它不能存在,就应放逐。孔子在整理诗经时,没有将郑声删掉,说明郑声虽然不太标准,但仍然是属于"思无邪"之列。

这里,反映了孔子思想的某些很重要的特点,孔子是圣人,不是一般人,他考虑问题有两个出发点:一个出发点是国家、社会的根本利益。根本利益不只是统治者的,也有老百姓的利益,二者要兼顾。具体到对待"乐"上,既要重视政治性,乐要有利于国家政权的巩固,不能违背礼。但是,也要重视艺术性,作品的内容与形式要统一、观赏性与教化性要统一。对于乐的政治标准,孔子保留在最低线上,那就是"思无邪"。郑声在"思无邪"上,基本上是做到了的。它的问题是形式大于内容,过于华丽了。

孔子考虑问题的另一个出发点是人性。孔子注重人性的完善,他重视人的理性修养,但孔子不否定人的感性欲求,他只是反对感性的过分泛滥。

① 《论语·卫灵公》。
② 《论语·阳货》。

在情与理关系上，他主张以理节情。郑声的问题除了是形式大于内容，还有情大于理。

孔子其实并不一概地反对男女之情，《孔子诗论》中多处可见孔子对男女之情的肯定，上引的第十四简说"两矣！其四章则喻矣！以琴瑟之悦，凝好色之愿；以钟鼓之乐"，对"好色"是肯定的，当然，孔子也希望将好色与礼联系起来，他称赞《关雎》"以色喻于礼"。①

孔子的思想在后世没有得到全面的理解。许慎说："郑国之俗，有溱洧之水，男女聚会，讴歌相感，故云郑声淫。"② 许慎将"郑声淫"归之于"男女聚会，讴歌相感"，已经有些离开孔子的思想了。班固则走得更远，他说："乐尚雅，雅者正也，所以远郑声也。孔子曰郑声淫，何？郑国土地、民人，山居谷浴，男女错杂，为郑声以相悦怿。故邪僻，声皆淫色之声也。"③ 这个理解同样将"郑声淫"归结于"男女错杂"，而且扣上了"邪僻"的罪名。

朱熹的看法与班固同一思路，他说："郑国之俗，三月上巳以来，采兰水上，以被不祥，故其女问于士曰盍往观乎？士曰，吾既往矣，女复要之曰，且往观乎？盖洧水之外，其地信宽大而可乐也。于是士与女相与戏谑，且以芍药为赠，而结恩情之厚。此诗淫奔者自叙之词。"④

将"淫"归之于"男女相聚""相与戏谑"，那不会将爱情诗都说成淫声吗？《诗经》中爱情诗很多，为什么又没有出现这种情况呢？如果将《诗经》中的爱情诗做个分析，则不难发现，那些没有被说成淫的爱情诗有一个特点，就是爱情表达相对比较含蓄。比如《关雎》，尽一句"君子好逑"有爱情的味道，但也可以作别的理解。《毛诗序》说："《关雎》后妃之德也，风之始也，所以风天下而正夫妇也。故用之乡人焉，用之邦国焉。……《关雎》乐得君子，以配君子，忧在进贤，不淫其色，哀窈窕，思贤才，而无伤善之心焉，是关雎之义也。"《汉广》也属于爱情诗，也比较含蓄，故《毛诗序》说："汉

① 《上海博物馆藏战国楚竹书（一）》，上海古籍出版社 2001 年版。
② 许慎：《五经异义·鲁论》。
③ 班固：《白虎道德论·礼乐》。
④ 朱熹：《诗集传》。

广，德广所及也。文王之道被于南国，美化行乎江汉，无思犯礼，求而不可得也。"

相比于《周南》和《召南》，《郑风》和《卫风》中表现的爱情明显得多，野性得多，特别是《溱洧》，露骨地写"维士与女，伊其相谑"，这就不太符合儒家的美学理想，故孔子说它淫，班固说它"邪僻"，朱熹说它是"淫奔之词"。

看来，一部《诗经》恐怕还是不能用"思无邪"来概括。清代魏源说得好：

> 诗三百，一言以蔽之，曰：思无邪。曷可以能令思无邪？说之者曰：发乎情，止乎礼义，果一而二，二而一耶？何以能发能收，自制自取耶？吾读《国风》始"二南"终《豳》，而知圣人治情之政焉，读"大小雅"文王、周公之诗，而知圣人反情于性之学焉，读"大小雅"文王、周公之诗，而知圣人尽性至命之学焉。①

虽然不能说《诗经》中的全部诗都达到了雅乐的标准，但"发乎情，止乎礼义"却是所有的诗所追求的标准。郑卫之音虽然在表现爱情方面稍许不够含蓄，但终还是止乎礼义。

尽管在实现言志与抒情的统一上，《诗经》中305首诗，不是平衡的，但《诗经》在这方面所取得的成就，仍然是后人所难以企及的。"诗者，人之情性也。"②不知有多少学者重复说过类似的话，而这话的源头却是"诗言志"。在这个根本点上，《诗经》作为中国最早的诗歌，做了最出色的实践，这是《诗经》对中国诗歌美学所作出的一个最为重要的贡献。

第四节　温柔敦厚品格

《诗经》的美学品格，比较多地为儒家所称道的还有"温柔敦厚"。《礼

① 《魏源集·默觚上·学篇四》。
② 胡仔：《苕溪渔隐丛话》前集卷四十八。

记》中"经解"引孔子的话说："孔子曰：'入其国，其教可知也；其为人也，温柔敦厚，《诗》教也'。这一诗教传统一直为儒家所坚持，成为诗的重要的批评标准。

那么什么叫温柔敦厚？根据儒家文献，"温柔敦厚"大体上应有这些品格：

其一，在情与理的关系上，以理节情，情理相偕。这一点，《毛诗序》谈得很清楚："变风发乎情，止乎礼义。发乎情，民之性也；止乎礼义，先王之泽也。"

其二，在情感的强度上，不要过头，要注意适当地控制。孔子认为《关雎》做得最好，他说："《关雎》乐而不淫，哀而不伤。"①

其三，在批评上，要注意分寸，要讲究方式，要含蓄，要考虑人家能否接受，《毛诗序》认为，"上以风化下，下以风刺上，主文而谲谏。"

其四，总体风格应是比较地含蓄。

以上这些概括，均来自对《诗经》的认识，那么，《诗经》在这些方面是不是做得非常好呢？

首先应该肯定，《诗经》中大部分的诗是合乎这一标准的。

关于"发乎情，止乎礼义"，《毛诗序》主要是就"变风""变雅"说的。关于"变风""变雅"，看法不一，按郑玄的看法，周室自周懿王始，天下就乱了，"五霸之末，上无天子，下无方伯，善者谁赏，恶者谁罚？纪纲绝矣。故孔子录懿王、夷王时诗讫于陈灵公淫乱之事，谓之'变风''变雅'。"② 具体在《诗经》中，除《周南》《召南》外，自《邶风》以下的十三国"风"共计135篇属于"变风"；《小雅》中《六月》以下（含《六月》）计58篇，《大雅》中《民劳》以下（含《民劳》）计13篇为"变雅"。这些作品由于反映的社会现实比较动荡，人民难免要在作品中表达哀怨，《毛诗序》说，这是"民之性也"；但这些情感要不要用礼义来约束呢？答案是肯定的，《毛诗序》说这是

---

① 《论语·八佾》。

② 郑玄：《诗谱序》。

"先王之泽"。

《邶风》中一组刺卫虐政的诗大体上都体现这种风格。如《北风》:"北风其凉,雨雪其雱。惠而好我,携手同行。其虚其邪,既亟只且。北风其喈,雨雪其霏。惠而好我,携手同归,其虚其邪,既亟只且。"在雨雪纷飞的天气中逃亡,自然有怨,也可能有怒。但是,诗只是写逃亡这样一种情景,突出的是赶紧跑吧不跑就来不及了的催促,诗中怨是有的,但怒就看不出来了。

《变风》《变雅》中的作品大多程度不一地触及时事,但都比较地含蓄,普遍运用隐喻。"老鼠"是用得比较多的隐喻形象,《邶风》有《相鼠》,《唐风》有《硕鼠》。这两首诗就是通过批判老鼠来批判统治者的。

《诗经》温柔敦厚风格的形成,跟这种隐喻有关,不过,也要指出,这不是《诗经》的全部,也有些诗是直言之的,如明代学者王世贞所言,这些诗"以述情切事为快,不尽含蓄也。语荒而曰'周余黎民,靡有孑遗',劝乐而曰'宛其死矣,他人入室',讥失仪而曰'人而无礼,胡不遄死',怨谗而曰'豺虎不食''投畀有昊'"[1]。

在情感与理性的平衡上,虽然《诗经》中的诗大多具有"乐而不淫""哀而不伤""怨而不怒"这样的特点,但也有少数的诗,在表达情感上是有些过了的,写乐的,《溱洧》就有点过了;写怨的,如《小雅》的《巷陌》和《大雅》的《云汉》直抒胸臆,近于怒骂了。这些诗大概都不能算温柔敦厚。

认定《诗经》具有温柔敦厚风格,固然与《诗经》本身有关,但是,主要还是孔子的诗教所致,《毛诗序》沿袭孔子所说,将这点推向极致。《毛诗序》为了突出《诗经》具有温柔敦厚的风格,对许多诗做了穿凿附会的解释,比如《邶风·静女》一看就知,这是一首写男女约会的爱情诗,可是《毛诗序》却说:"静女,刺时也。卫君无道,夫人无德。"又如《卫风·木瓜》写男女相爱互赠礼品,其爱情诗的性质也极鲜明,《毛诗序》却说:"美齐桓公也。卫人有狄人之败,出处于漕,齐桓公救而封之,遗之车马服焉。卫人思之,

---

[1] 王世贞:《艺苑卮言》。

欲厚报之而作是诗也。"当然,将爱情诗附会成政治诗,自然就温柔敦厚多了。

儒家诗教的温柔敦厚说,有两个方面的意义,强调诗要维护统治者的根本利益,照顾统治者的面子。后来宋代理学家杨时据此批评苏轼、王安石的诗文,说是对最高统治者语多讥刺,不够温柔敦厚。胡仔予以响应,他说:"龟山语录:作诗不知风雅意,不可以作诗。诗尚讽谏,唯言之者无罪,闻之者足以戒,乃为有补,若谏而涉于毁谤,闻者怒之,何补之有。观东坡诗,只是讥诮朝廷,殊无温柔敦厚之气,以此,人故得而罪之,若是伯淳诗,则闻者自然感动矣。因举伯淳《和温公诸人禊饮》云:'未须愁日暮,天际乍轻阴。'又《泛舟》云:'只恐吓风花一片云飞',何其温厚也。"①

此种说法也有些学者不同意,宋代黄彻说:

> 山谷云:"诗者人之性情也,非强谏争于庭,怨詈于道,怒邻骂座之所为也。"余谓怒邻骂座固非诗本旨,若《小弁》亲亲,未尝无怨;《何人斯》:"取彼谮人,投畀豺虎",未尝不愤。谓不可谏争,则又甚矣。箴规刺诲,何为而作?古者帝王尚许百工各执艺事以谏,诗独不得与工技等哉!故谲谏而不斥者,惟《风》为然,如《雅》云:"匪面命之,言提其耳","彼童而角,实证小子","忧心惨惨,念国之为虐","乱匪降自天,生自妇人",忠臣义士,欲正君定国,惟恐所陈不激切,岂尽优柔婉晦乎?故乐天《寄唐生》诗云:"篇篇无空文,句句必尽规。"②

黄彻也是据《诗经》来批评温柔敦厚诗教的。在他看来,"正君定国,惟恐所陈不激切",不能那样讲究"优柔婉晦"。

温柔敦厚说的另一方面的意义,是在美学方面,作为诗的美学标准,它的实质是中和。而中和正是儒家的美学理想。所以,温柔敦厚的诗教其实是儒家的中和美学观在诗学中的体现。

《诗经》是中国历史上的一部奇书,也是人类历史上的一部奇书,它是

---

① 胡仔:《苕溪渔隐丛话》后集卷二十。

② 黄彻:《䂮溪诗话》。

文学,也是经,也是史。作为文学,它是成功的,因为它言情,它的品格为美;作为经,它是成功的,因为它言理,它的品格为善;作为史,它也是成功的,因为它言事,它的品格是真。三者如此完美地统一的巨著,人类历史上还没有发现有第二部。

第十五章
"屈骚"的美学思想

屈原(约前340—前278),名平,战国楚人,中国古代最伟大的爱国诗人。

屈原像

屈原在中国文学史上的地位是无与伦比的。他留下的 25 篇作品是中国文学乃至世界文学的瑰宝。他的代表作《离骚》是中国文学中最伟大的作品。由这部作品所创立的文学体裁,通常称之为骚体,故而他的作品又称为"屈骚",也称为"楚辞"。其实写作楚辞的不只是屈原,还有宋玉、景差、唐勒之徒,但无疑是以屈原为代表的。郑振铎先生说:"'楚辞'之称,在汉初当已成了一个名辞。据相传的见解,谓屈原诸骚,皆是楚语,作楚声,纪楚地,故谓之楚辞。"①

屈原的作品不仅在中国文学史上而且在中国美学史上也占据重要地位。屈原的作品不是论文,而是抒情诗和哲理诗(如《天问》),他在中国美学史上的影响主要还不是提出了什么重要美学观点,而是从他的作品中所体现出来的美学精神。

第一节　君子人格

屈原是非常注重人格的。他的作品通篇放射出高尚人格的光辉。

在《离骚》中他自我评价:"纷吾既有此内美兮,又重之以修能。""内美""修能"是屈原所看重的人格美的两个方面。

"内美"的依据之一是出身高贵:"帝高阳之苗裔兮,朕皇考曰伯庸。"这里说的高阳即古帝颛顼。之二是出生的时辰很好:"摄提贞于孟陬兮,惟庚寅吾以降。"生于寅年、寅月、寅日。基于此,"皇览揆余初度兮,肇锡余以嘉名:名余曰正则兮,字余曰灵均"。这美好的名字寄寓着父亲的美好的希望。

屈原谈这些并不是想炫耀自己出身高贵,更不是宣扬血统论。屈原认为,人的成长最重要的其实不是家庭出身,而是后天的修养,这就是他说的"修能"。在作品中,屈原提到了好几位他所尊敬的古代圣贤如吕望、伊尹、百里奚、宁戚,他们的出身并不高贵。

> 闻百里之为虏兮,
> 伊尹烹于庖厨。
> 吕望屠于朝歌兮,
> 宁戚歌而饭牛。②

---

① 郑振铎:《插图本中国文学史》第1册,作家出版社1957年版,第53页。
② 屈原:《九章·惜往日》。

关于人的美,屈原最为看重的是品德。他说:"内厚质正,大人所盛","重仁袭义兮,谨厚以为丰"①。但屈原也不忽视容貌、服饰的美。在《离骚》中,他不止一次地谈到他的服饰:

> 扈江离与辟芷兮,
>
> 纫秋兰以为佩。
>
> 制芰荷以为衣兮,
>
> 集芙蓉以为裳。
>
> 高余冠之岌岌兮,
>
> 长余佩之陆离。

当然,这样的服饰除"高冠""玉佩"外不可能是真的,它无疑是一种高尚品德的象征,但也体现出屈原对仪表美、服饰美的重视。

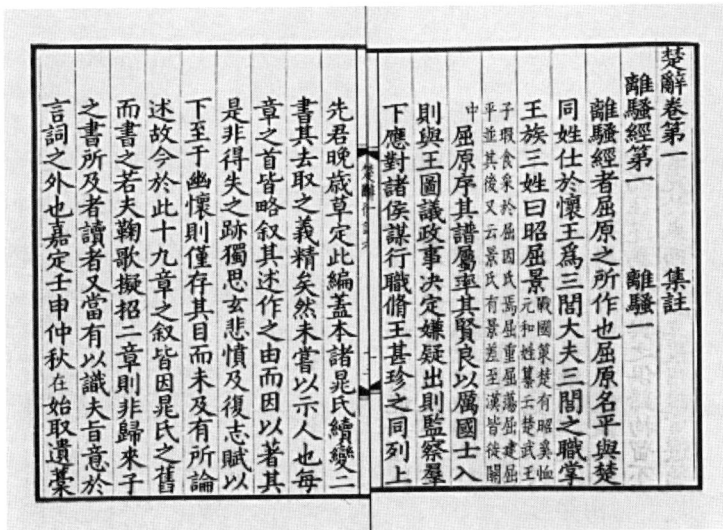

《楚辞》

屈原作品中讲"修"与"佩"很多。"修"在《离骚》中用 317 次,与"修"构成的合成词有:"修能""好修""修姱"等,可见屈原是很注重自身修养

---

① 屈原:《九章·怀沙》。

和形象的。关于"佩",著名楚辞学者姜亮夫先生说:"佩,在古代有三种制度,表示佩的三种作用:佩德、佩容、佩芳。另外还有一个'佩用'。屈子在作品中,常以此来表示自己的美德。佩玉,这在我国古代是很重视的,一个人佩上了玉器,走路就有规矩了。玉,表示有高贵的品德。我们的祖辈,在帽子上往往佩上玉,玉有各式各样,玉在我国历史上表示高贵。'佩玉'表用。在古人心目中,玉是表示身份、品质和道德修养的东西。"[1]既内修又外佩,"佩"既是内在美的表征又是外在美的显示。在屈原的作品中,"佩"的物品琳琅满目,极为华美。其中最值得我们注意的一是佩玉,二是佩芳。佩玉可能是始于氏族社会的风俗,据有些专家考证,在新石器时代之后还有一个玉器时代,此时代可能早于青铜器时代,与屈原同一时代的荀子在其著作中谈到君子以玉比德:

> 夫玉者,君子比德焉,温润而泽,仁也;栗而理,知也;坚刚而不屈,义也;廉而不刿,行也;折而不挠,勇也;瑕适并见,情也;扣之,其声清扬而远闻,其止辍然,辞也。故虽有珉之雕雕,不若玉之章章。《诗》曰:"言念君子,温其如玉",此之谓也。[2]

西汉刘向的《说苑》中也有类似的文字,可见佩玉在先秦是一种风尚,屈骚中有许多佩玉的诗句:"何琼佩之偃蹇兮,众薆然而蔽之。"(《离骚》)"抚长剑兮玉珥,璆锵鸣兮琳琅。"(《东皇太一》)"被明月兮佩宝璐。"(《涉江》)

除了佩玉外,最突出的是佩芳,这方面的诗句更多。如:"扈江离与辟芷兮,纫秋兰以为佩。"(《离骚》)"杂申椒与菌桂兮,岂惟纫夫蕙茝。"(《离骚》)"溘吾游此春宫兮,折琼枝以继佩。"(《离骚》)"被石兰兮带杜衡,折芳馨兮遗所思。"(《山鬼》)

不仅佩芳,而且采芳,食芳,植芳:

> 朝搴阰之木兰兮,
> 夕揽洲之宿莽。[3]

---

[1]　姜亮夫:《楚辞今绎讲录》,北京出版社1981年版,第36页。

[2]　《荀子·法行》。

[3]　屈原:《离骚》。

采芳洲兮杜若,

将以遗兮下女。①

折琼枝以为羞兮,

精琼靡以为粮。②

播江离与滋菊兮,

愿春日以为糗芳。③

余既滋兰之九畹兮,

又树蕙之百亩。

畦留夷与揭车兮,

杂杜衡与芳芷。④

在这芳香的世界中,很值得注意的是,兰占据特别突出的地位。"兰"在中国知识分子的心目中,一直是高雅、纯正、孤寂的象征,它是草木中的君子。宋代刘克庄有咏兰诗:"深林不语抱幽贞,赖有微风递远馨。开处何妨依藓砌,折来未肯恋金瓶。孤高可挹供诗卷,素淡堪移入卧屏。莫笑门无佳子弟,数枝濯濯映阶庭。"兰有兰花、木兰、兰草等不同植物,基本品格都差不多。屈原作品将它们列入香草一类,都作为美好品德的象征。在屈原的作品中还提到菊,"菊"亦是中国传统文化中君子的象征。在中国绘画中占据重要地位的文人画,通常以梅、兰、竹、菊作为主要题材,溯其渊源,可及屈原的《离骚》。

屈原殊少谈"仁",他谈得最多的是"忠",是"义",是"信"。这些优秀的品德都融进他独特的个性之中。屈原的个性突出的有二:

其一是"耿介"。屈骚中多处用到"耿"这个字。"耿介"的特点是端直不屈。屈原坚持自己的立场,决不与小人同流合污。他明确声称:

苟余情其信姱以练要兮,

---

① 屈原:《九歌·湘君》。

② 屈原:《离骚》。

③ 屈原:《九章·惜诵》。

④ 屈原:《离骚》。

(明)周臣:《沧浪濯足图》

长颇颔亦何伤。①

亦余心之所善兮,

虽九死其犹未悔。②

宁溘死以流亡兮,

余不忍为此态也。③

其二是"孤独"。这是与"耿介"相联系的另一种心理品格。忍受孤独、甘于孤独是需要一种巨大的精神力量作支柱的。屈原一方面慨叹"国无人莫我知兮",另一方面又明确表示"吾不能变心而从俗兮,固将愁苦而终

---

① 屈原:《离骚》。

② 屈原:《离骚》。

③ 屈原:《离骚》。

穷"①。孤独是痛苦的,而且是一种非常深沉的人生的痛苦,"怀质抱情,独
无匹兮,伯乐既没,骥焉程兮"②。屈原的可贵不仅是忍受这种痛苦,甘于这
种痛苦,而且能将孤独这种痛苦化成美丽,请看《橘颂》中那孤独的橘树:

> 深固难徙,
>
> 廓其无求兮。
>
> 苏世独立,
>
> 横而不流兮。
>
> 闭目自慎,
>
> 终不失过兮。
>
> 秉德无私,
>
> 参天地兮。

屈原关于君子人格美修养的思想在后世的影响不弱于孔子。他所树立
的光辉形象一直是中国知识分子心目中最美好的形象,他所具备的优秀人
格是中国知识分子毕生追求的理想人格。

第二节 悲剧命运

屈原的命运是悲剧的命运。屈原的悲剧在中国进步的知识分子中具有
典型性。

屈原是中国最伟大的爱国诗人。他爱的"国"具有三个方面的含义:

其一,君国。屈原是忠君的,他对楚怀王可以说是忠心耿耿,这在《离
骚》及其他作品中多有表露:"日月忽其不淹兮,春与秋其代序。惟草木之
零落兮,恐美人之迟暮! 不抚壮而弃秽兮,何不改乎此度? 乘骐骥以驰骋
兮,来吾道夫先路。"③ 这里的"美人"即指楚怀王。屈原的忠君与儒家的忠
君有所不同。儒家的忠君特别是汉以后的儒家往往是绝对的,即"愚忠"。

---

① 屈原:《九章·涉江》。

② 屈原:《九章·怀沙》。

③ 屈原:《离骚》。

屈原的忠君是积极参政，以正确的政治路线、策略去帮助甚至指导君王，即"道夫先路"。尽管楚怀王背弃前言，不再听取他的正确意见，而且听信小人之言，放逐了他，他还是念念不忘楚怀王的安危。"岂余身之惮殃兮，恐皇舆之败绩！"[①] 他指天发誓："所作忠而言之兮，指苍天以为正！"[②] "指九天以为正兮，夫唯灵修之故也。"[③] 楚怀王客死秦国，屈原得知，作《招魂》一诗，满怀深情地悼念怀王，呼唤怀王魂兮归来。

屈原对楚怀王敢于批评，对于怀王不能理解他的忠心、他的正确主张而有所抱怨："荃不察余之中情兮，反信谗而齌怒。""初既与余成言兮，后悔遁而有他。余既不难夫离别兮，伤灵修之数化！"[④]

其二，邦国。对于屈原的忠君我们不能脱离当时的历史条件予以责备。这点似乎不必再加以论述了。值得指出的是，屈原的忠君是与忠于祖国联系在一起的。这是屈原爱国主义的第二个方面的含义。"国"有邦国的意义。屈原所爱的邦国就是楚国，包括楚国的人民和楚国的土地。在《离骚》及其他许多作品中，屈原深情地慨叹："长太息以掩涕兮，哀民生之多艰。"他爱楚国的人民，爱这片生他养他的土地。毕竟是故土难离啊，他在《离骚》书花那么多的笔墨，详尽地描绘如何驾飞龙周游天宇，"高驰之邈邈"，可是待到忽然看见地面上的故乡时就流连忘返，不忍离去："陟升皇之赫戏兮，忽临睨夫旧乡，仆夫悲余马怀兮，蜷局顾而不行。"在《哀郢》篇，一开头就描写秦兵攻破国都造成人民流离失所的悲惨情景，对故乡、故乡人民充满深厚的情感："皇天之不纯命兮，何百姓之震愆？民离散而相失兮，方仲春而东迁。去故乡而就远兮，遵江夏以流亡。出国门而轸怀兮，甲之鼂吾以行。"[⑤]

其三，中国。屈原对楚国的热爱让人产生一个想法：他爱的国是不是太狭隘了呢？因为灭掉楚国的秦国也是中国的一部分。这需要历史地看问

① 屈原：《离骚》。
② 屈原：《九章·惜诵》。
③ 屈原：《离骚》。
④ 屈原：《离骚》。
⑤ 屈原：《九章·哀郢》。

题。春秋战国时期，天下大乱，中国大地存在许多诸侯国。这些诸侯国互相残杀，都企图统一中国。在屈原的时代，最具有统一中国实力的诸侯国一是秦国，一是楚国。屈原作为楚国的臣子希望楚国统一中国，这当然不应受到责备。屈原热爱作为诸侯国的楚国与热爱整个中华民族的祖国——中国是统一的。希望楚国统一中国是屈原爱国主义的一个重要特点。屈原评人论事也不纯然站在狭隘的楚国的立场。比如对待伍子胥，他不仅不斥他为楚国的叛臣，反而对他的悲惨命运深表同情。在作品中他多次提到伍子胥，持的都是正面赞叹的态度。如《惜往日》中说："子胥死而后忧。"《悲回风》中说："从子胥而自适"。

本来，春秋战国时期，各诸侯国的人才都是流动的，朝秦暮楚，司空见惯。即使是号称圣贤的孔子也不拘守父母之邦——鲁国，而是周游列国，以求进用。郭沫若在《屈原研究》中说："先秦时代的学者，自孔子以来，大率都是怀抱有大一统的主义的。他们都想要把中国的局面统一起来，只要能够达到这个目的，他们都有不择国而仕的倾向。"伍子胥正是这样的。屈原虽然同情伍子胥，但不愿走伍子胥的道路。尽管楚怀王不用他，奸臣们千方百计地排挤、陷害他，他仍然不愿离开楚国。他对故乡爱得太深了。

屈原的爱国主义集爱君国、邦国、祖国于一体。这种爱国主义在中国封建社会是最具典型性的。中国历代的爱国主义者、民族英雄无不从屈原的爱国主义吸取精神营养，岳飞、文天祥、史可法、林则徐都是屈原的崇拜者。

屈原的爱国主义在当时的历史条件下演为悲剧。屈原在他的作品中如实地、深刻地袒露了这悲剧发生的原因。从《离骚》和屈原的其他作品中我们清楚地看到，屈原是将他的全部希望寄托在楚怀工、顷襄王那里的。他希望楚怀王、顷襄王能够贤明，能够理解他的忠心，理解他的正确主张，然而楚怀王、顷襄王并不是明主，屈原的全部希望只能以落空而告结束。这是悲剧发生的主要原因。悲剧发生的另一原因属于屈原本身这方面的。设若屈原不是那么"耿介"，那么"端直"，而能如上官大夫那样，曲意奉迎君主，或者舍弃操守，曲从流俗，那也不会落到被放逐的地步。再者还可效法伍子胥，离开楚国，为他国效劳，这也许还可能有一番作为。然而这一切对于屈原来说，都是不可能的。在《渔父》篇中，当渔父劝他："圣人不凝滞于物而能与世推移。世人皆浊，何不淈其泥而扬其波？众人皆醉，何不哺其糟而歠其醨？何故深思高举，自令放为？"屈原的答复是："吾闻之，新沐者必弹冠，新浴者必振衣，安能以身之察察，受物之汶汶者乎？宁赴湘流，葬于江鱼之腹中，安能以皓皓之白，而蒙世俗之尘埃乎？"这种坚定不移的操守，这种视"义"、视"道"比生命更重要的价值观，就必然使得屈原走上悲剧的道路了。

屈原是以高度的清醒、高度的自觉去殉自己的操守、自己的价值观的。与其说他是为国家而死，还不如说是为他的君子人格而死。这正是屈原悲剧的深层意义所在，同时也正是屈原悲剧特别地动人心魄所在。《离骚》的美学价值就在于它深刻地展示了这一"历史的必然要求和这个要求的实际上不可能实现之间的悲剧性的冲突"①。中国的文艺作品很少有真正意义的悲剧，要说真正意义的悲剧应该首推《离骚》，尽管它不是戏剧。《离骚》所表现的悲剧也许对中国知识分子世界观上的影响要大于对文艺创作上的影响。

第三节 发 愤 抒 情

屈原是中国第一位抒情诗人，他的诗与经过孔子整理的《诗经》有一个明显的不同，就是：《诗经》比较多地具有理性的态度，虽然诗中有情，但情总是被纳入理的轨道，为理所节制，其抒情的总体特色是"怨而不怒，哀而不伤"。屈骚就不同，屈骚中的抒情犹如火山爆发，雷电轰鸣，江潮澎湃，具有掀天揭地之势，往往冲破理的规范，而呈自由奔放的态势。概而言之，《诗经》尚理，屈骚尚情。

---

① 《马克思恩格斯列宁斯大林论文艺》，人民文学出版社 1980 年版，第 110 页。

任何情都是有感而发的,屈骚之情其突出特点为"愤"。在《惜诵》中,屈原开宗明义地说:

　　惜诵以致愍兮,发愤以抒情。

(元) 张渥:《湘君》

"愤",王逸注曰:"愤,懑也。"[1] 这是一种因被压抑而烦闷愤怒的感情。屈原何以会愤呢? 这有两个方面的原因,从客观上讲,楚国朝廷以楚怀王为代表的统治阶级,倒行逆施,丧师辱国,把本可以以楚统一中国的大好形势断送干净,眼看楚国就要亡于强秦了。爱国如命的屈原怎能不愤? 从主观上讲,屈原生性耿介,疾恶如仇。他"宁赴湘流,葬于江鱼之腹中"而不愿"以皓皓之白","蒙世俗之尘埃"。

屈原的"愤"是忧国伤时之悲愤。

屈原的"愤"是不见容于小人、流俗之孤愤。

屈原的"愤"是怀才不遇、壮志难酬之义愤。

屈原将他的"愤"化为诗歌,正如长歌当哭,这里是长歌抒愤。

---

① 王逸:《楚辞章句》。

屈骚的长歌抒情具有强烈的社会批判色彩,他的矛头所向上指昏君:"怨灵修之浩荡兮,终不察夫民心"(《离骚》),"与余言而不信兮,盖为余而造怒"(《九章·抽思》)。中指奸邪:"众女嫉余之蛾眉兮,谣诼谓余以善淫"(《离骚》),"众皆竞进以贪婪兮,凭不厌乎求索"(《离骚》)。下指黑暗的社会:"变白以为黑兮,倒上以为下,凤皇在笯兮,鸡鹜翔舞"(《九章·怀沙》),"世溷浊而不清,蝉翼为重,千钧为轻,黄钟毁弃,瓦釜雷鸣,谗人高张,贤士无名"(《卜居》)。

这样一种强烈的批判色彩是儒家不能接受的,儒家虽然说"诗可以怨",但这"怨"要"止乎礼义";儒家主张讽刺上政,但这讽刺需讲究方式,要求含蓄而有一定的节制,即所谓"主文而谲谏"。屈原显然已超出了"谲谏"的范围,它大胆地直而言之地批评君主,揭露他们的罪过。故而一些儒家人物如班固、颜子推都批评屈原"露才扬己"[1]"显暴君过"[2]。上面我们谈到屈原的爱国主义,说屈原的爱国包含爱君国、爱邦国、爱祖国三义。看来邦国是重于君国的,为了楚国的利益,他可以批评君主。关于这一点,姜亮夫先生的解释很值得重视。姜先生说:"从母系氏族社会开始一直到春秋战国这个时代的中国民族和社会现象,在屈原作品里全部都有反映。"[3]"我们现在晓得了,有氏族观念的人,他是不爱宗法问题的。"[4]"氏族"高于"宗法",这是氏族社会的风尚。看来,屈原较多地继承了远古社会的遗风。

屈原"发愤以抒情"其强度、力度是空前的,《诗经》亦是无法与之相比的。屈原的怨愤弥天漫地,电闪雷鸣,震撼人心。"湛湛江水兮上有枫,目极千里兮伤春心!魂兮归来哀江南。"[5]诗人自己也感到陷入悲愤的深渊而不可自拔:"望长楸而太息兮,涕淫淫其若霰。"[6]"涕泣交而凄凄兮,思不眠

---

① 班固:《离骚序》。

② 颜子推:《颜氏家训》。

③ 姜亮夫:《楚辞今绎讲录》,北京出版社1981年版,第126页。

④ 姜亮夫:《楚辞今绎讲录》,北京出版社1981年版,第126页。

⑤ 屈原:《招魂》。

⑥ 屈原:《九章·哀郢》。

以至曙。"① "悲夷犹而冀进兮,心怛伤之憺憺。"② "悲回风之摇蕙兮,心冤结而内伤。"③ "愁郁郁之无快兮,居戚戚而不可解。"④

屈原这种极度伤悲怨愤之情显然与儒家所倡导的"中和"之美大相径庭:

从心理学角度言之,一般说有强度有力度的情感具有更大的感染力,事实也正是如此。唐代诗人李贺读了《离骚》之后写道:"《离骚》感慨沉痛,读之有不胜歔欷欲泣者,其为人臣可知也。"⑤

但是,实际生活中的强烈情感如果不进行必要的审美化处理,也未见得有巨大的感染力。屈骚的巨大情感感染力,一方面来自屈原本具有的真挚而又强烈的情感,另一方面又来自屈原对进入作品中的情感所作的审美处理。屈原是具有很高艺术修养的诗人,他很懂得如何表达他的那种悲愤的情感,使这种情感既具有很强的感染力,同时又很美。屈原没有谈处理情感的方法,但从作品本身来看,大致有如下两点:

第一,注重情与景的结合,使情物态化为景,同时又使景心理化为情,这样不仅加强了情感的力度、广度,而且增加了情感的视觉、听觉的审美效应。比如《九辩》一开篇就是:

> 悲哉,
> 秋之为气也,
> 萧瑟兮,
> 草木摇落而变衰。
> 憭慄兮,
> 若在远行。
> 登山临水兮,
> 送将归。

---

① 屈原:《九章·悲回风》。
② 屈原:《九章·抽思》。
③ 屈原:《九章·悲回风》。
④ 屈原:《九章·悲回风》。
⑤ 听雨斋本:《八十四家评点〈朱文公楚辞集注〉》。

悲伤凄凉之情借秋色表达得何等充分，又何等的美！像这类情景结合的诗句在屈骚中比比皆是。屈骚中写景与《诗经》大不一样，《诗经》中的景大都是作为比兴而使用的，其作用主要是喻理，即通过以此物比彼物，将彼物的含义表达清楚。屈骚中大量的景物描写，只有极少数是比兴，一部分是象征，大部分是抒情，王夫之所推崇的"景中生情，情中含景"在屈原作品中比比皆是。如：

> 君不行兮夷犹，
>
> 蹇谁留兮中洲？
>
> 美要眇兮宜修，
>
> 沛吾乘兮桂舟。①
>
> 帝子降兮北渚！
>
> 目眇眇兮愁予，

(元) 张渥：《九歌图 (之一)：山鬼》

---

① 屈原：《九歌·湘君》。

　　　　袅袅兮秋风，

　　　　洞庭波兮木叶下。①

　　　　雷填填兮雨冥冥，

　　　　猨啾啾兮狖夜鸣。

　　　　风飒飒兮木萧萧，

　　　　思公子兮徒离忧。②

　　仅从上面的少数摘引来看，作为诗歌基本构成的两大要素："情"与"景"，屈骚已经处理得相当成功了。

　　长歌当哭，痛定思痛，方成文学。文学作为人类审美的典范形式，它对原生状态的情感必须进行艺术的提炼，形式化的处理，而且也必须进行理性的过滤，从而使这种情不仅更真挚更动人，而且更深刻，屈原正是这样处理的。他在作品中抒发的感情都经过理性的过滤，都包含有他对社会、对时局、对人物的真知灼见。因而他作品中的情感不仅很有强度，很有力度，而且很有分量，有些甚至闪烁着哲理的光辉。

　　《楚辞》所构造的这种意象世界本质是情感的世界。《楚辞》情感世界的突出特点不在真诚、强烈，因为优秀的浪漫主义作品都如此。如果要说《楚辞》中情感的真诚、强烈有什么特点的话，那就是这种真诚强烈的情感是用极其奇幻的形象来展现的，这就是刘勰在《文心雕龙·辨骚》说的"酌奇而不失其真，玩华而不坠其实"。正是因为"酌奇""玩华"，所以，境界不仅玄妙虚幻，而且色彩绚丽灿烂，这就构成了屈原作品特有的美——"惊彩绝艳"。

　　以至奇至幻之象抒至真至善之情，创造"惊彩绝艳"的美，这是屈原意象的突出特点，它的重要意义在于这种意象为后来诸多的诗人、艺术家所肯定与效法，从而形成一种具有中国特色的浪漫主义传统。

　　这种传统，不仅在诗歌之中体现得十分突出，在传奇、戏曲中也体现得

---

① 屈原:《九歌·湘夫人》。
② 屈原:《九歌·山鬼》。

非常突出。汤显祖的《牡丹亭》堪为典范。《牡丹亭》似是在讲一个爱情故事，实是在抒发一种至真至善的情感。戏中主人公杜丽娘的爱情故事只是这种情感的意象。汤显祖说："天下女子有情宁有如杜丽娘者乎。梦其人即病，病即弥连，至手画形容传于世而死。死三年后，复能溟莫中求得其所梦者而生。如丽娘者，乃可谓之有情人耳。生而不可与死，死而不可复者，皆非情之至也。"① 正是因为情之至，所以杜丽娘可以因情而死，也可以因情而复生。这故事可以说奇幻之极了！这正是上文所说的以至奇至幻之象抒至真至善之情，从而创造"惊彩绝艳"的美。

这里，关键在于情。艺术的构成，按清代学者叶燮的说法，不外乎理、事、情，三者缺一不可。虽然如此，按写实主义与浪漫主义两种美学流派，其理、事、情的构成方案是不同的，写实主义重事，其理与情都服从于事，浪漫主义则重情，其理其事均服从于情。汤显祖："世总为情，情生诗歌，而行于神。天下之声音笑貌大小生死，(无) 不出乎是。因以慆荡人意，欢乐舞蹈，悲壮哀感鬼神风雨鸟兽，摇动草木，洞裂金石。"② 这种观点实质是浪漫主义美学观。

各民族的浪漫主义美学都尚情，中华民族的浪漫主义不例外，要说有什么特点的话，那就是尚奇情、至情，如屈原那样升天入地跨越时空的情，也如汤显祖《牡丹亭》中那种可以突破生死大限的情。正是因为抒发的是这样的情，这由情构造的意象就不能不奇幻了。汤显祖将这一切归之于创作主体的审美胸怀。他说：

"天下文章所以有生气者，全在奇士。士奇则心灵，心灵则能飞动，能飞动则下上天地，来去古今。可以屈伸长短生灭如意，如意则可以无所不如。"③ 屈原就是这样的奇士，这样的奇士在中国历史上形成一条波涛汹涌的长河。

第二，屈原的"发愤以抒情"和对情感的审美化处理对后代的文艺创作

---

① 汤显祖：《玉茗堂文之六·牡丹亭记题辞》。

② 汤显祖：《玉茗堂文之四·耳伯麻姑游诗序》。

③ 汤显祖：《玉茗堂文之五·序丘毛伯稿》。

以深远的影响。司马迁将发愤抒情说扩充为"发愤著书"说；刘勰综合儒家"诗可以怨"与屈原的"发愤抒情"说，又提出"蚌病成珠"说；唐代李白提出"哀怨起骚人"；宋代欧阳修有"诗穷而后工"论；明代，李贽有"不愤则不作"论；清代金圣叹又提出"怨毒著书"说；蒲松龄自称他的《聊斋志异》为"孤愤之书"；曹雪芹在《红楼梦》中借贾宝玉之口，坦露作《芙蓉女儿诔》的心态："箝诐奴之口，讨岂从宽；剖悍妇之心，忿犹未释"。只从以上简单的介绍，就可发现"发愤以抒情"在中国文学史上已构成一个很重要的创作传统。

第四节 浪漫诗风

屈骚是中国最早的浪漫主义杰作，屈原堪称中国浪漫主义的鼻祖。

屈原浪漫主义的突出特点除了上节所谈到的长河奔流式的强烈抒情外，主要是奇异华美的丰富想象及"惊彩绝艳"的辞章。

屈原是主观性极强的诗人，他的想象打破了时间的界限、地域的界限，将神话与人事、巫风与世俗、历史与现实、人类与自然全然接通，融为一体，从而创造出一个奇异瑰丽、恢宏壮阔、灵动变幻的艺术境界，一个充满生命意味、人世沧桑、历史感喟的美学宇宙。

鲁迅曾经这样评论屈骚的浪漫主义特色：

> 较之于《诗》，则其言甚长，其思甚幻，其文甚丽，其旨甚明，凭心而言，不遵矩度。①

这里，最重要的是"不遵矩度"。何谓"不遵矩度"？就是我们上文提到的打破了时间、空间的界限，空前地展示了人类心灵所具有的那种超越古今，贯通天地，融会万物，创造一切的自由本性。在想象的自由方面，堪与屈原相比的就只有一个庄子。然庄子的想象与屈原的想象还有所不同。庄子的想象在时间、空间处理上保持一维性。想象的天地与现

① 《鲁迅全集》第九卷，人民文学出版社1982年版，第370页。

实人间基本上不予沟通,不论是现实人间还是想象天地,其时、空变换都是物理的、客观的。屈原的想象则不同,物理时空与心理时空交混使用,扑朔迷离。这在《离骚》中表现得特别突出:就空间来说,一会儿在苍梧,一会儿在昆仑,一会儿在高空,一会儿在大地;就时间来说,才言春,又到秋,才言朝,又到夕。心理的时空轨迹与物理的时空轨迹忽而迭合,忽而离异。

屈原的想象极为丰富,仅《离骚》中涉及的神话人物就有:羲和、望舒、飞廉、雷师、丰隆、帝阍、宓妃、蹇修、高辛、有娀之佚女、有虞之二姚;涉及的神物有:飞龙、凤皇、蛟龙、八龙、鸾皇、玉虬、若木等;涉及的神话地点就有:阊阖、苍梧、县圃、崦嵫、咸池、扶桑、阆风、白水、穷石、洧盘、昆仑、天津、西极、流沙、赤水、不周、西海。

在《九歌》中,屈原又绘声绘色地描绘了楚地的八位神灵:东皇太一、云中君、湘君、湘夫人、大司命、少司命、东君、河伯、山鬼。在《远游》又杂收了道家的仙人赤松、王乔。

那虚无缥缈的仙山、仙海、仙宫是那样的光彩夺目、谲诡奇丽。所有这一切神话中的故事又是那样的富有人间的温馨、亲和、可观、可叹而又可爱。你看那美丽的山鬼:

> 若有人兮山之阿,
> 披薜荔兮带女萝。
> 既含睇兮又宜笑,
> 子慕予兮善窈窕。
> 乘赤豹兮从文狸,
> 辛夷车兮结桂旗。①

再看那勇武的东君:

> 青云衣兮白霓裳,
> 举长矢兮射天狼。

---

① 屈原:《九歌·山鬼》。

操余弧兮反沦降，

援北斗兮酌桂浆。

撰余辔兮高驼翔，

杳冥冥兮以东行。①

这山鬼、东君虽然衣着奇异，本领高超，但那情感气质不俨然就是我们身边可爱的少女、少男么？

(元) 张渥:《东君》

屈原想象中的神话人物与庄子想象中的寓言人物于此又可见出差异。屈原想象中的神话人物是活生生的人。他们有思想，有情感，有风致，美妙动人。这些人物都是诗人情感的产物，而庄子想象中的寓言人物基本上是为说明某种理念而设置的。他们可以有人的语言、思想，但不一定有人那样丰富的情感和美好的风度，因而于理人们可以接受，于情就不那么动心

————————

① 屈原:《九歌·东君》。

了。换句话说，屈原作品中的神话人物是美的，而庄子作品中的寓言人物只是真的（就其说理的意义言）而不一定是美的。

令人感到特别有趣的是，屈原也将历史上实有的人物如尧、舜、禹、汤、文、武、周公、齐桓、熊绎、若敖、蚡冒、伊尹、皋陶、傅说、吕望、宁戚、夏桀、商纣、羿、寒促、浇、鲧等一并融入他所创造的艺术境界。

除此以外，还有大量用花草、乔木、鸟类、云霓等自然物作为象征的人物以及可能是现实中的人物如女嬃、渔父等。

所有这一切，以诗人自我为中心组织在一起，构成一个似真似幻、似实似虚的艺术社会。历史的深沉、现实的严峻、神话的飘逸、巫术的狂野、自然的华美尽皆融为一体。它是浪漫主义的，又是现实主义的。因为透过这奇幻真实的艺术宇宙，我们可以清晰地看出那一个时代，并且能强烈地感受到那个时代跳动的脉搏。楚辞学者萧兵先生说得好："最重要的，在他的作品里有一整个时代在跃动，有一整个'民族魂'在呼号。"① 因此，屈原的浪漫主义实际是扎根于现实基础的浪漫主义。说它是现实主义与浪漫主义结合虽未尝不可以，但似未突出浪漫主义，所以最好说是以现实为根基的浪漫主义，并且是引导人们向前看、充满激情、充满希望、充满正面的鼓舞人心力量的浪漫主义，积极的浪漫主义。

由楚辞所开创的人神合一美学精神，在中国的道教文化中得到充分的淋漓尽致的展现。道教的核心观念是神仙观念。

神仙的突出特点：既是人又是神。是人，它是超人；是神，它是人神。所谓超人，是能量超出一般人的人，其中最为重要的是长寿甚至不死。所谓人神，是有着人类情感的神，其中最为重要的是能与人沟通且参与人世间的生活。

神仙概念最重要的因子不是神性而是人性。不是神性而是人性让神仙与人结成关系，它让遇仙、成仙这类人们视为最美妙的故事不致成为虚幻的空想。

---

① 萧兵：《楚辞文化》，中国社会科学出版社1990年版，第494页。

　　仙境是神仙的家。它离红尘远吗？有远的，也有不远的。远的如天宫、月宫，不远的如蓬莱、桃花源，它们就在红尘。正是因为在红尘，这仙境引得不少人去探寻，各种误入仙境的故事，本为子虚乌有，因绘声绘色而让人深信不疑。

　　中国美学讲乐，《论语》首句即云："学而时习之，不亦说乎？有朋自远方来，不亦乐乎？人不知而不愠，不亦君子乎？"[①] 中国美学说的乐，体现在生存上，则为乐生；体现在居住上，则为乐居。不同学派说的乐生、乐居是不一样的，像道教这样追求大化人生的乐生和生活在仙境中的乐居是极具浪漫色彩的。

　　中华美学的人神合一理念以及由这种理念演绎的人与神相遇、相通以及种种人蜕化为仙的故事是极富浪漫色彩的，中华美学的浪漫精神主要就体现在此。

　　中华美学的人神合一传统当然不能说他民族没有，但是，其典型形态在中国这是不成问题的。一个突出的特点是，虽然西方美学中的神也可能具有人的形象与情感，但总体来说，于人的感受更多的是恐惧感；而中华美学中的人神合一形象实质是人——超人、理想的人，而神仙生活的环境——仙境，它是中国人理想的生活境界。这种理想的人与理想的生活环境其基本的美学品格是对人的肯定，是温馨，是审美。

　　较之其他民族，中华美学更多是入世的美学、亲世的美学、恋世的美学。在入中有出，出为的是更好地入；亲中有隔，隔为的是更好地亲；恋中有思，思为的是更好地恋。

　　一句话，中华美学是暖色调的美学。

　　屈骚浪漫主义带有厚重的荆楚文化色彩，抑或说它正是荆楚文化的产物。

　　屈骚浪漫主义的诡谲、神秘与荆楚文化保留浓烈的氏族社会信鬼神的巫风有密切关系。《列子·说符》载："楚人鬼，而越人禨。"楚国的历代君

---

① 《论语·学而》。

主都笃信鬼神,特别是楚灵王,吴国军队已攻之城下,国人告急,他还在那里毕恭毕敬地主持祭祀仪式。他说,我如此敬奉神明,一定会获得神明保佑,不必担心。① 楚怀王也一样,《汉书·郊祀志》说他"隆祭祀,事鬼神,欲以获福助却秦师,而兵挫地削,身辱国危"。君主如此,民间就不用说了。有关这方面的记载甚多。柳宗元谪永州,在文章中没忘记记下"永州居楚越间,其人鬼且禨"②。刘禹锡贬常德,亦在文中写道:"其地故郢之裔邑……民生其间,俗鬼言夷。"③ 屈原在作品中运用大量神话,并且特为民间祭祀写了《九歌》,礼赞东皇太一诸神,自然与楚地巫风昌炽不无关系,但是,屈原运用神话,并不在作品中宣扬迷信,而且那些神话、传说都不是以原貌进入作品的。屈原根据表达自己情感的需要做了重要的再创造。楚地信鬼尚巫习俗对屈原浪漫主义的影响主要在色调上,即营造了屈原诗歌那种谲怪、奇丽的艺术氛围。

也许,荆楚文化对屈原浪漫主义的影响更重要的在其刚健进取的精神气概上。楚处在当时看来是偏僻的南方。北方(黄河流域、中原一带)才是文化发达的先进地区。楚的先祖鬻熊曾事周文王,因功,其后代熊绎分封于楚地。楚地远离文化中心的中原,经济文化很是落后,楚人创业十分艰难。《左传》曾记载楚右尹子革说过的一段话:"昔我先王熊绎,辟在荆山,筚路蓝缕,以处草莽,跋涉山林,以事天子,唯是桃弧棘矢以共王事。"④ 楚国因其经济落后加以并非周文王亲属,在政治上也备受周王朝和北方诸侯国的歧视。艰难的处境、受压的地位倒反而激发了楚人的志气,养成了楚民族剽悍刚烈、桀骜不驯的性格。汉代扬雄就说过:"包楚与荆,风飘以悍,气锐以刚,有道后服,无道先强。"⑤ 楚人就在这种精神支撑下逐渐强大起来,到楚庄王时,国势大盛,一度有"问鼎"之势。楚国在发展壮大的过程中既比

---

① 参见桓谭:《新论》,《太平御览》526卷。

② 柳宗元:《永州龙兴寺息壤记》。

③ 刘禹锡:《楚望赋并序》。

④ 《左传·昭公十二年》。

⑤ 扬雄:《十二州箴》。

较地注重保持自己的独立的品格，又比较地注重向北方正统文化学习。相对于北方来说，在精神领域更为注重个体人格精神的张扬。老子、庄子等道家人物出在楚国是可以理解的。另外，荆楚文化相对中原文化来说更多地保留氏族社会那种人类童年时期的率真与情感执着。这样一种文化背景有助于造就屈原浪漫主义文学中那种刚强、率真、浓烈、华美的美学品格。

屈原的浪漫主义与楚地山水的雄奇壮美也有某种内在的心理上的联系。屈原出生地为秭归，正在雄奇的长江三峡岸畔，其附近的神农架更是充满原始的野性与神秘。楚国所辖的沅、湘是后来屈原流放的地方，也都山川壮丽、风光奇秀。这山山水水陶冶了屈原的情感，锐敏了他的感官，活跃了他的思维，影响了他的性格，所有这一切不能不在他的诗风上有所反映。读屈骚，我们常为诗中雄奇的自然风光描写所感染，这不是没有原因的。讴歌自然，描绘自然，本也是浪漫主义文学的一大特点，这在西方的浪漫主义文学是如此，在东方的浪漫主义文学也是如此。

屈原是中国第一位积极浪漫主义诗人，他所开创的浪漫主义诗风可与《诗经》所开创的现实主义诗风相媲美，因而成为"双峰并峙"之一峰，"二水分流"之一流。如果说唐代的杜甫基本上继承的是《诗经》的现实主义传统的话，那么李白则基本上是继承了屈骚所开创的浪漫主义传统。

在中国古典美学奠基期，对中华美学传统影响最大的，在理论上是儒、道两家的学说，在文艺上则是《诗经》和《楚辞》了。

屈原美学实际建构了中华美学的一种精神——浪漫主义精神，从而开创了中华文学艺术创作的一种传统——浪漫主义传统。这种传统有着三个重要特点：

一是理想为魂。突出体现为人神互拟。人的形象与神的形象不分，神即人。虽然神与人不分，但神是最美的人，理想的人，神于人不仅没有恐怖感，而且让人感到无比的温馨。中华民族是一个崇尚理想的民族，理想之境构成了中华美学浪漫主义的灵魂。

二是象征为体。浪漫主义重表现，重主观，这主观的表现，在《楚辞》中是借物象来反映的。这种主要用于展现主观的物象为象征。所以，可以说，象征是中国浪漫主义美学之体。

三是奇幻特色。抒情是一切浪漫主义的特点,《楚辞》所体现出来的特点是,多用奇幻的意象来表现不一般的情感。于是,这强烈地触动我们心灵的情感不仅是至真、至善,而且至美。

以上三个特点,体现出中国美学三个非常重要的哲学立场:

一是真善美不分。中国美学中有真善美,也可以分别来对真、善、美做一番考察,但在做这种考察时,人们发现它们关系是内在不可分割的,而在艺术表现时,总是将它们合在一起加以表现。在这方面,《楚辞》开了一个很好的头。在《楚辞》中根本没有将真善美作为三种不同价值,而是统一为一种价值。在屈原的作品中,优秀的君王,被称为"美人"。优秀的道德品质,被比喻成美丽的"香草"。《九章》中有《思美人》一篇,读者如了解屈原身世,是可以将此诗理解成政治抒情诗的,诗中的"美人"可以理解成楚怀王。但如果不了解屈原的身世,也不是不可以将此诗理解成爱情诗的。如果是这样,这诗中的"美人"就真的是美人了。

二是现象与本体不分。真善美相统一的美学思想涉及现象与本体的关系。一般来说,本体与现象是可以分开来认识的,现象是本体的存在方式,本体是现象的本质。人们的审美通常是通过感性地接触现象然后深入地探索隐藏在现象之后的那个本体的意义。然而,在屈原的作品中,现象与本体似乎没有做这种区分。本体即现象,现象即本体。

三是现实与理想不分。中国哲学对于现实的理解,从来不拘泥于事实本身,总是着眼于理想。在艺术中,所有的现实均具有一定的理想性,而且这理想性总是向着奇幻的方向发展。这与中国哲学中的神仙观念有着重要的关联。神仙既是神,又是人,它具有人的情感、思想却具有超人的功能。中国人向往的人生境界就是这种兼具现实与理想的神仙境界。这反映在审美中,既真实,又奇幻。

中华美学的浪漫精神是整体性、全局性的。就文学艺术来说,虽然我们不能将中国古代的文学艺术作品全部划归到浪漫主义体系之中去,事实上,也有相当一部分作品继承了由《诗经》所开拓的现实主义传统。有一点是可以肯定的,即使是归之于现实主义传统的作品也具有一定的浪漫主义气质。这一点,正是中国的现实主义与西方的现实主义的重要区别。

从总体上看,浪漫主义是中华美学的重要特质,继承并发展由屈原开创的中华浪漫主义美学是中国当代美学的一大使命。

第十六章

先秦匠学四大核心理念：利妙巧道

中国古代匠学早在先秦就已构筑起严整的理论体系，先秦儒道墨诸家均对中国古代匠学体系的构建作出贡献，它们的理论体系既各有特点，因而显示出一定的歧异性，但从根本上却完全相通，并且相互补充，体现出基本立场的贯通性。中国古代先秦匠学体系构建以后，得到历代的传承与发展，成为中华民族传统文化的重要组成部分，是当今需要大力弘扬的中国工匠精神的重要来源。

第一节　以"利"为核心的儒家匠学体系

儒家哲学的突出特点是实用理性，所谓实用理性，一是实用，一切从有利于出发，这有利，主要指利于人，利于社会，利于国家，利于进步。

"利"作为匠学的核心理念正式提出见诸《论语·卫灵公》：

> 子贡问仁，子曰："工欲善其事，必先利其器。居是邦也，事其大夫之贤者，友其士之仁者。"[1]

子贡在孔子的学生中是比较重视经济活动的一位，当子贡向孔子问什

---

[1]　杨伯峻译注：《论语译注》，中华书局 1980 年版，第 163 页。

么是仁时，孔子根据子贡的这一特点，以工与器的关系来回答。孔子说，工人要想做好他的工作，必须先做好他的工具。而工具的好与不好，在于它利与不利。于是，制器的最高目的在于使器利。

何谓利？孔子没有说明。结合儒家经典《周礼·冬官考工记》可知它指器之良。

器之良体现为两个方面：

一、优秀的实用功能

专门的实用功能可以称为第一功能。任何物都有它的专门的实用功能，如《周礼·冬官考工记》所言"作车以行陆，作舟以行水"。行陆是车的第一功能，行水是舟的第一功能，器的第一功能得以实现，此器可以称为良。

建造一件良器，是需要诸多条件的。《周礼·冬官考工记》认为有四个条件：

> 天有时，地有气，材有美，工有巧。合此四者，然后可以为良。①

这里提出的四个条件：天时、地气、材美、工巧。

"天时"的"时"指天气状况。天时能影响生死，"草木有时以生，有时以死。"至于制器，要善于利用天时，比如裂石，"石有时以泐"，善于利用天时，艰巨的裂石就变得容易了。强调天时，要的是"合时"。

"地气"的"气"指地质状况，所谓"橘逾淮而北为枳"。地气同样严重影响制器。"郑之刀，宋之斤，鲁之削，吴粤之剑，迁乎其地而弗能为良"。强调地气，要的是"应气"。

"材美"的"美"指材质优良。材质是器的基础，他认为燕地的牛角（"燕之角"）、荆州的柘树（"荆之干"）都是材料中的精美者，用它们来制作器具在很大程度上影响器的良与不良。强调材美，要的是"尽美"。

"工巧"的"巧"，指工艺的精巧。天时、地气、材美都是客观条件，它们虽然影响制器，但本身并不是器，也只是影响制器。器是人造的，人才是决

---

① 钱玄等注译：《周礼》，岳麓书社2001年版，第388页。

定性的因素。天时、地气、材美等客观条件只有在巧工那里，才能发挥积极的作用。强调工巧，要的是工艺的精湛。

二、合乎礼制

儒家将器分为两类，一类是常器，另一类是礼器。常器用于普通的生活之中，对于此类器没有社会地位的限制，礼器则用于非普通的生活之中，这类器其制作其使用均有涉及社会地位的规定。

《周礼》对于礼器的规定非常具体。先秦礼器主要青铜器、玉器。青铜器中除了兵器外，基本上都是礼器。玉器基本上也都是礼器。儒家文化为君子文化，以君子为最高人格，而君子的品格是用玉来代表的。由君子人格延展到社会等级，普通百姓当然不是君子，也无缘用玉。而在统治阶级中，不同的等级，用不同的玉。《周礼》云："以玉作六瑞，以等邦国：玉执镇圭，公执桓圭，侯执信圭，伯执躬圭，子执谷璧，男执蒲璧。"[①]

制器的两种利，前一种利关乎生产，是社会和生产力水平的标志，正是这种利器创造了社会的物质文明，从而维系着人的生存、生活，并为精神文明的创造提供物质保障。后一种利关乎政治，是国家制度的体现，也是社会稳定的保障，这种利直接创造了社会的制度文明。这种利为精神文明的创造开辟道路，并为它制定规范。

正是因为这样，制器，在中国儒家文化中，具有崇高的地位。

《周礼·冬官考工记》说：

> 百工之事，皆圣人之作也。铄金以为刃，凝土以为器，作车以行陆，作舟以行水，此皆圣人所用也。[②]

此话的意思是说，百工所做的事都是圣人所做的事。比如说，将金属销镕后做成利刃，将陶土和水揉合后做成陶器，造出车在陆上跑，造出船在水上行，它都是圣人所做的事。

---

① 钱玄等注译：《周礼》，岳麓书社 2001 年版，第 181 页。
② 钱玄等注译：《周礼》，岳麓书社 2001 年版，第 387 页。

在《周礼》圣人不是阶级的概念,而是品级的概念,指人类社会中最智慧且有重要发明创造的人,这种发明创造给人民带来幸福,为社会带来进步,他们才是社会最值得礼赞的人。

自古以来,总是从地位、财富、权力评论人物,并且为人物划出等级来,而《周礼·冬官考工记》却从对社会的贡献来品评人物,而对社会贡献又强调工具及产品的发明创造,将物质生产放在首要地位,实际上将生产力放在首要地位,这种思想非常超前,非常了不起!

第二节　以"妙"为核心的道家匠学体系

道家的匠学体系的核心范畴是"妙"。

老子最早从哲学上确定这一概念的重要价值:

> 道可道,非常"道",名可名,非常"名"。"无",名天地之始;"有",名万物之母。故常"无",欲以观其妙;常"有",欲以观其徼。此两者,同出而异名,同谓之玄。玄之又玄,众妙之门。[1]

整个《老子》八十一章,仅此处提出"妙"。按此段文字,"妙"直接与"无"发生联系,最终追溯到"道"。

《老子》中的"道"有两个重要界定:

其一,它是不可言说的。不可言说,意味着两点:一是难以描述。难以描述,意味着它不是感觉所把握的对象。二是难以概括。难以概括,意味着它不能成为概念,成为理性把握的对象。

其二,它不是常道即普通的道。道本义为道路,有道路,就可以达到目的。道引申则为方法、道理、规律。生存中,处处都有方法、道理、规律在。不遵道,任何事哪怕是吃饭这样的小事,也做不了。常道是生活中习见的道,而且都是具体的道。《老子》说它的道不是常道,那就不是具体的道,而是大道。大道是总道,管一切道的道,根本的道。

---

[1]　陈鼓应:《老子注译及评介》,中华书局 1984 年版,第 442 页。

道,有两个重要性质:一是"天地之始"——事物的起源,源头为本。在树为根,故为根本。二是"万物之母"。母不仅生子,而且育子、成子。"万物之母"较"天地之始"含义多了一重。道不仅有生的功能,而且有成的功能,成物方有天地,方有万物。

于是,派生于道的两个重要性质:"无"和"有"。无,用来表述天地之始——源;有,用来表述万物之母——成。

妙是从哪里与道发生关系的呢?是天地之始、是无。

从什么也没有的"无"到开始"有",这个过程就是"妙"。于是,妙就有了精妙、微妙、奇妙、神妙四个基本意义。

精妙在精,精为粹,是事物核心中的核心。

微妙在微,微在小,是事物中极小的元子。

奇妙在奇,奇在反常,反常在于新,凡妙,不论是景还是物,都是独创的,唯一的。

神妙在神,神在不知。《周易·系辞上传》云:"变化莫测之谓神"。

精妙、微妙、奇妙、神妙的景观和事情在生活中可以见到;精妙、微妙、奇妙、神妙的产品包括艺术作品在生产与艺术实践中也可以见到。

就这样,形而上的道当其落实为形而下的妙,它就不是不可道,而是可道了,不是不可见,而是可见了。它不只是表述"天地之始"的"玄之又玄",而且表述万物之有中的精微绝伦。

《庄子》将《老子》的"道—妙"用在生产与工艺活动中。其中主要有三个故事:

其一,庖丁解牛。

庖丁解牛是一种技术活动,与匠学相关,在于它需要技具,更需要技能,解牛是技能与技具共同的游戏。

解牛的神奇主要在于"技经肯綮之未尝,而况大軱乎",解牛的器具——刀,专在骨头缝隙间活动,"恢恢乎其于游刃必有余地矣"①。

---

① 陈鼓应:《庄子今注今译》,中华书局 1983 年版,第 106 页。

这种技术实已成为艺术："莫不中音，合于《桑林》，乃中《经首》之会"①。有意思的是，解牛这种工作，虽然其中也有音响，但主要还是动作，可是它之成为艺术，不在动作所给予人的视觉感，而在于它给予人的听觉感。文章说它"莫不中音"，音可以理解成音律，这说明这音响不是普通的声音，而是音乐。具体来说，它"合于《桑林》，乃中《经首》之会"。《桑林》是商汤的音乐；《经首》是帝尧的音乐，又名《咸池》。这样一种艺术给予人的美感肯定不是振聋发聩，而是精微悠扬。这种美，不能只是称为美，而应称为妙。只有妙合适表述这种特殊的美。

此技之所以能通向艺，是因为此技实生于道。庖丁向文惠君解释自己的技艺为什么会如此高超："臣之所好者道也，进乎技矣。"

正是因为技来自道，是道转化为技，此技才能转化为艺，它的美感才是妙。

其二，工倕旋。

"倕旋"就是画圆，这位技师画圆无须器具帮助，信手一画就成了。原因何在呢？

> 指与物化而不以心稽，故其灵台一而不桎，忘足，屦之适也；忘要，带之适也；忘是非，心之适也；不内变，不外从，事会之适也。始乎适，而未尝不适者，忘适之适也。②

这位工人之所以随手就可以画圆而且每次都画得非常好，是因为心灵没有障碍，画圆的规则早就内化为它的本能。这种内化的表现就是"忘"。忘不是没有规则，而是不需记忆规则，"忘"带来的好处是"适"。举例来说，忘了足的存在，那说明鞋子是合适的；忘了腰的存在，那说明腰带是合适的；忘了是非，那说明心是舒适的。内心不移，外不从物，说明环境是舒适的。以适为本，从适出发，而能无往不安适，那就是忘了安适的安适。这"忘适之适"就是人生的最高境界。

---

① 陈鼓应：《庄子今注今译》，中华书局 1983 年版，第 106 页。
② 陈鼓应：《庄子今注今译》，中华书局 1983 年版，第 529 页。

画圆，是工人的工作，它是一种技。技总是有规则约束的，因此，技总是不自由的；而当规则内化为本能，就能从心所欲不逾矩，那就是自由。

这种自由运行的技，从审美来说，它是美，不是一般的美，而是妙。

在这里，美与妙的区别表现在对规则的态度上。美是有规则的，且规则是显性的存在。美虽然有自由，但必须遵守规则。技之美自始至终有理性在指导着，因而，其自由是相对的。妙有规则，但因规则内化而被忘却。规则忘却，显性的存在化为隐性的存在，这种技在运行时，理性退隐，而感性上浮。它所创造的自由似乎是绝对的，无条件的。正是这种似是绝对、似是无条件，让其自由成为最高的自由。这种自由所产生的美应为妙。妙有一个重要的特性——神。神即变幻莫测。

技之美上升为技之妙是道在作用。

其三，削木为鐻。

梓庆是一名木工，它善于将木头制作成一种名鐻的乐器，而且"鐻成，见者惊犹鬼神"①。鲁侯问他为什么能做得如此好，有什么特种技术，他回答说，没有什么特种技术，有的只是心理准备，这准备主要是"齐以静心"。齐即斋，此为心斋，具体则是"不敢怀庆赏爵禄""不敢怀非誉巧拙""忘吾有四枝形体"——概括起来，就是超越一切功利，而专心于制器上。最后——

> 入山林，观天性，形躯至矣。然后成见鐻，然后加手焉；不然则已。
> 则以天合天，器之所以疑神者，其由是与？②

这里说，然后进入山林，观看树木的天性，看到形态材质最合适的，头脑中就形成了一个鐻的形象。然后，将树砍下来，搬至家中制鐻，基本原则是"以天合天"，以我的天性合树木的天性。这样做出的鐻绝对是成功的，"惊犹鬼神"——鬼斧神工。

鬼斧神工制作出来的器，当然不是一般的美，而是妙。之所以是妙而不是美，因为它见出天工之美。天工之美，精美绝伦。

① 陈鼓应：《庄子今注今译》，中华书局1983年版，第525页。
② 陈鼓应：《庄子今注今译》，中华书局1983年版，第525页。

《庄子》说的三个故事,前两个故事,主要讲工匠的工作,最后一个故事不只是讲工匠的工作,也讲工匠的产品。三个故事分别阐述涉及"道—妙"本质的三种关系:

1.道与技的关系:技进乎道,道化为技,技道合一,于是技化为艺,妙产生。

2.忘与适的关系:技有则,则内化为心,理噩感显,则忘而任适,适而自由,妙产生。

3.天与人的关系:人法地,地法天,天法道,道法自然,妙产生。

三条途径合一,就匠艺来说,均以道为本,以技为用,以艺为乐。将人与天合,上升为天与天合,而以天合天即为合道,合道必然生妙。

第三节　以"巧"为核心的墨家匠学体系

墨子是中国先秦墨家学派的创始人,墨家学派在先秦与儒家并称为显学,说明墨家影响之大。墨子一生没有做过官,虽然也曾周旋于官府,但并不是谋官,而是为国为民谋利,他应该是下层劳动人民特别是工匠阶层的代言人,自古以来墨子被尊为民间工匠的祖师爷。

墨子的匠学理论非常丰富,核心概念为"巧"。

一、巧与法

墨子没有将巧神秘化,他强调巧来自法。墨子提出工匠的工作有"五法":

> 虽至百工从事者亦皆有法。百工为方以矩,为圆以规,直以绳,衡以水,正以县。无巧工不巧工,皆以此五者为法。巧者能中之,不巧者虽不能中,放依以从事,犹逾己。故百工从事皆有法所度。[1]

"百工从事者亦皆有法",这与《周礼》说的"百工之事"联系起来了。

---

[1] 《墨子·法仪》。

他说百工有五法：

做方形要用矩尺；做圆形要用圆规；画直线要拉绳；要显出平衡看水平面；要看正不正，要看悬绳。墨子说，如果能以五者为法度，并且做得好，那就是巧。

墨子说：

神明之事，不可以智巧为也，不可以筋力致也。天地所包，阴阳所呕，雨露所濡，以生万殊。翡翠玟瑁碧玉珠，文采明朗，泽若濡，摩而不玩，久而不渝。奚仲不能放，鲁般弗能造，此之谓大巧。①

"神明之事"这里指的是天工亦即自然所为，这种事，不是"智巧"所能为，"智巧"是人为。墨子以翡翠、玟瑁、碧玉珠为例，它们"文采明朗，泽若濡，摩而不玩，久而不渝"，是任何能工巧匠包括奚仲、鲁班这样的大师都做不出来的，这种本领才是"大巧"。

二、巧与自然

自然的大巧，人是不能达到的，但人也能做到自己极致，这种极致，墨子称之为"至巧"。至巧是什么呢？墨子说：

至巧不用剑，大匠不用斫。夫物有自然，而后人事有治也。故良匠不能斫金，巧冶不能铄木，金之势不可斫，而木之性不可铄也。埏埴而为器，刳木而为舟，烁铁而为刃，铸金而为钟，因其可也。②

"不用剑"不是说不使用剑，而是说不能认为有了先进的工具就能解决问题，工具有用，但必须懂得用并善于用才能解决问题，所谓懂得用并善于用，涉及一个重要问题，就是要明白"自然"。自然在这里指物性。"物有自然，而后人事有治也"。"埏埴而为器，刳木而为舟，烁铁而为刃，铸金而为钟"，之所以可以，就是因为切合了物性。切合物性的人工可能达到"至巧"。

---

① 《墨子·墨子佚文》。
② 《墨子·墨子佚文》。

三、巧与利

墨子是非常有政治头脑的科学家、工程师，他以"兴天下之利，除天下之害"为己任，对于工艺的看法，也总是联系到利，此利是人之利，而且是人民之利。《鲁问》篇云：

> 公输子削木以为木鹊，成而飞之，三日不下，公输子自以为至巧。子墨子谓公输子曰："子之为鹊也，不如翟之为车辖，须臾斫三寸之木，而任五十石之重。"故所为巧，利于人谓之巧，不利于人谓之拙。

公输般做的木鹊，能够在天上飞三天，照理，算得上至巧了，可是墨子认为算不上，重要原因，就是没有实际的利益，而他做的那个车辖，只要用三寸之木这么点材料，而能承五十石之重。这多有利于人啊！所以，在墨子看来，是不是巧还得看是不是利人。墨子这一故事，影响深远，韩非子在其著作《外储说左上》用到这故事：

> 墨子为木鸢，三年而成，蜚一日而败。弟子曰："先生之巧，至能使木鸢飞。"墨子曰："不如为车輗者巧也，用咫尺之木，不费一朝之事，而引三十石之任，致远力多，久于岁数。今我为鸢，三年成，蜚一日而败。"惠子闻之曰："墨子大巧，巧为輗，拙为鸢。"

虽然做木鸢、做车輗都是墨子所为，但还是明确做车輗才是"大巧"。

《墨子》一书涉及大量的工艺制作的问题，可以说墨子是中国古代最伟大的科学家、工程师，也是中国古代工艺美学的创始人。

第四节　以"道"为最高范畴的中华匠学体系

虽然"道"是道家哲学的核心，但道并不只是道家哲学所有，儒家、墨家哲学均有道，而且均作为自己哲学的最高范畴。

一、儒家的道论

儒道墨的匠学体系其最高概念均是"道"。但是儒道墨诸家对于道的理解不一样。

道，在《论语》中出现 60 次，其中作为范畴的 44 次。

《论语》中的道论，与制器有关系的为三种意义：

一是道德—礼制。《论语·里仁》："子曰：富与贵，是人之所欲也，不以其道得之，不处也。"这里的"道"可以理解成道德，也可以理解成礼。也许制器涉及道德的情况不多，但涉及礼制的情况很多，器中就有一类为礼器，它就是按照礼制来制作的。

二是道理—规则。《论语·学而》："父在观其志；父没观其行；三年无改于父之道，可谓孝矣。"这里的道，指做儿子的道理、规则。做儿子有道理、规则，做工匠，制器也有道理、规则。

三是做法—技艺。方法是做事的途径，方法受制于本，本是基本原则，道是具体做法。《论语·学而》："本立而道生，孝弟也者，其为仁之本与！"在这里，本为孝弟，仁是孝弟的具体行为。联系到制器，有本有道，本是基本原则，道是具体做法。

道，《论语·子张》："子夏曰：'虽小道，必有可观者焉；致远恐泥，是以君子不为也。'"这里的"小道"可以理解为技艺。技艺比制作高出一等，因为它"可观"。这段话的主题是君子不为小道，但它肯定小道具有"可观"性，说明道含有审美的意义。

从以上看，《论语》中的道论主要为两个方面：一是社会性的原则主要为礼，这道主要用于礼器制作，是礼器制作的指导思想；二是科学性的原则主要为技，这技建立在科学基础上，它的升华则为艺。技升华为艺，就具有"可观"性即审美性。

《周礼·考工记》没有专论"道"，但它与别的词一起谈到道，如"察车之道""斩毂之道"，这道均可理解为规律或者说物理。制任何器均有道，无道不成器。这种观点与《论语》一致。

值得我们注意的是，《考工记》提出"理"这一概念，理相当于道。《考工记》说：

　　　　轴有三理：一者以为美也；二者以为久也；三者以为利也。①

　　这里提出制作轴有三个原则：一是美，二是久，三是利。三原则中，应该说，利是根本的，久和美是在利的基础上的提高。久是利的延伸，美则是利的超越。

　　《考工记》论道和理，也涉及常器与礼器之分。常器只有一个标准——利，在利的基础上讲究久和美。礼器则有很多标准。不同的用器人需要用不同的器，因此，制器必须考虑到用器人，不同的人用不同的器，如弓："为天子之弓，合九而成规。为诸侯之弓，合七而成规。大夫之弓，合五而成规。士之弓，合三而成规。"② 礼器适用的范围有限，但它关乎国家政权，因此至关重要。

　　《孟子》《荀子》中均有道这一概念，用法基本上同《论语》，指学术、道理、方法、技艺。这些，均归属于物道、人道。物道为成物之理；人道为做人之理。

　　《孟子》较少论述物道，但对于人道则非常重视。比如，论做人：

　　　　孟子曰："仁也者，人也。合而言之，道也。"③

　　这里讲的道为做人之道。做人之道是"仁"。

　　孟子没有具体论及制器，但制器需要遵循物道、人道是必然的，只有遵循物道，物才能成器；只有遵循人道，器才能利人。

　　先秦儒家承认有天道，但较少论及天道。

　　《论语》中只有一处提到"天道"：

　　　　子贡曰："夫子之文章，可得而闻也；夫子之言性与天道，不可得而闻也。"④

　　天道是什么？在这里，性与天道是并列的，性，应是讲人的本性；天道应是讲自然的本性。这两者孔子不讲，因此，子贡说弟子们没有听到过。

---

① 《周礼·冬官考工记》。
② 《周礼·冬官考工记》。
③ 《孟子·尽心章句下》。
④ 《论语·公冶长》。

孔子不讲天道，原因可能是天道不可知。既然不可知，那就不必讲。

《孟子》只有一处论及天道：

> 仁之于父子也，义之于君臣也，礼之于宾主也，知之于贤者也，圣人之于天道也。①

"仁""义""礼"为三种道德，用于处理三种人际关系；"知""天道"为两种品性。知是智慧，是贤者的标志；天道为天即自然运行的法则，它只属于圣人。唯圣人懂天道。

"知"，为智慧。当它用于处理人际关系，它属于人道；当它用于制器，它属于物道。

"天道"，为自然运用的法则，是最高的品性，它只属于圣人。

在人们的心目中，圣人是做大事的，大事通常理解为治国安邦，但其实圣人也做小事，小事即"百工之事"。《周礼》说："百工之事，皆圣人之作"。那圣人如何做事？其最高原则就是遵循天道。治国安邦如此，百工之事也如此。

《荀子》有专论《君论》《臣论》，但没有综论《道论》，不过，他对于道的认识还是很清楚的。道就是事物存在的根本，做事如此，做人如此，制器也如此。这些看法，与孔子、孟子相同。《荀子》有专论《天论》，他认为："天行有常，不为尧存，不为桀亡。应之以治则吉，应之以乱则凶。""常"即规律，"天行有常"即是说天的运行有规律。荀子没有用"天道"这一概念，但他认为是有"天道"存在的，他说"天有常道"，这常道就是"天道"。

在天人关系上，荀子比较激进。一方面，他强调要"明于天人之分"，天是伟大的，人对它知之甚少，因此"唯圣人为不求知天"。另一方面，他又强调：

> 大于而思之，孰与物畜而制之；从天而颂之，孰与制天命而用之！②

---

① 《孟子·尽心章句下》。

② 《荀子·天论》。

这"制"，就是懂天道，用天道，从而创造天并没有主动赐予给人的幸福。这其中就有制器。荀子虽然没有论制器，但他的哲学完全可以用于制器，而且在处理天人关系上，在坚持天的第一性与绝对性的同时，更强调人的主动性、灵动性、创造性。

二、墨家的道论

墨子重道，其道有三：

（一）物道

体现制器之中，就是成器的理论与方法，总称为"法"。墨子说："百工从事者亦皆有法"，能够用好法，就是巧。这里说的"法"与儒家说的"道"是一致的。

（二）人道

就是"义"。墨子认为制器与用器均有义。义的核心是利，于人有利。在这点上，与儒家一致，上面说到儒家制器尚利，利就是利人。不同的是墨子的"义"不包括"礼"。一般来说，墨子讲的器均是常器，是百姓日常用的器，与礼无关。但仅从制作来说，墨子是重视精美的，他称这种制作为巧。这种意义为儒家所认同。

（三）天道

在《墨子》中，天道用"天志"来表达。墨子说：

> 我有天志，譬若轮人之有规，匠人之有矩。轮匠执其规矩，以度天下之方圆。①

墨子的"天志"观比较复杂，天志中有鬼神，也有规律。鬼神诚然是迷信，但将"天志"理解成规律，则是科学的。

《论语》中的"天"含义复杂，有天空义，自然义，也有鬼神义，天理义。用天组成的概念也比较多，有天下、天子、天命、天禄、天道等。宋代儒家好谈天理，天理就是天道。天理内容同样复杂，不能说其中没有科学规律

---

① 《墨子·天志上》。

义，但并不多，更多的倒是儒家认可的道德规范。因此，儒家的天理或天道与制器关系不是很大，与制器关系大的是物道和人道，在这方面，它与墨子基本上是一致的。

三、道家的道论

老子有著名的《道德经》，亦名《老子》。《道德经》分《道经》《德经》，《道经》为主，事实上，《德经》是道经的衍化。如果说《道经》论的道为形而上，那么《德经》所论的德为道的形而下。

老子的道论有两义：

（一）本体义

强调道"先天地生"，是天地的本体。老子将道的本体义区分为"天地之始"和"天地之母"两个含义，前者用"无"来表示，后者用"有"来表示。需要说明的是，作为"天地之始"的"无"和"万物之母"的"有"的关系，老子认为是无生有："天下万物生于有，有生于无。"① 如此说来，道的本质应是"无"。

（二）规律义

宇宙中万事万物的存在均有规律，正是这种规律，维系着宇宙的运行与和谐。

《老子》论道，侧重于本体义，于规律义论述得不多。而《庄子》则有充分的论述。上面谈庄子中的制器思想，均可以与道的规律义挂上钩来。庖丁解牛之所以那样轻松顺利，就是因为对于解牛的规律有着极其充分的把握。谈及解牛，庖丁自己说"臣之所好者道也，进乎技矣"。这好的道，就是解牛的规律，包括牛身的骨骼肌肉系统，解牛的工艺程序、解牛所用的刀具等等。

综合以上三家道论，就道与制器关系来说，它们存在大量的相通之处，总体来说，基本精神相通、各有侧重，最后目的一致。

---

① 《老子·四十章》。

基本精神相通：主要体现在三个合一——天人合一，物我合一，心手合一。三人合一都建立在对于制器规律的成功把握上，规律是道的核心。

各有侧重：道家侧重于道的本体义，在道家看来，这才是根本。而在儒家和墨家对于这并不感兴趣，它们感兴趣的是道的规律义，关于规律，儒家更愿意用"理"这一概念来表示，墨家则更愿意用"法"这一概念来表示。

制器，涉及的道，有天道，有物道，有人道。道家对于三种道都重视，而于天道更重视。道家是真正的哲学，对于宇宙之根，万物之本更为重视。天道是一，物道、人道均为多。道家认为万物源于一，而又归于一。这种论述更是哲学的。儒家、墨家于天道不太感兴趣，它们感兴趣是接地气的物道与人道。相比较而言，墨家更重视物道，因此，墨家的本质是科学主义，儒家则更重视人道，因此，儒家的本质是伦理主义。

最后目的上，都统一在利人上。虽然在先秦，人们更多地看重人的利益，但并没有忽视物的利益。这一点，在道家认为是自然的。老子认为，在道的眼光下，人本也是物。"功成事遂，百姓皆谓'我自然。'"① 成功不是努力的结果，而是自然的事。在儒家，也许更重视人的作为，看重善；而在墨家则更看重对于规律的学习与掌握上，它称之为巧，这巧也许可以理解成美。

在制器哲学上，先秦的儒道墨三家各有贡献。虽然观点有异，但只有相互吸收，没有抵触与排斥，可以说，三家共同构建了中国的匠学体系。

---

① 《老子·十七章》。